● 教、学、做一体化教材

国家示范院校重点建设专业

给排水工程技术专业课程改革系列教材

水力学与水泵站基础

◎ 主　编　李　涛　胡　慨
◎ 副主编　郑文军　葛　军
◎ 主　审　张胜峰

中国水利水电出版社
www.waterpub.com.cn

内 容 提 要

本书为国家示范性高职院校建设教材，水利水电类高职高专教材。全书在整体安排上采用由浅入深、循序渐进的方式，注重加强基础和理论联系实际。

全书共分十个项目，内容包括：水静力学、水动力学、水流型态与水头损失、有压管道中的水流运动、过流建筑物的水力特性、水泵的基本知识、叶片式水泵、给排水中常见的其他水泵、给水泵站、排水泵站等。主要介绍了流体的平衡和运动规律以及流体与固体之间相互作用的力学特点，并应用其解决实际问题。范围广泛，实用性强。

本书可供给水排水工程、农业水利工程、水利工程等专业，以及成人专科院校相关专业教学使用，并可供相关专业的工程技术人员参考。

图书在版编目（CIP）数据

水力学与水泵站基础 / 李涛，胡慨主编. -- 北京 : 中国水利水电出版社，2010.3(2019.1重印)
（国家示范院校重点建设专业、给排水工程技术专业课程改革系列教材）
ISBN 978-7-5084-7328-4

Ⅰ. ①水… Ⅱ. ①李… ②胡… Ⅲ. ①水力学－高等学校：技术学校－教材②泵站－高等学校：技术学校－教材 Ⅳ. ①TV13②TV675

中国版本图书馆CIP数据核字(2010)第039958号

书　名	国家示范院校重点建设专业 给排水工程技术专业课程改革系列教材 **水力学与水泵站基础**
作　者	主　编　李　涛　胡　慨 副主编　郑文军　葛　军 主　审　张胜峰
出版发行	中国水利水电出版社 （北京市海淀区玉渊潭南路1号D座　100038） 网址：www. waterpub. com. cn E-mail：sales@waterpub. com. cn 电话：（010）68367658（营销中心）
经　售	北京科水图书销售中心（零售） 电话：（010）88383994、63202643、68545874 全国各地新华书店和相关出版物销售网点
排　版	中国水利水电出版社微机排版中心
印　刷	北京市密东印刷有限公司
规　格	184mm×260mm　16开本　12印张　292千字
版　次	2010年3月第1版　2019年1月第5次印刷
印　数	6001—8000册
定　价	**36.00**元

前言

本书是国家示范院校重点建设专业——给排水工程技术专业课程改革系列教材之一，是建筑工程专业必修的一门基础技术课程。本专业人才培养模式和课程体系建设是有关专家参与咨询研究论证工作，对学习领域的操作性等有关事项提出意见。本书根据改革实施方案和课程改革的基本思想，结合我们多年的教学实践，并广泛地吸取同类教材中的优点编写而成。它既有本学科的系统性和完整性，又有鲜明的工程应用特征。本书可作为工程技术专业的专科学生的教材，也可作为非工程专业教师的参考书。

本教材根据课程教学基本要求，按照以学习情境代替学科为框架体系的编排结构，在教材风格上形成理论与实践相结合的鲜明特色，与以往教材相比，本教材理论知识本着以适度的原则，内容有增有减，降低难度，大幅度增加实践应用知识和操作技能的训导，着重和突出工程能力、应变能力和职业素质培养；体现以能力培养为中心，理论知识和技能操作并重；内容编排具有思想性、系统性和启发性，符合广大师生的认识规律，有利于教师讲解、学生自学；叙述从理论知识介绍，再由理论解决实际问题。以浅显易懂的语言解释定理定律，以知识的实用性来提高学生的学习兴趣，避免了由于前面基础课知识的欠缺造成的困难。实例和习题的选材特别注意专业与实际相结合。

为了便于学生课后的复习和自学，在每章的书后编写了一定量的复习思考题和习题供学生独立思考和作业，以加深对所学基本概念的理解。

全书由安徽水利水电职业技术学院李涛、胡慨任主编，合肥市政公司郑文军、合肥滨湖建设投资控股公司葛军任副主编，安徽水利水电职业技术学院张胜峰任主审。

本书在编写过程中，有关院校和单位的同行提出了许多宝贵意见，并进行了热情协助，在此一并表示感谢。

限于作者水平，书中难免存在欠妥之处，敬请广大读者批评指正。

编者

2010 年 1 月

前言

[illegible]

目录

项目一　水　静　力　学

项目提要：水力学的定义、任务及其在专业中的作用；液体主要物理力学性质——惯性，黏滞性，压缩性；表面张力，静水压强及其两个特性和等压面；静水压强的表示方法和单位；静水压强分布图和作用在平面上的静水总压力计算；作用在曲面上的静水总压力。

1.1　水力学的任务

液体有很多种类，如水、石油、水银、酒精等。工程实际中最为常见的液体是水，以水为研究对象，研究液体平衡和运动的力学规律及其在工程中的应用的科学称为水力学。当然在实际中水力学的基本原理与水力计算的一般方法不仅适用于水，而且也适用于一般常见液体和可忽略压缩性影响的气体。

水力学是力学的一个分支。水力学在防洪、灌溉、河道整治、水力发电、航运、造船、给水、排水、水资源保护等工程中，以及机械、冶金、化工、石油等工业部门中都有广泛的应用。水流对建筑物的作用力，水工建筑物的过水能力，水流型态及泄水建筑物的下游消能问题，河渠水面线问题等都与水力学有很密切的关系。

水静力学的任务是研究液体的平衡规律及其工程应用。液体的平衡状态有两种：一种是静止状态，即液体相对于地球没有运动，处于静止状态；另一种是相对平衡，即所研究的整个液体相对于地球在运动。所以关于液体平衡的规律，就是研究液体处于静止（或相对平衡）状态时，作用于液体上的各种力之间的关系。

1.2　液体的基本特性

自然界物质分为气体、固体和液体。液体与固体的主要区别在于易流动性，而液体与气体的主要区别在于是否具有可压缩性。液体与气体统称为流体。

液体的真实结构是：液体分子之间存在着间隙，每个分子又在不停地热运动，由于流体的分子物理量在空间分布上是不连续的，且随时间而不断变化，这样就给研究液体的运动状态带来了困难。但在流体力学中仅限于研究流体的宏观运动，其特征尺度（如日常见到的是米、厘米、毫米那样的量级）比分子自由程度大得多。因此，我们假设液体是一种连续充满其所占据空间毫无空隙的连续体，并不关心单个分子的微观运动，更何况液体分子之间的间隙又是如此微小，小到可以忽略不计的程度。事实上，早在1753年，欧拉（瑞士人，18世纪最优秀的数学家，也是历史上最伟大的数学家之一，被称为“分析的化

身”）就已经提出了连续介质假定。他认为：液体是由无数质点所组成，质点毫无间隙地充满所占空间，其物理性质和运动要素都是连续分布的。连续介质假定的引入，使得连续函数的解析方法等数学工具可以去研究流体的平衡和运动规律，为流体力学的研究提供了很大的方便。

为研究问题方便，在连续介质假定的基础上，一般还认为液体具有均匀等向性，即液体是均质的，各部分各个方向上的物理性质均相同。

1.2.1　密度与容重

物体含有物质的多少叫质量。质量是物体的基本属性，通常用 m 表示，不随物体形状、状态、空间位置和温度的改变而改变。物体所固有的保持原有运动状态的性质称为惯性。惯性的大小以质量 M 来度量。单位体积内的质量称为密度 ρ，其单位为 kg/m^3。对均质液体，$\rho=M/V$；对非均质液体，$\rho=\lim\limits_{\Delta V\to 0}\dfrac{\Delta M}{\Delta V}$。

物体由于受地球引力而表现出的重力特性，对于均质流体，容重指作用在单位体积上的重力。重力的大小以重量 G 来度量。单位体积内的重量称为容重 γ，以前也称重度或重率，其单位为 N/m^3。对均质液体，$\gamma=G/V$；对非均质液体，$\gamma=\lim\limits_{\Delta V\to 0}\dfrac{\Delta G}{\Delta V}$。

在水力学中，通常把容重也视为常数，采用一个标准大气压下，温度为 4℃的蒸馏水的容重作为计算值，即 $\gamma=9800N/m^3$。

1.2.2　黏滞性

当液体处在运动状态时，若液体质点之间存在着相对运动，则质点间要产生内摩擦力抵抗其相对运动，这种性质称为液体的黏滞性，此内摩擦力又称为黏滞力。

内摩擦力的概念是牛顿于 1686 年提出的，并经后人验证，习惯上称为牛顿内摩擦定律。牛顿内摩擦定律的内容为：作层流运动的液体，相邻两液层间单位面积上所作用的内摩擦力（或称黏滞力）与流速梯度成正比，同时与液体的性质有关（图 1-1）。

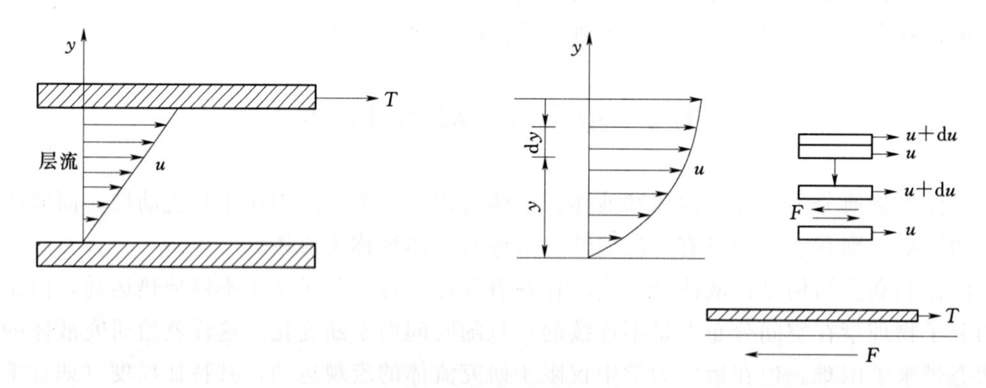

图 1-1　牛顿内摩擦实验

通过实验可以发现 F 与 $\dfrac{du}{dy}$ 成正比；F 与液体的接触面积 ω 成正比；F 与液体的性质有关；F 与接触面上的法向应力无关，即

$$F \propto \omega \frac{du}{dy} \quad F=\mu\omega \frac{du}{dy}$$

式中 μ——液体的动力黏滞系数，它的大小反映了液体性质对内摩擦力的影响。

黏滞性大的液体，μ 值大。μ 的数值随液体种类的不同而不同，并随温度和压强的变化而变化。其中，温度对液体黏滞性的影响远比压强的影响大。在液体的情况下，温度越低，黏滞系数越大，在气体情况下则不同，温度越低，黏滞系数越小。

水力学中，液体的黏滞性还可以用运动黏滞系数来表示。运动黏滞系数 $\nu=\mu/\rho$，其单位为 m^2/s，ν 值的大小仍随液体种类的不同而不同，即使同一种液体，ν 值也随温度和压强的变化而变化，但随压强的变化甚微（表 1-1）。

表 1-1　　水运动黏性系数随温度的变化

温度（℃）	0	2	4	6	8	10	12	14
μ（Pa·s）$\times 10^{-3}$	1.792	1.673	1.567	1.473	1.386	1.308	1.236	1.171
$\nu(m^2/s)$ $\times 10^{-6}$	1.792	1.673	1.567	1.473	1.386	1.308	1.237	1.712
温度（℃）	16	18	20	22	24	26	28	30
μ(Pa·s) $\times 10^{-3}$	1.111	1.056	1.005	0.958	0.914	0.874	0.836	0.801
$\nu(m^2/s)$ $\times 10^{-6}$	1.112	1.057	1.007	0.960	0.917	0.877	0.839	0.804
温度（℃）	35	40	45	50	60	70	80	90
μ(Pa·s) $\times 10^{-3}$	0.723	0.656	0.599	0.549	0.469	0.406	0.357	0.317
$\nu(m^2/s)$ $\times 10^{-6}$	0.727	0.661	0.605	0.556	0.477	0.415	0.367	0.328

1.2.3 液体的压缩性

液体受压体积缩小，压力撤除之后又能恢复原状的这种性质称为压缩性或弹性。液体压缩性的大小以体积压缩系数 β 或体积弹性系数 K 来表示。

体积压缩系数是液体体积的相对缩小值与压强增值之比，即 $\beta=-\frac{dV/V}{dp}$，由于 dp 与 dV 始终异号，为保证 β 为正，前面加负号。β 值越大，液体越容易压缩。β 的单位为 m^2/N。由于液体压缩时，质量并不改变，故 $dm=\rho dV+Vd\rho=0\Rightarrow\frac{dV}{V}=-\frac{d\rho}{\rho}$。因而体积压缩系数 β 又可写为 $\beta=\frac{1}{\rho}\frac{d\rho}{dp}$，体积弹性系数 $K=\frac{1}{\beta}$。K 值越大，液体越不容易被压缩，K 值的单位是 N/m^2。液体种类不同，β 或 K 值不同。对同一种液体，β 或 K 值也会随温度和压强而有所变化，但变化较小，一般可视为常数。

1.2.4 表面张力特性

自由表面上的液体分子由于受到两侧分子引力不平衡，而承受的一个极其微小的拉力，称为表面张力，其大小以表面张力系数 σ 来表示，单位为 N/m，即自由表面单位长度上所承受的拉力值。表面张力系数 σ 的大小随液体种类、温度和表面接触情况的变化而变化。

1.3　静水压力与静水压强

1.3.1　静水压力

在日常生活和生产活动中，塑料袋装满水后鼓起来，用手指触起表面，会感到有压力。人们得知液体对于与之接触的表面会产生一种压力作用。如图1-2所示，在水库岸边的泄水洞前设置有平板闸门，当拖动闸门时需要很大的拉力，其主要原因是水库中的水体给闸门作用了很大的压力，使闸门紧贴壁面所造成的，均匀地施加于物体表面的各个部位。静水压力增大，会使受力物体的体积缩小，但不会改变其形状。

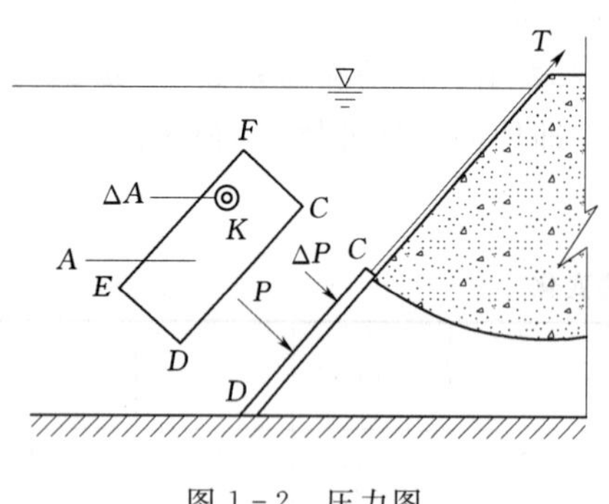

图1-2　压力图

在水力学中，把静止液体作用在与之接触的表面上的压力称为静水压力，常以 P 表示。在我国法定计量单位中，静水压力的单位为N或kN。

1.3.2　静水压强

在图1-2所示的平板闸门上，取微小面积 ΔA，令作用在 ΔA 上的静水压力为 ΔP，则 ΔA 面上单位面积所受的平均静水压力称为 ΔA 面上的平均静水压强，当 ΔA 无限缩小至趋于点 K 时，比值 $\Delta P/\Delta A$ 的极限值定义为 M 点的静水压强，即静止液体作用在每单位受压面积上的压力，常以字母 p 表示，即

$$p=\lim_{\Delta A\to 0}\frac{\Delta P}{\Delta A} \tag{1-1}$$

在我国法定计量单位中，静水压强的单位为Pa或kPa。

静水压强有两个重要的特性：

(1) 静水压强的方向与受压面垂直并指向受压面。静水压强的这个特征是显而易见的。静止液体不能承受任何切应力，因为液体一旦受到切应力的作用就会发生连续不断的变形运动。静止液体也不能承受拉应力，否则它就会发生膨胀运动。

(2) 任一点静水压强的大小和受压面方位无关，或者说作用于同一点上各方向的静水压强都相等。

1.3.3　等压面

在相连通的液体中，由静水压强值相等的点连接成的面（可能是平面也可能是曲面）叫做等压面，即等压面的增量为零。等压面具有两个性质。

1. 在平衡液体中等压面就是等势面

$p=\text{const}\Rightarrow \mathrm{d}p=0\Rightarrow \rho \mathrm{d}U=0\Rightarrow$ 对于不可压缩液体，ρ 为常数。

故在等压面上 $p=$ 常数，即 $\mathrm{d}U=0$，$U=$ 常数。

2. 等压面和质量力正交

常见的等压面有液体的自由表面（因其上作用的压强一般是相等的大气压强），平衡液体中不相混合的两种液体的交界面等。等压面是计算静水压强时常用的一个概念（图1-3）。

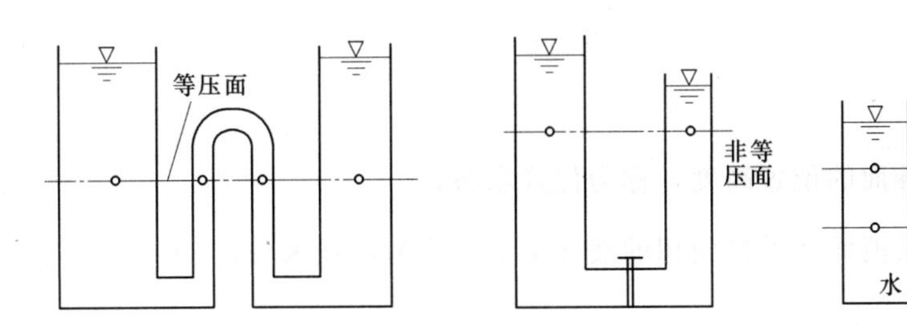

图 1-3　等压图

实验：对装有水和油的 U 形测压管（图 1-4），油柱高度为 H，油的相对容重 S_0 可应用等压面原理推导如下：

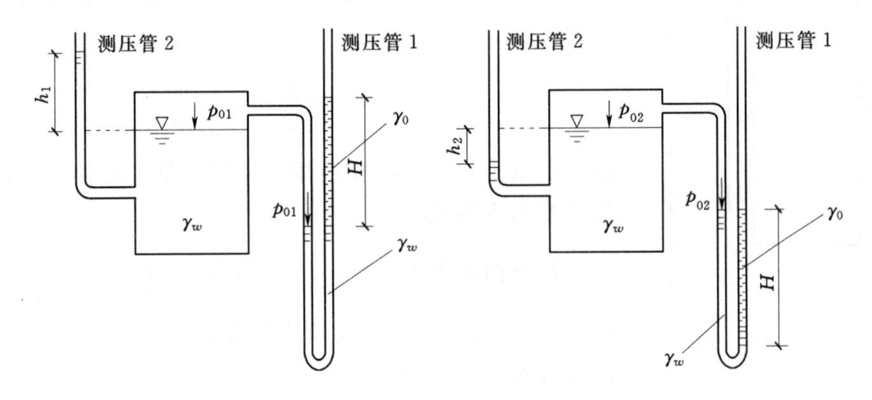

图 1-4　油的相对容重测定原理图

当 U 形管中水面与油水界面齐平时，有

$$p_{01}=\gamma_w h_1$$

$$p_{01}=\gamma_0 H$$

另当 U 形管中水面和油面齐平时，则有

$$p_{02}=-\gamma_w h_2$$

$$p_{02}+\gamma_w H=\gamma_0 H$$

由以上 4 式联解可得

$$S_0=\frac{\gamma_0}{\gamma_w}=\frac{h_1}{h_1+h_2}$$

据此可通过测压管 2 直接测得油的相对重度 S_0。

1.3.4　重力作用下静水压强的基本公式

工程实际中经常遇到的液体平衡问题是液体相对于地球没有运动的静止状态，此时作用于平衡液体上的质量力常只有重力。下面就针对静止液体中点压强的分布规律进行分析讨论（图 1-5）。

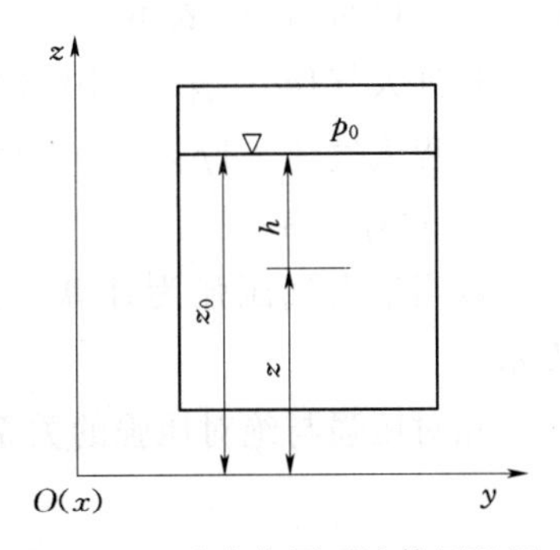

图 1-5　重力作用下液体压强图

在质量力只有重力的静止液体中，对不可压缩均质流体，容重 γ 为常数

$$z+\frac{p}{\gamma}=C \tag{1-2}$$

式中　C——积分常数；

z——某点到基准面的位置高度，称为位置水头；

$\frac{p}{\gamma}$——该点到自由液面间单位面积的液柱重量，称为压强水头；

$z+\frac{p}{\gamma}$——测压管水头。

式（1－2）表明，在重力作用下，不可压缩静止液体中各点的$\left(z+\frac{p}{\gamma}\right)$值相等。

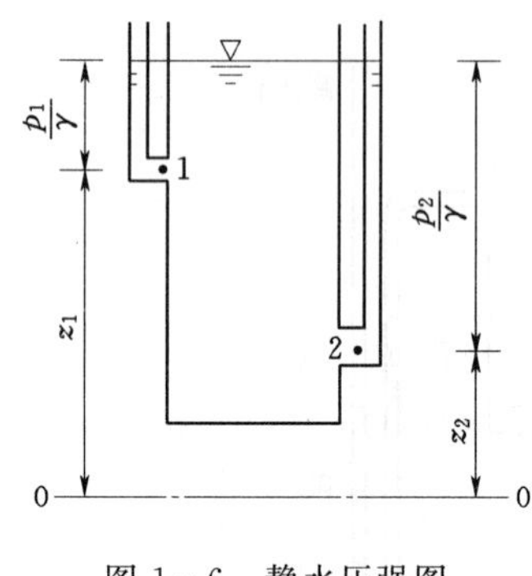

图 1－6　静水压强图

如图 1－6 所示，对其中的任意两点 1 及 2，式（1－2）可写成

$$z_1+\frac{p_1}{\gamma}=z_2+\frac{p_2}{\gamma} \tag{1-3}$$

这就是重力作用下静止液体应满足的基本方程式，是水静力学的基本方程式。

在自由表面上 $z=z_0$，$p=p_0$，则 $C=z_0+\frac{p_0}{\gamma}$。代入式（1－2）即可得出重力作用下静止液体中任意点的静水压强计算公式

$$p=p_0+\gamma(z_0-z)$$

或

$$p=p_0+\gamma h \tag{1-4}$$

式（1－4）中 $h=z_0-z$ 表示该点在自由液面以下的淹没深度。式（1－4）即为计算静水压强的基本公式。它表明，静止液体内任意点的静水压强由两部分组成：一部分是表面压强 p_0，它遵从帕斯卡定律等值地传递到液体内部各点；另一部分是液体压强 γh，也就是从该点到液体自由表面的单位面积上的液柱重量。

1.3.5　绝对压强、相对压强、真空压强和压强的表示方法

1. 绝对压强

以设想的不存在任何气体的“完全真空”（或绝对真空）作为计算零点的压强称为绝对压强，以符号 p_{abs} 表示。

标准大气压　$1p_{atm}=101325\text{N/m}^2$（绝对压强）

工程大气压　$1p_{at}=98000\text{N/m}^2$（绝对压强）

2. 相对压强

以当地大气压强为计算零点的压强称为相对压强，又称计示压强或表压强。用 p_r 表示。

相对压强与绝对压强的关系为

$$p_r=p_{abs}-p_{at}$$

$$p_{abs}=p_r+p_{at}$$

3. 真空压强

$P_{abs}>p_{at}$，则 $p_r>0$，称正压。

$P_{abs}<p_{at}$，则 $p_r<0$，称负压。

负值的相对压强的绝对值称为真空压强（p_v）或称真空度。

绝对压强、相对压强、真空压强的关系如图1-7所示。

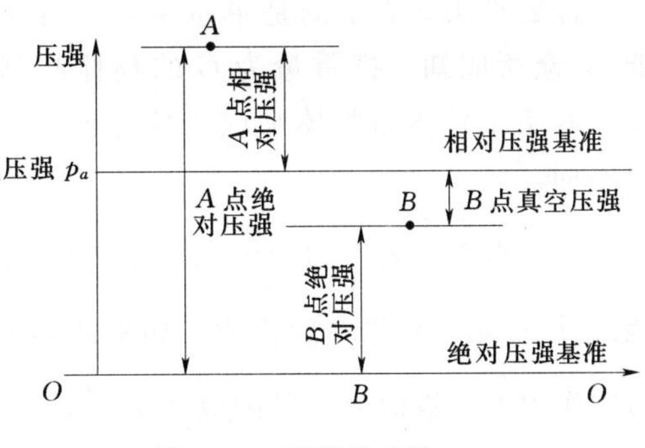

图1-7　压强关系图

4. 压强的计量单位

（1）用一般的应力单位表示，即从压强定义出发，以单位面积上的作用力来表示，如Pa、kPa。

（2）用大气压强的倍数表示，即大气压强作为衡量压强大小的尺度。国际单位制规定：一个标准大气压 $p_{atm}=101325\text{Pa}$，它是纬度45°海平面上，当温度为0℃时的大气压强。工程上为便于计算，常用工程大气压来衡量压强。一个工程大气压 $p_{at}=98\text{kPa}$。

（3）用液柱高表示。由式（1-2）可得

$$h=\frac{p}{\gamma} \tag{1-5}$$

式（1-5）说明：任一点的静水压强 p 可化为任何一种容重为 γ 的液柱高度 h，因此也常用液柱高度作为压强的单位。例如一个工程大气压，如用水柱高表示，则为

$$h=\frac{p_{at}}{\gamma}=\frac{98000}{9800}=10\text{（m 水柱）}$$

如用水银柱表示，则因水银的容重取为 $\gamma=133230\text{Pa/m}$，故有

$$h=\frac{p_{at}}{\gamma}=\frac{98000}{133230}=0.7356\text{（m 水银柱）}$$

1.3.6　水头和单位势能

前面已经导出水静力学的基本方程为 $z+\frac{p}{\gamma}=C$。若在一盛有液体的容器的侧壁打一小孔，接上开口玻璃管与大气相通，就形成一根测压管。如容器中的液体仅受重力的作用，液面上为大气压，则无论连在哪一点上，测压管内的液面都是与容器内液面齐平的，如图1-8所示。测压管液面到基准面的高度由 z 和 $\frac{p}{\gamma}$ 两部分组成，z 表示该点到基准面的位置高度，$\frac{p}{\gamma}$ 表示该点压强的液柱高度。在水力学中常用“水头”代表高度，所以 z 又称位置水头，$\frac{p}{\gamma}$ 又称压强水头，$z+\frac{p}{\gamma}$ 则称

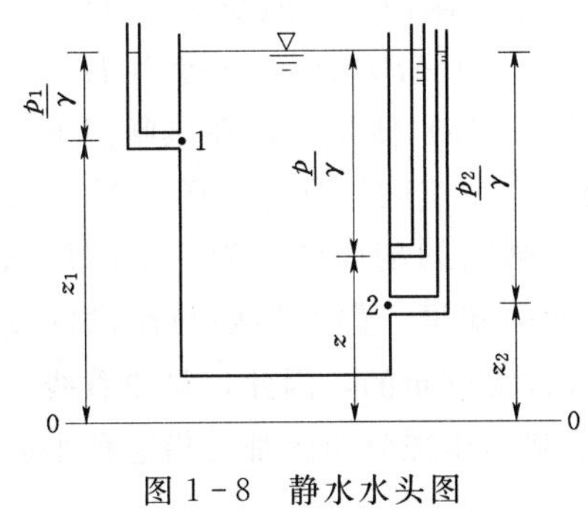

图1-8　静水水头图

为测压管水头。故式（1-4）表明：重力作用下的静止液体内，各点测压管水头相等。

下面进一步说明位置水头、压强水头和测压管水头的物理意义。

位置水头 z 表示的是单位重量液体从某一基准面算起所具有的位置势能（简称位能）。众所周知，把重量为 G 的物体从基准面移到高度 z 后，该物体所具有的位能是 G_z，对于单位重量物体来说，位能就是 $G_z/G=z$，它具有长度的量纲。基准面不同，z 值不同。

压强水头 $\frac{p}{\gamma}$ 表示的是单位重量液体从压强为大气压算起所具有的压强势能（简称压能）。压能是一种潜在的势能。如果液体中某点的压强为 p，在该处安置测压管后，在压力的作用下，液面会上升的高度为 $\frac{p}{\gamma}$，也就是把压强势能转变为位置势能。对于重量为 G，压强为 p 的液体，在测压管中上升 $\frac{p}{\gamma}$ 后，位置势能的增量 $G\frac{p}{\gamma}$ 就是原来液体具有的压强势能。所以对原来单位重量液体来说，压能即 $G\frac{p}{\gamma}$。

静止液体中的机械能只有位能和压能，合称为势能。$z+\frac{p}{\gamma}$ 表示的就是单位重量流体所具有的势能。因此，水静力学基本方程表明：静止液体内各点单位重量液体所具有的势能相等。

1.4 平面上的静水总压力

作用在物体表面上的静水总压力，是许多工程技术上（如分析水池、水闸、水坝及路基等的作用力）必须解决的力学问题。

1.4.1 静水压强分布图

静水压强分布规律可用几何图形表示出来，即以线条长度表示点压强的大小，以线端箭头表示点压强的作用方向，亦即受压面的内法线方向。由于建筑物的四周一般都处在大气中，各个方向的大气压力将互相抵消，故压强分布图只需绘出相对压强值。图 1-9 为一直立矩形平板闸门，一面受水压力作用，其在水下的部分为 ABB_1A_1，深度为 H，宽度为 b。图 1-9（a）便是作用在该闸门上的压强分布图，为一空间压强分布图；图 1-9（b）为垂直于闸门的剖面图，为一平面压强分布图。从前面知道，静水压强与淹没深度呈线性关系，故作用在平面上的平面压强分布图必然是按直线分布的，因此，只要直线上两个点的压强为已知，就可确定该压强分布直线。一般绘制的压强分布图都是指这种平面压强分布图。图 1-10 为各种情况的压强分布图。

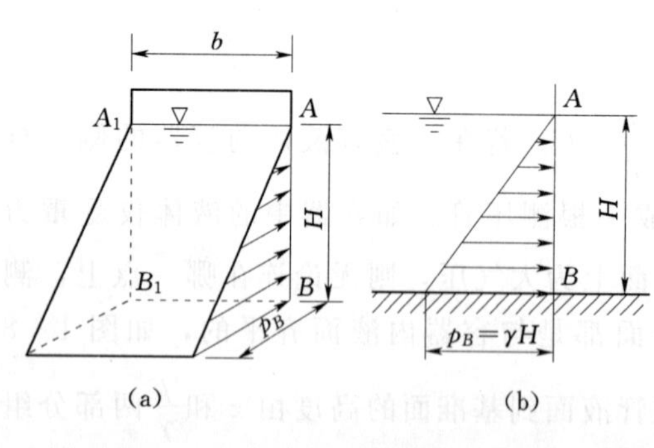

图 1-9 矩形平板闸门压强分布图

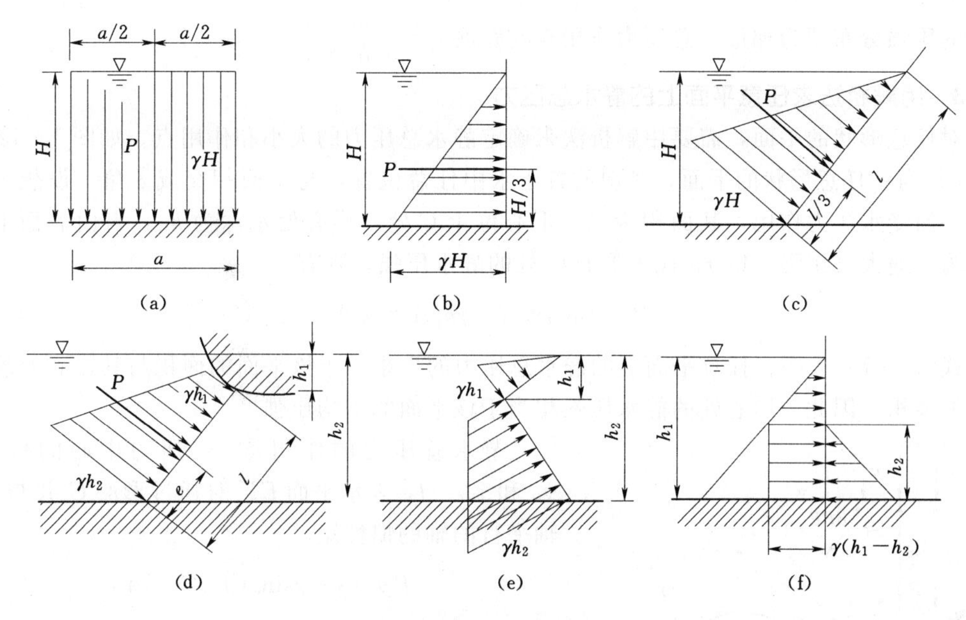

图 1－10　压强分布图

1.4.2　利用压强分布图求矩形平面上的静水总压力

求矩形平面上的静水总压力实际上就是平行力系求合力的问题。通过绘制压强分布图求一边与水面平行的矩形平面上的静水总压力最为方便。

图 1－11 表示一任意倾斜放置但一边与水面平行的矩形平面 ABB_1A_1 的一面受水压力作用。可先画出该平面上的压强分布图，然后根据压强分布图确定总压力的大小、方向和作用点。当作出作用于矩形平面上的压强分布图 $ABEF$ 后，便不难看出：作用于整个平面上的静水总压力 P 的大小应等于该压强分布图的面积 Ω 与矩形平面的宽度 b 的乘积，即

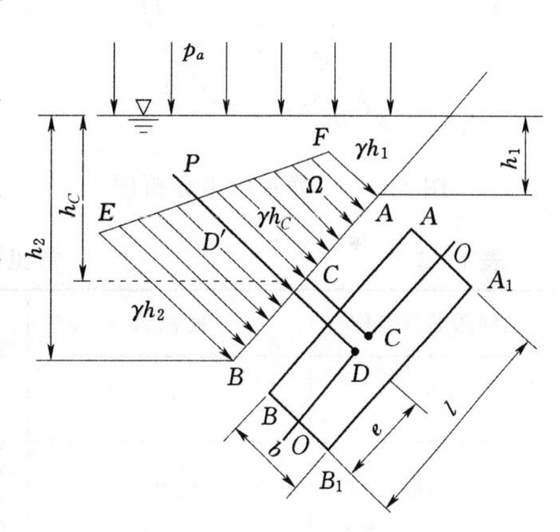

图 1－11　矩形平面压力图

$$P=\Omega b=\frac{1}{2}(\gamma h_1+\gamma h_2)lb=\frac{1}{2}\gamma(h_1+h_2)lb=\gamma h_C A \tag{1-6}$$

其中

$$h_C=(h_1+h_2)/2$$

式中　l——矩形平面的长度；

h_C——矩形平面的形心在水下的深度；

A——受水压力作用的平面面积。

总压力的作用方向与受作用面的内法线方向一致，总压力的作用点应在作用面的纵向对称轴 O—O 上的 D 点，该点是压强分布图形心点沿作用面内法线方向在作用面上的投影点，称为压力中心。如图 1－10 (a)，压强分布图为矩形，总压力作用点必在中点 $a/2$ 处；图 1－10 (b)、(c) 的压强分布图为三角形，合力必在距底 1/3 高度处；而图 1－10

(d) 的压强分布图为梯形，总压力作用点在距底 $e=\frac{1}{3}\frac{2h_1+h_2}{h_1+h_2}$处。

1.4.3 用解析法求任意平面上的静水总压力

对任意形状的平面，需要用解析法来确定静水总压力的大小和作用点。如图 1-12 所示，EF 为一任意形状的平面，倾斜放置于水中任意位置，与水面相交成 α 角。设想该平面的一面受水压力作用，其面积为 A，形心位于 C 处，形心处水深为 h_C，自由表面上的压强为当地大气压强。以 p_C 代表形心 C 处的静水压强，则有

$$P=\gamma\sin\alpha y_C A=\gamma h_C A=p_C A \tag{1-7}$$

式 (1-7) 表明：任意平面上的静水总压力的大小等于该平面的面积与其形心处静水压强的乘积。因此，形心处的静水压强相当于该平面的平均压强。

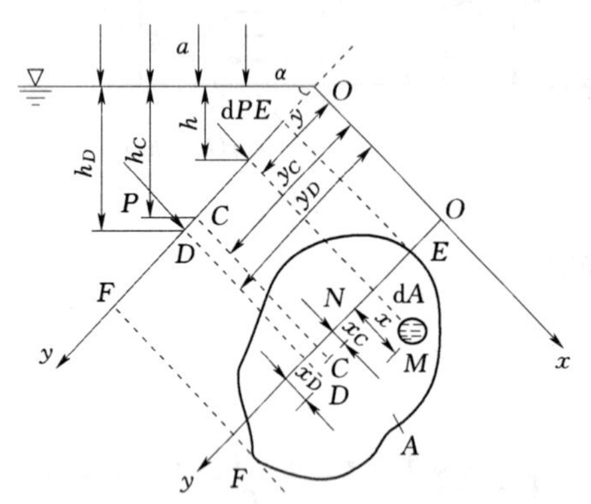

图 1-12 静水压力分析图

静水总压力的作用点——压力中心的位置：y_D 和 x_D。J_{Ex} 表示平面 EF 对通过形心 C 并与 Ox 轴平行的轴的惯性矩

$$Py_D=-\gamma\sin\alpha(J_{Cx}+y_C^2A)$$

由此得

$$y_D=\frac{\gamma\sin\alpha(J_{Cx}+y_C^2A)}{\gamma y_C\sin\alpha A}=y_C+\frac{J_{Cx}}{y_CA}$$

除平面水平放置外，总压力作用点总是在作用面形心点之下。常见平面图形的面积 A、形心距上边界点长 y_C 以及惯性矩 J_{Cx} 的计算式见表 1-2。

表 1-2　　常见平面的 A、y_C 及 J_{Cx}

几何图形及名称	面积 A	形心至上边界点长 y_C	Cx 轴的惯性矩 J_{Cx}
矩形	bh	$\frac{1}{2}h$	$\frac{1}{12}bh^3$
三角形	$\frac{1}{2}bh$	$\frac{2}{3}h$	$\frac{1}{36}bh^3$
梯形	$\frac{h(a+b)}{2}$	$\frac{h}{3}\left(\frac{a+2b}{a+b}\right)$	$\frac{h^3}{36}\left(\frac{a^2+4ab+b^2}{a+b}\right)$
圆形	πr^2	r	$\frac{1}{4}\pi r^4$
半圆形	$\frac{1}{2}\pi r^2$	$\frac{4}{3}\frac{r}{\pi}$	$\frac{9\pi^2-64}{72\pi}r^4$

根据同样道理，对 Oy 轴取力矩，可求得压力中心的另一个坐标 x_D 为

$$x_D=x_C+\frac{J_{Cxy}}{y_CA} \tag{1-8}$$

式中 J_{Cxy}——平面 EF 对通过形心 C 并与 Ox、Oy 轴平行的轴的惯性积。

因为惯性积 J_{Cxy} 可正可负，x_D 可能大于或小于 x_C。也就是对于任意形状的平面，压力中心 D 可能在形心 C 的这边或那边。

【例 1-1】 设有一铅直放置的水平底边矩形闸门，如图 1-13 所示。已知闸门高度 $H=2\text{m}$，宽度 $b=3\text{m}$，闸门上缘到自由表面的距离 $h_1=1\text{m}$。试用绘制压强分布图的方法和解析法求解作用于闸门的静水总压力。

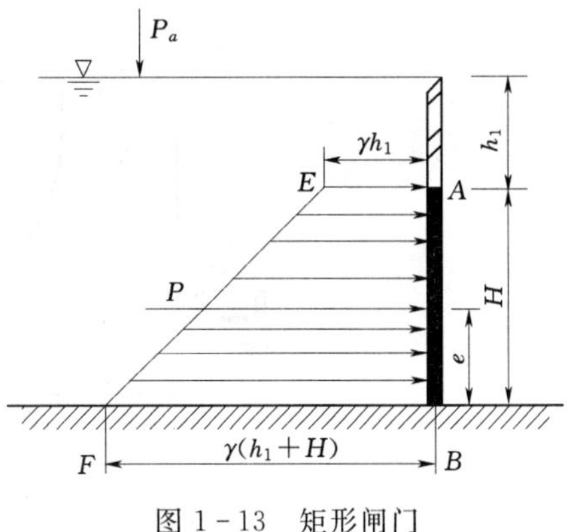

图 1-13 矩形闸门

解：（1）利用压强分布图求解。绘制静水压强分布图 $ABEF$，如图 1-13 所示。静水总压力大小为

$$P=\Omega b=\frac{1}{2}[\gamma h_1+\gamma(h_1+H)]Hb$$

$$=\frac{1}{2}\times[9.8\times10^3\times1+9.8\times10^3\times(1+2)]\times2\times3$$

$$=1.176\times10^5(\text{N})=117.6(\text{kN})$$

静水总压力 P 的方向垂直于闸门平面，并指向闸门。压力中心 D 距闸门底部的位置 e 为

$$e=\frac{H}{3}\frac{2h_1+(h_1+H)}{h_1+(h_1+H)}=\frac{2}{3}\times\frac{2\times1+(1+2)}{1+(1+2)}=0.83\ (\text{m})$$

其距自由表面的位置为

$$y_D=h_1+H-e=1+2-0.83=2.17\ (\text{m})$$

（2）用分析法求解。静水总压力大小为

$$P=\gamma h_C A=\gamma\left(h_1+\frac{\text{H}}{2}\right)(H+b)$$

$$=9.8\times10^3\times\left(1+\frac{2}{2}\right)\times(2+3)$$

$$=1.176\times10^5(\text{N})=117.6\ (\text{kN})$$

静水总压力 P 的方向垂直指向闸门平面。压力中心 D 距自由表面的位置为

$$y_D=y_C+\frac{J_{Cx}}{y_C A}=\left(h_1+\frac{H}{2}\right)+\frac{\frac{bH^3}{12}}{\left(h_1+\frac{H}{2}\right)(Hb)}$$

$$=\left(1+\frac{2}{2}\right)+\frac{\frac{3\times2^3}{12}}{\left(1+\frac{2}{2}\right)\times(2\times3)}$$

$$=2+\frac{24}{144}=2.17\ (\text{m})$$

实验：如实验图 1-14 所示，一个扇形体连接在杠杆上，再以支点连接的方式放置在容器顶部，杠杆上还装有平衡锤和天平盘，用于调节杠杆的平衡和测量。容器中放水后，扇形体浸没在水中，由于支点位于扇形体圆弧面的中心线上，除了矩形端面上的静水压力之外，其他各侧面上的静水压力对支点的力矩都为零。利用天平测出力矩，可推算矩形面上的静水总压力。

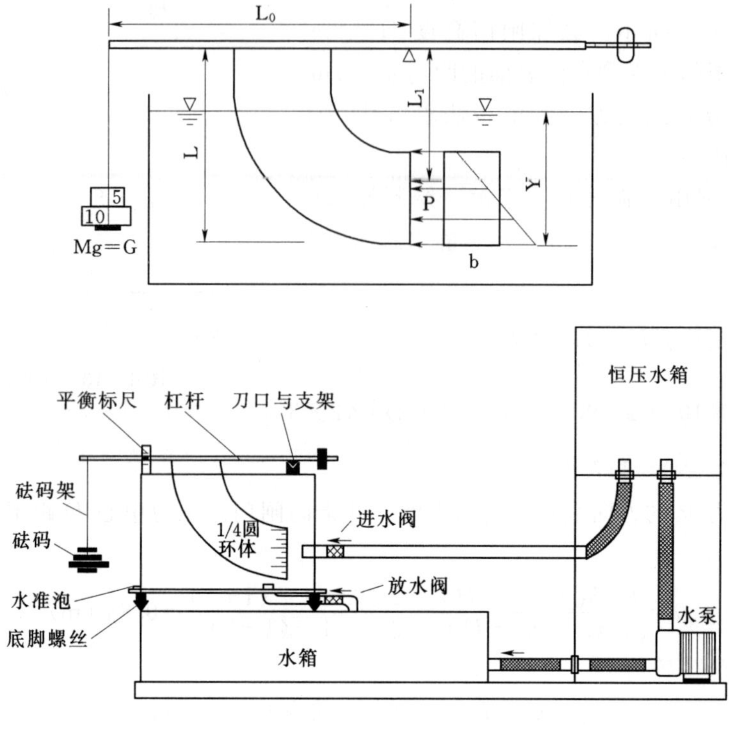

图 1-14 静水压力实验图

1.5 曲面上的静水总压力

在实际工程中常常会遇到受液体压力作用的曲面，例如拱坝坝面、弧形闸门、U 形液槽、泵的球形阀、圆柱形油箱等。这就要求确定作用于曲面上的静水总压力。作用于曲面上任意点的静水压强也是沿着作用面的法线指向作用面，并且其大小与该点所在的水下深度呈线性关系。因而与平面情况相类似，也可以由此画出曲面上的压强分布图，如图 1-15 所示。

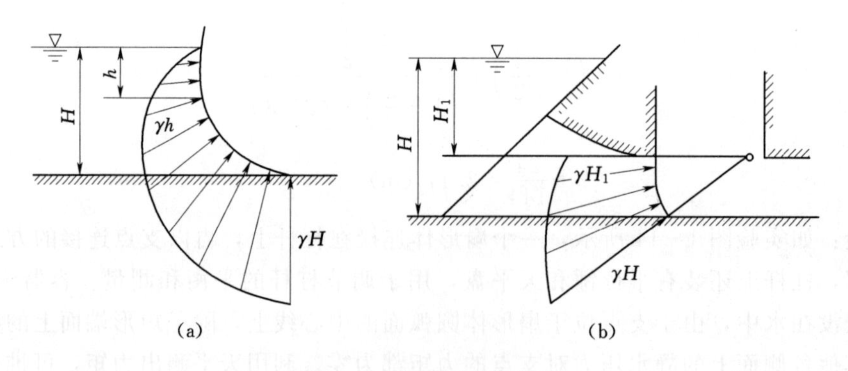

图 1-15 曲面压强分布图

由于曲面上各点的法线方向各不相同，因此不能像求平面上的总压力那样通过直接积分求其合力。为了将求曲面上的总压力问题也变为平行力系求合力的问题，以便于积分求和，通常将曲面上的静水总压力 P 分解成水平分力和铅直分力，然后再合成 P。在工程上，有时不必求合力，只需求出水平分力和铅直分力即可。因为工程上多数曲面为二维曲面，即具有平行母线的柱面或球面。在此先着重讨论柱面情况，然后再将结论推广到一般曲面。

当二维曲面的母线为水平线时，可取 Oz 轴铅直向下，Oy 轴与曲面的母线平行。此时二维曲面在 xOy 平面上的投影将是一根曲线，如图 1-16 上的 EF。在这种情况下，$P_y=0$，问题转化为求 P_x 和 P_z 的大小及其作用线的位置。

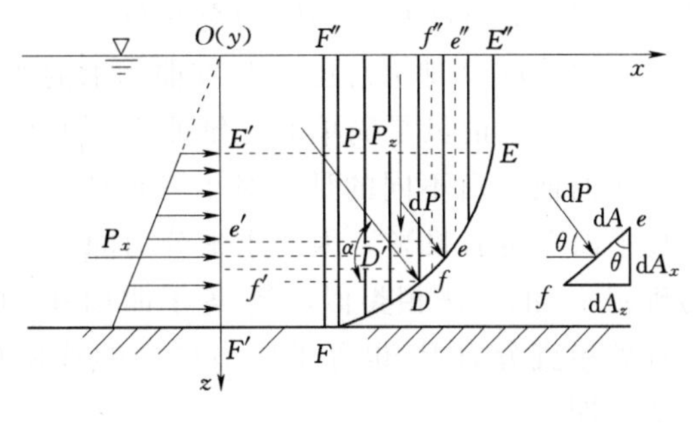

图 1-16 曲面压力分析图

图 1-16 为一母线与水平轴 Oy 平行的二维曲面，面积为 A，曲面左侧承受静水压力作用，自由表面上的压强为当地大气压强。作用于整个曲面上静水总压力的水平分力 P_x 为

$$P_x=\int_A \mathrm{d}P_x=\int_A \gamma h\,\mathrm{d}A\cos\theta=\gamma\int_{Ax} h\,\mathrm{d}A_x$$

$\int_A h\,\mathrm{d}A_x$ 表示曲面 EF 在铅直面 yOz 上的投影面对水平轴 Oy 的静面矩。如以 h_C 表示铅直投影面的形心在液面下的深度，则由静面矩定理得

$$\int_{Ax} h\,\mathrm{d}A_x=h_C A_x$$

于是得

$$P_x=\gamma h_C A_x \tag{1-9}$$

式（1-9）表明：作用于二维曲面 EF 上的静水总压力 P 的水平分力 P_x 等于作用于该曲面的铅直投影面 A_x 上的静水总压力。

柱体 $EFE''F''$ 称为压力体，其体积以 V 表示。

压力体应由下列界面所围成：

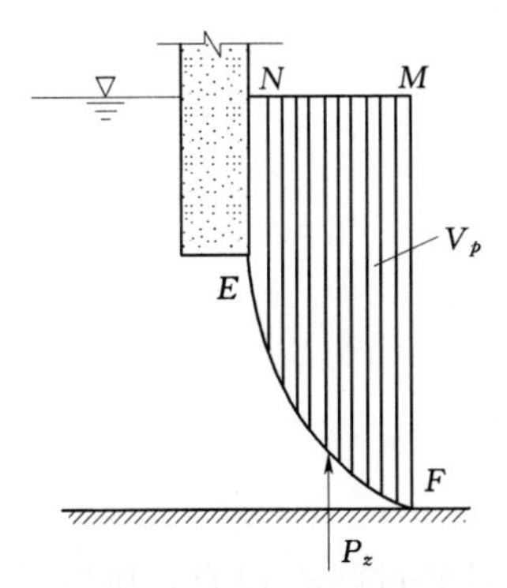

图 1-17 压力体图

（1）受压曲面本身。

（2）受压曲面在自由液面（或自由液面的延展面）上的投影面，如图 1-16（或图 1-17）所示。

（3）从曲面的边界向自由液面（或自由液面的延展面）所作的铅直面。

铅直分力的方向，则应根据曲面与压力体的关系而定：当液体与压力体位于曲面的同侧（图 1-16）时，P_z 向下；当液体与压力体分别在曲面之一侧（图 1-17）时，P_z 向上。对于简单柱面，P_z 的方向可以根据实际作用在曲面上的静水压力垂直指向作用面这个性质很容易地加以确定

$$P_z=\rho gV \tag{1-10}$$

求得水平分力 P_x 和铅直分力 P_z 后，则可得液体作用于曲面上的静水总压力 P 为

$$P=\sqrt{P_x^2+P_z^2}$$

总压力 P 的作用线与水平线的夹角 α 为

$$\alpha=\arctan\frac{P_z}{P_x}$$

P 的作用线应通过 P_x 与 P_z 的交点 D'，但这一交点不一定在曲面上，总压力 P 的作用线与曲面的交点 D 即为总压力 P 在曲面上的作用点。

以上讨论的虽是简单的二维曲面上的静水总压力，但所得结论完全可以应用于任意的三维曲面，所不同的是：对于三维曲面，水平分力除了在 yOz 平面上有投影外，在 xOz 平面上也有投影，因此水平分力除了有 Ox 轴方向的 P_x 外，还有 Oy 轴方向的 P_y。与确定 P_x 的方法相类似，P_y 等于曲面在 xOz 平面的投影面上的总压力。作用于三维曲面的铅直分力 P_z 也等于压力体内的液体重。三维曲面上的总压力 P 由 P_x、P_y、P_z 合成，即

$$P=\sqrt{P_x^2+P_y^2+P_z^2} \tag{1-11}$$

【例 1-2】 图 1-18 为一坝顶圆弧形闸门的示意图。门宽 $b=6$m，弧形门半径 $R=4$m，此门可绕 O 轴旋转。试求当坝顶水头 $H=2$m，水面与门轴同高，闸门关闭时所受的静水总压力。

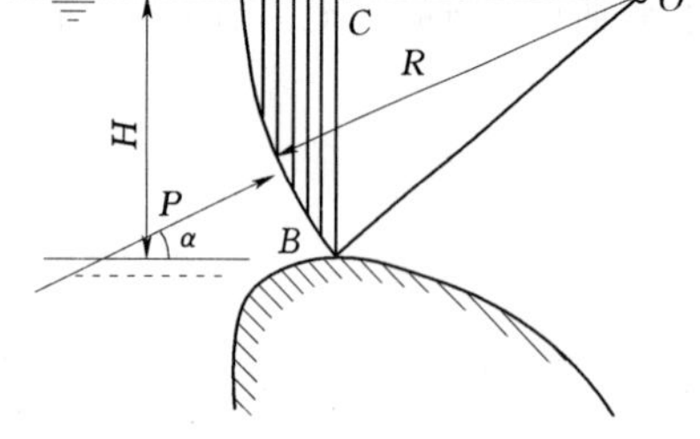

图 1-18 坝顶圆弧形闸门

解： 水的容重 $\gamma=9.8$kN/m^3，水平分力为

$$P_x=\frac{\gamma H^2 b}{2}=\frac{9.8\times2^2\times6}{2}=117.6\ (\text{kN})$$

铅直分力等于压力体 ABC 内水重。压力体 ABC 的体积等于扇形 AOB 的面积减去三角形 BOC 的面积，再乘以宽度 b。已知 $BC=2$m，$OB=4$m，故 $\angle AOB=30°$。

扇形 AOB 的面积$=\frac{30}{360}\pi R^2=\frac{1}{12}\times3.14\times4^2=4.19$ (m^2)

三角形 BOC 面积$=\frac{1}{2}BC\cdot OC=\frac{1}{2}\times2\times4\cos30°=3.46$ (m^2)

压力体 ABC 的体积$=(4.19-3.46)\times6=0.73\times6=4.38$ (m^3)

所以，铅直分力 $P_z=9.8\times4.38=42.9$ (kN)，方向向上。

作用在闸门上的静水总压力 P 为

$$P=\sqrt{P_x^2+P_z^2}=\sqrt{117.6^2+42.9^2}=125.2\ (\text{kN})$$

P 与水平线的夹角为 α，则

$$\tan\alpha=\frac{P_z}{P_x}=\frac{42.9}{117.6}=0.365 \quad \alpha=20.04°$$

因为曲面是圆柱面的一部分，各点的压强均与圆柱面垂直且通过圆心 O 点，所以总压力 P 的作用线亦必通过 O 点。

项 目 小 结

1. 水力学的任务是研究流体的宏观机械运动，提出了流体的易流动性概念，即流体在静止时，不能抵抗剪切变形。同时又引入了连续介质模型假设，把流体看成没有空隙的连续介质，则流体中的一切物理量都可看作时空的连续函数。

2. 流体的压缩性，一般可用体积压缩率 β 和体积模量 k 来描述，通常情况下。黏滞性是流体的主要物理性质，它是流动流体抵抗剪切变形的一种性质。

3. 牛顿内摩擦定律 $F\propto\omega\dfrac{\mathrm{d}u}{\mathrm{d}y}$ $F=\mu\omega\dfrac{\mathrm{d}u}{\mathrm{d}y}$，它表明流体的切应力大小与速度梯度或角变形率或剪切变形速率成正比。

4. 静水压强的两个特性：

(1) 只能是压应力，方向垂直并指向作用面。

(2) 同一点静压强大小各向相等，与作用面方位无关。

5. 压强的表示方法：根据压强计算基准面的不同，压强可分为绝对压强、相对压强和真空值。等压面的概念：质量力垂直于等压面，只有重力作用下的静止流体的等压面为水平面应满足的条件是相互连通的同一种连续介质。

6. 静压强的分布

重力作用下静压强的分布 $p=p_0+\gamma h$；$\dfrac{p}{\gamma}$为单位重流体的压能，称为测压管高度或压强水头；$z+\dfrac{p}{\gamma}$为单位重流体的总势能，称为测压管水头。

7. 平面上流体静压力

(1) 图解法

$$\text{对规则的矩形平面}\begin{cases}F=F_CA=\rho g h_C A\\ y_p=y_C+\dfrac{J_C}{y_CA}\end{cases}$$

式中 F——压强分布图面积与宽的乘积；

y_p——压强分布图的形心处。

(2) 解析法

$$P=\gamma h_C A=p_C A \quad y_D=y_C+\frac{J_{Cx}}{y_CA}$$

8. 曲面上流体静压力 $P_x=\gamma h_C A_x$ $P_z=\rho g V$ $P=\sqrt{P_x^2+P_z^2}$ $\alpha=\arctan\dfrac{P_z}{P_x}$。

复 习 思 考 题

1-1 质量、重量、密度、容重的定义，密度和容重间存在着什么关系。

1-2 固体之间的摩擦力与液体之间的内摩擦力有何原则上的区别？何谓牛顿内摩擦

定律，该定律是否适用于任何液体？

1-3　绝对压强、相对压强、真空度是怎样定义的？相互之间如何换算？

1-4　什么叫做黏滞性？黏滞性对液体运动起什么作用？

1-5　试分析思 1-5 图中压强分布图错在哪里？

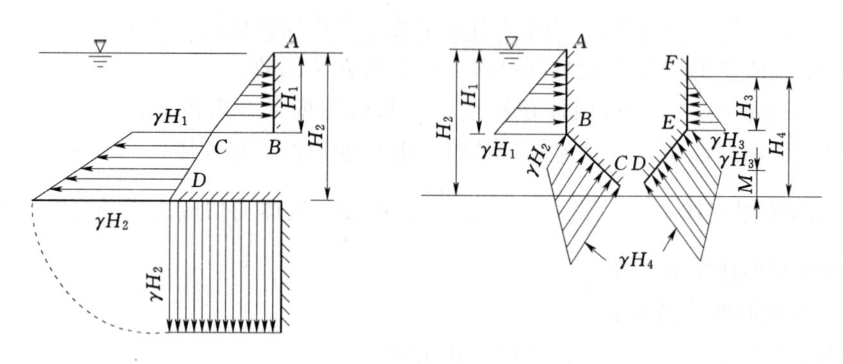

思 1-5 图

1-6　如思 1-6 图所示一密闭水箱，试分析水平面 A—A，B—B，C—C 是否皆为等压面？何谓等压面？等压面的条件有哪些？

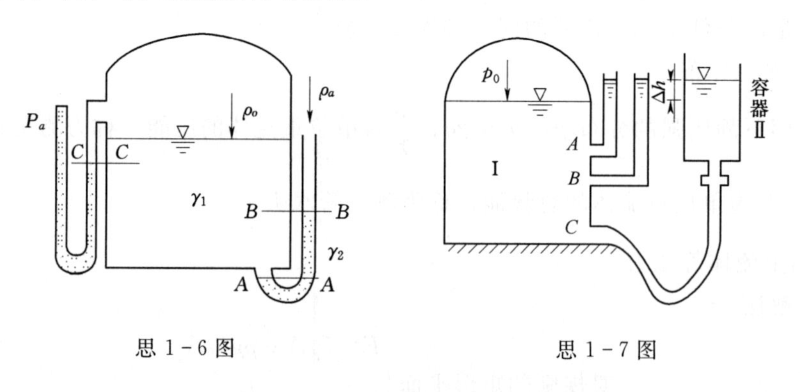

思 1-6 图　　　　思 1-7 图

1-7　一密闭水箱（思 1-7 图）系用橡皮管从 C 点连通容器Ⅱ，并在 A、B 两点各接一测压管，问：

（1）AB 两测压管中水位是否相同？如相同时，问 AB 两点压强是否相等？

（2）把容器Ⅱ提高一些后，p_0 比原来值增大还是减小？两测压管中水位变化如何？

1-8　什么叫压力体？如何确定压力体的范围和方向？

习　题

1-1　什么是液体的可压缩性？什么情况下需要考虑液体的可压缩性？

1-2　题 1-2 图所示左边为一封闭容器，盛有密度 $\rho_1=\rho_2=1000\text{kg/m}^3$ 的水，深度 $h_1=3\text{m}$。容器侧壁装有一测压管，$H=0.5\text{m}$。右边为敞口盛水容器，水深 $h_2=2.2\text{m}$。求中间隔板 A、B、C 三点的压强。

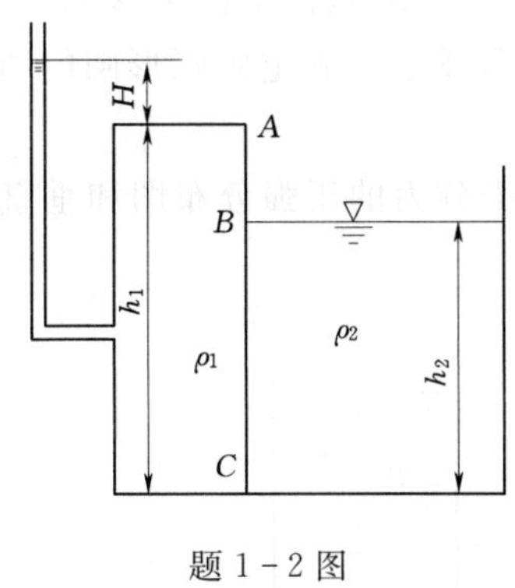

题 1-2 图

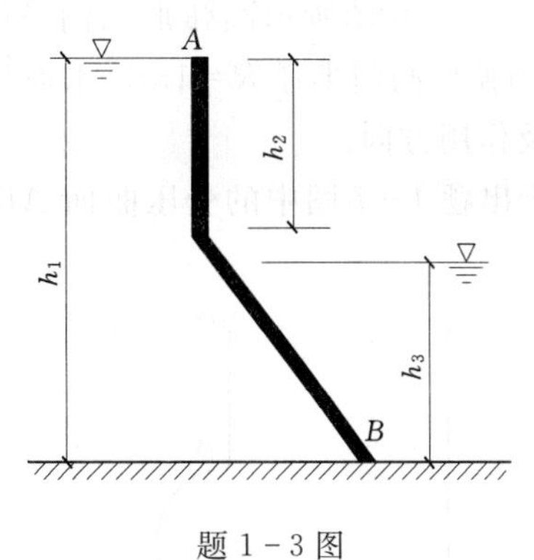

题 1-3 图

1-3　试绘制题 1-3 图所示 AB 壁面上的相对压强分布图，并注明大小。

1-4　(1) 如题 1-4 图 (a) 中的直径 D=150mm，重量 G=10N 的活塞浸入水中，并在压力 P 作用下平衡（如图示）。若 P=6N，试求与活塞底等高之点 M 处的压强 P_M 及测压管高度 h。

(2) 如题 1-4 图 (b) 中的敞口水箱侧壁装有压力表，表的中心至水箱底的高度 h=1m，压力表读数为 39.2kPa，求水箱中的水深 H。

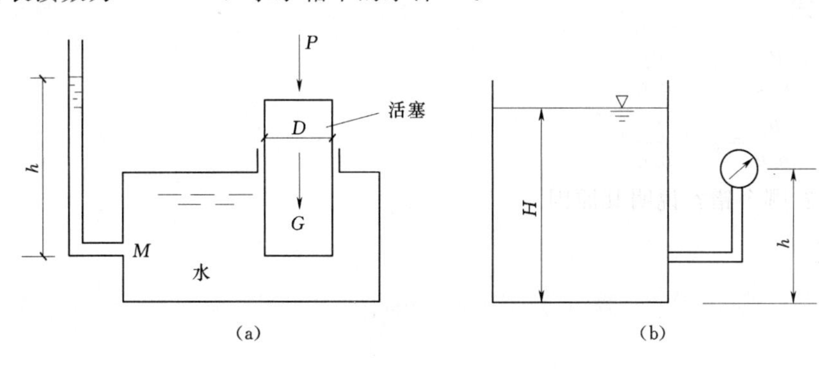

题 1-4 图

1-5　求题 1-5 图中矩形面板所受静水总压力的大小及作用点位置，已知水深 H=2m，板宽 B=3m。

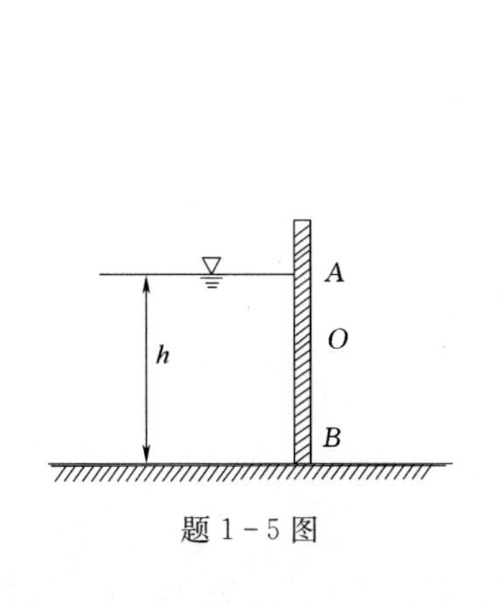

题 1-5 图

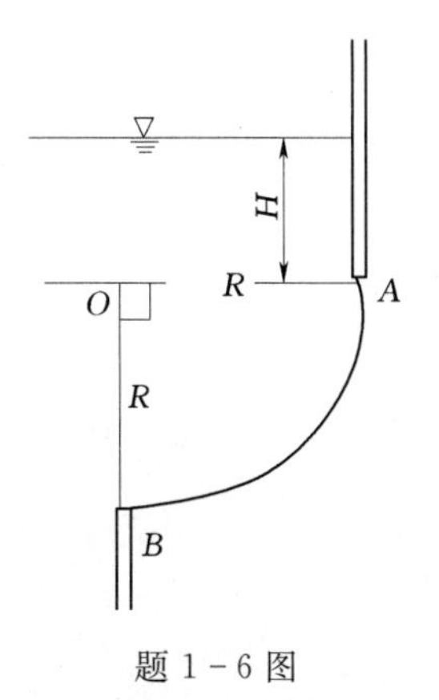

题 1-6 图

1－6　如题1－6图所示圆弧形闸门AB(1/4圆)，A点以上的水深$H=1.2$m，闸门宽$B=4$m，圆弧形闸门半径$R=1$m，水面均为大气压强。确定圆弧形闸门AB上作用的静水总压力及作用方向。

1－7　绘出题1－7图中的受压曲面AB上水平分力的压强分布图和垂直分力的压力体图。

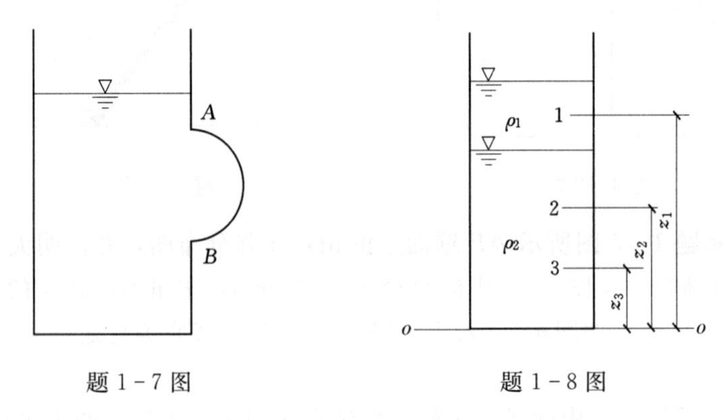

题1－7图　　　　题1－8图

1－8　如题1－8图所示两种液体盛在同一容器中，其中$\rho_1<\rho_2$。试分析下面两个水静力学方程式

(1) $z_1+\dfrac{p_1}{\rho_1 g}=z_2+\dfrac{p_2}{\rho_2 g}$

(2) $z_2+\dfrac{p_2}{\rho_2 g}=z_3+\dfrac{p_3}{\rho_3 g}$

哪个对？哪个错？说明其原因。

项目二　水　动　力　学

项目提要： 描述液体运动的两种方法；水流运动的分类和基本概念：恒定流与非恒定流，流线与迹线，微小流束、总流和过流断面，均匀流与非均匀流，渐变流与急变流；恒定总流的连续性方程；恒定总流能量方程及其应用；恒定总流动量方程。

2.1　水流运动的基本知识

水动力学的任务是研究液体的机械运动规律及其工程应用，主要建立流体运动的位移、速度、加速度和转向等随时间和坐标的变化规律，不涉及力问题，但从中得出结论为流体动力学的研究奠定基础。

水动力学的基本任务就是建立液体在流场中运动的质量守恒、能量守恒和动量守恒等定律的数学表达式。由于实际液体存在黏性，使得水流运动分析十分复杂，所以工程上通常先以忽略黏性的理想液体为研究对象。

2.2　水流运动的分类和基本概念

描述液体运动的方法通常有两种，即拉格朗日法和欧拉法。

2.2.1　拉格朗日法

此法是以液体运动质点为对象，把液体看成是一种质点系，研究这些质点在整个运动过程中的轨迹以及运动要素随时间的变化规律。流体质点运动的轨迹是迹线。设 $t=t_0$ 时，某液体质点的初始坐标为（a、b、c），则任一时刻 t 的迹线方程及运动要素可表达为

$$X=x(a,b,c,t) \quad U_x=U_x(a,b,c,t) \quad a_x=a_x(a,b,c,t)$$
$$Y=y(a,b,c,t) \quad U_y=U_y(a,b,c,t) \quad a_y=a_y(a,b,c,t)$$
$$Z=z(a,b,c,t) \quad U_z=U_z(a,b,c,t) \quad a_z=a_z(a,b,c,t)$$

式中　U_x，U_y，U_z——液体质点流速沿三坐标轴的分量；

a_x，a_y，a_z——液体质点加速度沿三坐标轴的分量；

a，b，c，t——拉格朗日变数。

由此可知，对于易流动（易变形）的液体，需要无穷多个方程才能描述由无穷多个质点组成的液体的运动状态，这在数学上难以做到，所以这种方法很少用。

2.2.2　欧拉法

欧拉法是把液体当做连续介质，以考察不同流体质点通过固定的空间点的运动情况来了解整个流动空间内的流动情况，以此来研究各时刻流场中不同质点运动要素的分布与变化规律，而不直接描述给定质点在某时刻的位置及其运动状况。

用欧拉法描述液体运动时，流场中设置许多观察点（x，y，z），研究不同时刻 t、不同观察点（x，y，z）上，不同液体质点的运动，变量 x，y，z，t 统称为欧拉变量。因此，各空间点的流速可表示为

$$\left.\begin{aligned}u_x&=u_x(x,y,z,t)\\u_y&=u_y(x,y,z,t)\\u_z&=u_z(x,y,z,t)\end{aligned}\right\}\tag{2-1}$$

注意到式（2-1）中 x，y，z 是液体质点在 t 时刻的运动坐标，对同一质点来说它们不是独立变量，而是时间变量 t 的函数。由复合函数求导数的方法，可得到流速对时间的导数即加速度，得

$$a_x=\frac{\mathrm{d}u_x}{\mathrm{d}t}=\frac{\partial u_x}{\partial t}+\frac{\partial u_x}{\partial x}\frac{\mathrm{d}x}{\mathrm{d}t}+\frac{\partial u_x}{\partial y}\frac{\mathrm{d}y}{\mathrm{d}t}+\frac{\partial u_x}{\partial z}\frac{\mathrm{d}z}{\mathrm{d}t}$$

其中

$$\frac{\mathrm{d}x}{\mathrm{d}t}=u_x;\quad \frac{\mathrm{d}y}{\mathrm{d}t}=u_y;\quad \frac{\mathrm{d}z}{\mathrm{d}t}=u_z$$

故

$$\left.\begin{aligned}a_x&=\frac{\mathrm{d}u_x}{\mathrm{d}t}=\frac{\partial u_x}{\partial t}+u_x\frac{\partial u_x}{\partial x}+u_y\frac{\partial u_x}{\partial y}+u_z\frac{\partial u_x}{\partial z}\\a_y&=\frac{\mathrm{d}u_y}{\mathrm{d}t}=\frac{\partial u_y}{\partial t}+u_x\frac{\partial u_y}{\partial x}+u_y\frac{\partial u_y}{\partial y}+u_z\frac{\partial u_y}{\partial z}\\a_z&=\frac{\mathrm{d}u_z}{\mathrm{d}t}=\frac{\partial u_z}{\partial t}+u_x\frac{\partial u_z}{\partial x}+u_y\frac{\partial u_z}{\partial x}+u_y\frac{\partial u_z}{\partial z}\end{aligned}\right\}\tag{2-2}$$

式（2-2）中，右边第一项$\frac{\partial u_x}{\partial t}$,$\frac{\partial u_y}{\partial t}$,$\frac{\partial u_z}{\partial t}$表示通过固定点的液体质点同一时刻，不同空间点上流速不同，产生的加速度称为当地加速度：等号右边后三项反映了同一空间点，不同时刻，流速不同，形成的加速度，称为迁移加速度。所以，用欧拉法描述液体运动时，液体质点的加速度应是当地加速度与迁移加速度两者之和。例如，由水箱侧壁开口并接出一根收缩管（图2-1），水经该管流出。由于水箱中的水位逐渐下降，收缩管内同一点的流速随时间不断减小；另一方面，由于管段收缩，同一时刻收缩管内各点的流速又沿程增加。前者引起的加速度就是当地加速度（在本例中为负值），后者引起的加速度就是迁移加速度（在本例中为正值）。在水动力学中采用欧拉法研究问题比较普遍。

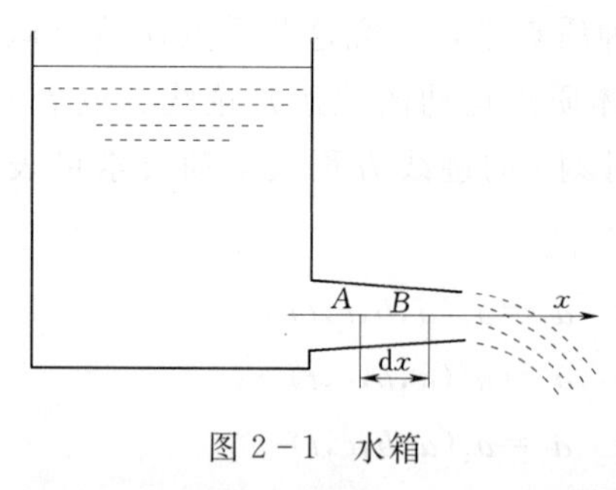

图2-1　水箱

2.2.3　恒定流与非恒定流

液体运动根据运动要素是否随时间变化，可分为恒定流与非恒定流两类。若流场中所有空间点上一切运动要素都不随时间改变，这种流动称为恒定流。否则，就叫做非恒定

流。例如，图 2-1 中水箱里的水位不恒定时，水流中各点的流速与压强等运动要素随时间而变化，这样的流动就是非恒定流。若设法使箱内水位保持恒定，则液体的运动就成为恒定流。

恒定流中一切运动要素只是坐标 x，y，z 的函数，运动要素之一不随时间发生变化的流动，因而恒定流中

$$\frac{\partial u_x}{\partial t}=\frac{\partial u_y}{\partial t}=\frac{\partial u_z}{\partial t}=0 \tag{2-3}$$

恒定流中当地加速度等于零，但迁移加速度可以不等于零。

恒定流与非恒定流相比较，欧拉变量中少了一个时间变量 t，因而问题要简单得多，以下以恒定流为研究对象。

2.2.4　一元流、二元流与三元流

恒定流与非恒定流是根据欧拉变量中的时间变量对运动要素有无影响来分类的；若考察水流运动要素分别与空间一个、两个、三个坐标有关，分别为一元流、二元流与三元流。液体一般在三元空间中流动。例如，水在断面形状与大小沿程变化的天然河道中的流动，水对船体的绕流等，这类流动属于三元流，一般比较接近实际流态。

流场中任一点的液体运动要素仅与一个空间自变量（流程坐标）有关，即运动要素只是曲线坐标 s 的函数，这种流动属于一元流动。如图 2-2 所示，其一般的数学表达式为 $u=u(s,\ t)$。

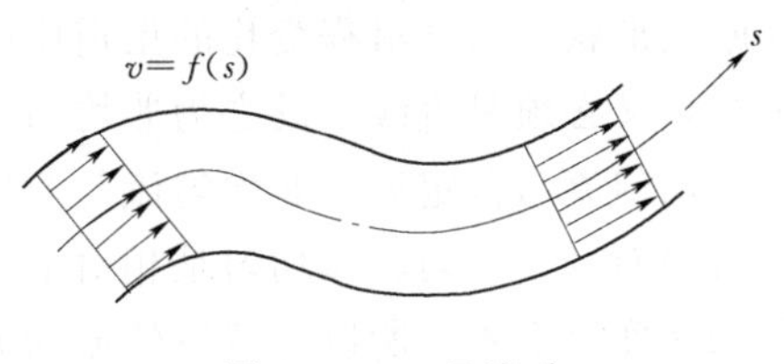

图 2-2　一元流动

流场中任一点的液体运动要素与两个空间自变量有关，则称为平面流动。平面流动就属于二元流动。其一般的数学表达式为 $u=u(x,\ y,\ t)$。

流场中任一点的液体运动要素与三个空间自变量有关，这种水流称为三元流，或称空间运动。其一般的数学表达式为 $u=u(x,\ y,\ z,\ t)$。

数学上求解三维问题困难，所以水力学中常用简化方法，尽量减少运动要素的“元”数。显然，坐标变量越少，问题越简单。

2.2.5　流线，均匀流与非均匀流

1. 流线

流线指某一瞬间在流场中画出的一条曲线，这个时刻位于曲线上各点的质点的流速方向与该曲线相切。因此，流线表明了某时刻流场中各点的流速方向。流线能反映瞬时的流动方向，如图 2-3 所示，1 到 6 点切线就是 $\boldsymbol{u}_1$ 到 $\boldsymbol{u}_6$ 的矢量方向。

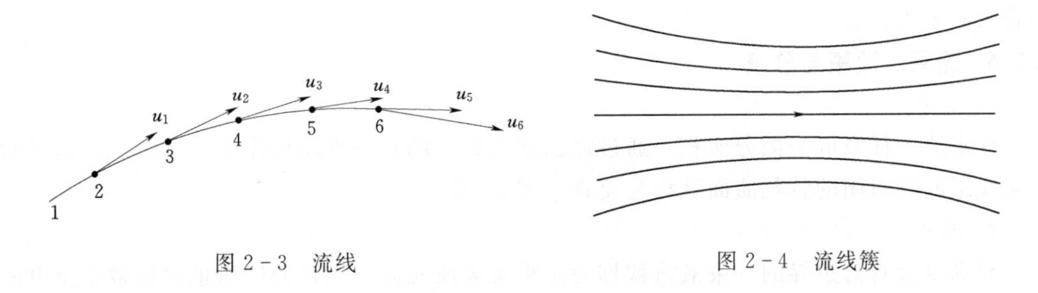

图 2-3　流线　　　　图 2-4　流线簇

在整个运动液体的空间可绘出一系列的流线，称为流线簇，流线簇构成的流线图称为流谱（图 2－4）。流线分布的疏密程度反映流速的大小，密则大，疏则小。

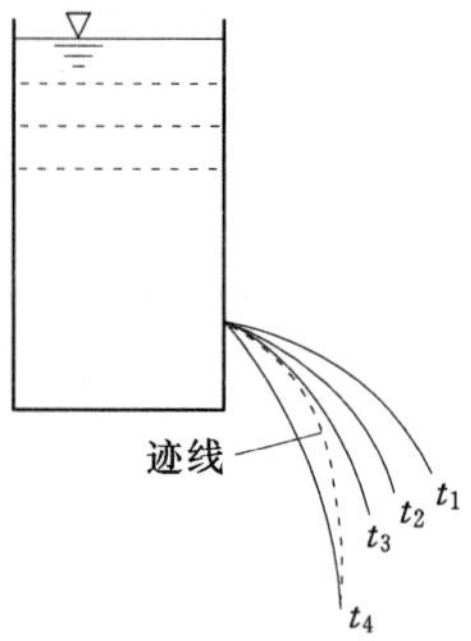

流线和迹线是两个完全不同的概念。非恒定流的流线与迹线不相重合，但恒定流的流线与迹线相重合。用图 2－5 加以说明。

根据流线的概念，可知流线有以下特征：

（1）恒定流的流线形状不随时间变化，非恒定流的流线形状随时间变化。

（2）恒定流的流线与迹线重合，非恒定流的流线与迹线不重合。

（3）流线一般不会相交，也不会转折（驻点除外）。

图 2－5　说明图

2. 均匀流与非均匀流

根据流线形状不同可将液体流动分为均匀流与非均匀流两种。

若诸流线是平行直线，这种流动就称为均匀流；否则，称为非均匀流。例如，管径不变的直线管道中的水流就是均匀流。若液体在收缩管、扩散管或弯管中的流动，以及液体在断面形状或尺寸沿程变化的渠道中的流动都形成非均匀流。在均匀流中，流线既要相互平行，又必须是直线，反之为非均匀流。

均匀流与恒定流，非均匀流与非恒定流是两种不同的概念。流动的恒定、非恒定是相对时间而言，均匀、非均匀是相对空间而言。恒定流的当地加速度等于零，而均匀流的迁移加速度等于零。所以，液体的流动分为恒定均匀流，恒定非均匀流，非恒定非均匀流，非恒定均匀流四种情况。在明渠流中，由于存在自由液面，所以一般不存在非恒定均匀流这一情况。

均匀流具有下列特征：

（1）过水断面为平面，且形状和大小沿程不变。

（2）同一条流线上各点的流速相同，因此各过水断面上平均流速 v 相等。

（3）同一过水断面上各点的测压管水头为常数（即动水压强分布与静水压强分布规律相同，具有 $z+p/\gamma=C$ 的关系）。

按流线不平行和弯曲的程度，可将非均匀流分为渐变流和急变流。当水流的流线近乎于平行的直线时，这样的水流称为渐变流。渐变流同一过水断面上的测压管水头（$z+p/\gamma$）近似常数，流线之间夹角很小或流线的曲率半径很大。若水流的流线之间夹角很大或曲率半径很小，这种水流称为急变流。在急变流中，过水断面上的压强分布与静水不同，测管水头不为常数。

2.2.6　流管、流束与总流

1. 流管

在水流中任意取一微分面积，通过该面积周界上的每一点均可作出一条流线，这无数条流线组成的封闭的管状曲面就称为流管（图 2－6）。

2. 流束

充满以流管为边界的一束液流就称为微小流束或元流。流管的性质也就是微小流束的

性质（图 2－7）。

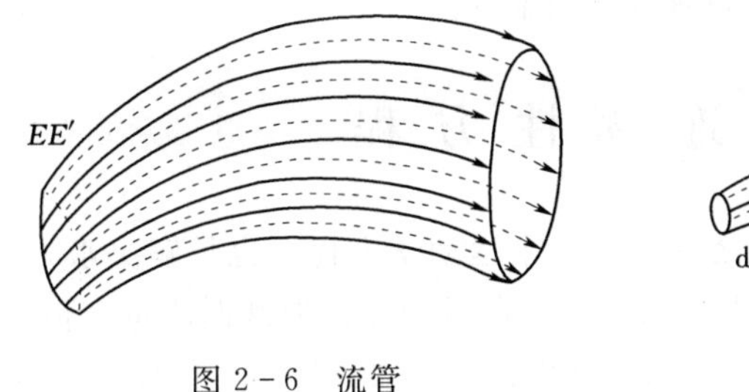

图 2－6 流管　　图 2－7 流束

3. 总流

无数微小流束的总和称为总流。总流可以看作是由无数多个元流所组成。天然水道或管道中的水流，均属总流（图 2－8）。

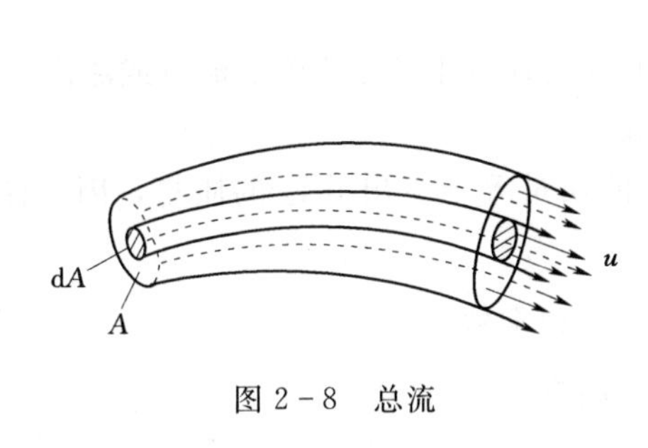

图 2－8 总流　　图 2－9 过水断面

2.2.7 过水断面、流量及断面平均流速

1. 过水断面

垂直流线的断面，称为过水断面。当流线簇不平行时，过水断面为曲面，当流线簇平行时，过水断面为平面，如图 2－9 所示。

2. 流量

单位时间内，流经水断面的液体体积，称为流量。流量常用 Q 表示，其单位为 m^3/s。

总流的流量等于同一过水断面上所有微小流束的流量之和，即

$$Q=\int_A \mathrm{d}Q=\int_A u\,\mathrm{d}A$$

3. 断面平均流速

断面流速通常呈不均匀分布，为了简化问题，过水断面上各点的流速都相等并等于 v，此时所通过的流量与实际上流速为不均匀分布时所通过的流量相等，其各点流速的加权平均值，称为断面平均流速，单位为 m/s，即

$$v=\frac{\int_A u\,\mathrm{d}A}{A}$$

引入断面平均流速概念，使三元流动简化为一元流动。

2.2.8 有压流与无压流

过水断面的全部周界都与固体边壁接触，无自由表面，液体表面压强不等于大气压强

的流动称为有压流，如自来水管。过水断面部分周界具有自由表面的流动，称为无压流或明渠流。其表面压强等于大气压强，如河流、明渠等。

2.3 连 续 性 方 程

连续性方程是水力学的三大方程之一，是一个运动学方程，也是解决水力学问题的重要公式之一，在运动过程中遵循质量守恒定律。

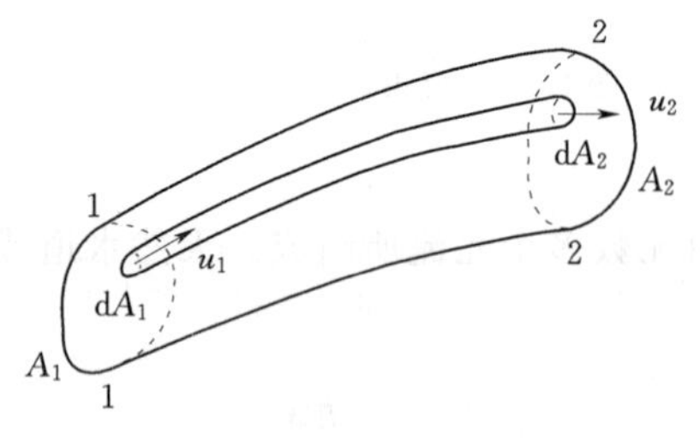

图 2-10 连续性方程示意图

从总流中任取一段（图 2-10），其进口过水断面 1—1 面积为 A_1，出口过水断面 2—2 面积为 A_2；再从中任取一元流，其进口过水断面为 dA_1，流速为 u_1，出口过水断面积为 dA_2，流速为 u_2。前提条件是：

(1) 在恒定流条件下，元流的形状与位置不随时间改变。

(2) 不可能有液体经元流侧面流进或流出。

(3) 液体是连续介质，元流内部不存在空隙。

根据质量守恒原理，单位时间内流进 dA_1 的质量等于流出 dA_2 的质量，因元流过水断面很小，可认为 u 均布，即

$$\rho_1 u_1 dA_1 = \rho_2 u_2 dA_2 = 常数 \tag{2-4}$$

对于不可压缩的液体，密度 $\rho_1 = \rho_2 =$ 常数，则有

$$u_1 dA_1 = u_2 dA_2 = dQ \tag{2-5}$$

这就是元流的连续性方程。它表明：不可压缩元流的流速与其过水断面面积成反比，断面面积大的流速小，断面面积小的流速大。

总流是无数个元流之和，将元流的连续性方程在总流过水断面上积分可得总流的连续性方程

$$\int dQ = \int_{A_1} u_1 dA_1 = \int_{A_2} u_2 dA_2$$

引入断面平均流速后成为

$$v_1 A_1 = v_2 A_2 = Q \tag{2-6}$$

这就是不可压缩恒定总流的连续性方程，任意两过水断面，其平均流速与过水断面面积成反比。连续性方程对于理想液体或实际液体都适用。

上述总流的连续性方程是在流量沿程不变的条件下导得的。若沿程有流量汇入或分出（图 2-11），则总流的连续性方程为

$$Q_1 = Q_2 + Q_3 \tag{2-7}$$

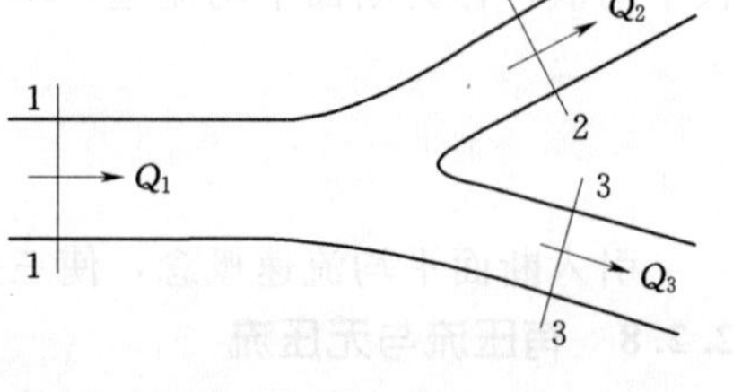

图 2-11 流量分出

【例 2-1】 直径 d 为 100mm 的输水管道中有一变截面管段（图 2-12），若测得管内流量 Q 为 10L/s，变截面弯管段最小截面处的断面平均流速 $v_0=20.3\text{m/s}$，求输水管的断面平均流速 v 及最小截面处的直径 d_0。

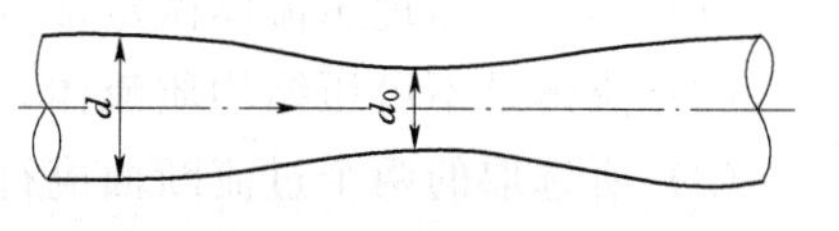

图 2-12　变截面管段

解：

$$v=\frac{Q}{\frac{1}{4}\pi d^2}=\frac{10\times10^{-3}}{\frac{1}{4}\times3.14\times0.1^2}=1.27\ (\text{m/s})$$

根据式（2-6）

$$d_0^2=\frac{v}{v_0}d^2=\frac{1.27}{20.3}\times0.1^2=0.000626\ (\text{mm}^2)$$

故

$$d_0=0.0250\text{m}=25\text{mm}$$

2.4　伯诺里方程的物理意义和几何意义

2.4.1　伯诺里方程的基本涵义

伯诺里方程（图 2-14）

$$z_1+\frac{p_1}{\rho g}+\frac{v_1^2}{2g}=z_2+\frac{p_2}{\rho g}+\frac{v_2^2}{2g}$$

式中　z——单位重量液体所具有的位置势能，又称位置水头；

$p/\rho g$——单位重量液体所具有的压强势能，又称压力水头；

$z+p/\rho g$——单位重量液体所具有的总势能，又称静水头或测压管水头（此时压力 p 取相对压力）；

$\alpha v^2/2$——单位重量流体所具有的动能，又称速度水头；

α——动能修正系数，是一个大于 1.0 的数，其大小取决于断面上的流速分布，为简单起见，常近似地取 $\alpha=1.0$。

方程的实质是能量转换与守恒在流体力学中的应用，即流体力学转变为机械能中各能量的转换与守恒。水在流动过程中的水头变化如图 2-13 所示。其应用条件如下：

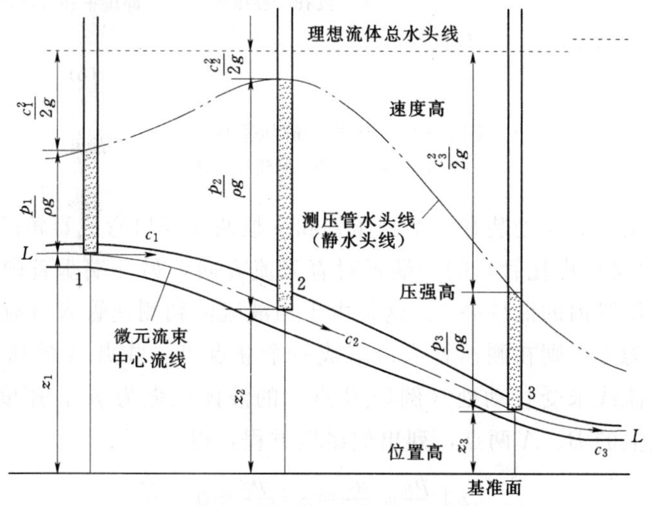

图 2-13　沿流线的水头

（1）不可压缩理想流体做定常流动。

（2）流体是不可压缩均质流体，质量力只有重力。

（3）所选取的两个过流断面应符合渐变流或均匀流条件，即符合断面上各点测压管水头等于常数的条件。

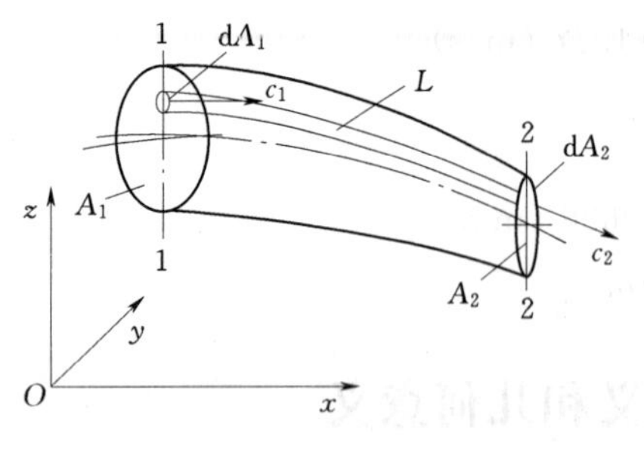

图 2-14 总流伯诺里方程

注意事项：

（1）选择基准面。

（2）方程中的压强可取绝对压强，也可取相对值。但计算方程两侧的标准必须统一。

（3）通常将有效截面取在管道中心线上或容器的自由液面上。

（4）流速取有效截面上的平均流速。

（5）解题时，可以结合连续性方程或动量方程，或列出多个伯诺里方程联立求解。

2.4.2 伯诺里方程的应用举例

1. 毕托管

在工程实际中，常常需要来测量某管道中流体流速的大小，那么应用于测量渠道、管道中水流点流速的仪器叫做皮托管，也叫毕托管（图 2-15）。

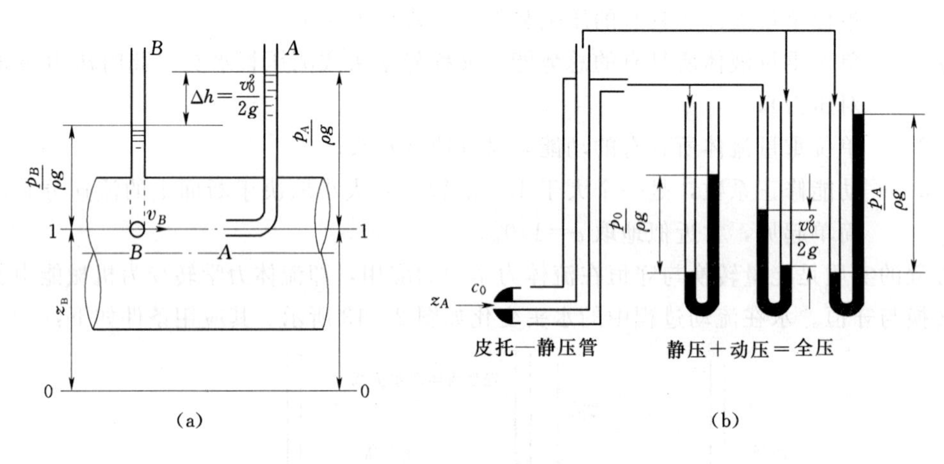

图 2-15 毕托—静压管应用

（a）工作原理；（b）测流速方法

在液体管道的某一截面处装有一个测压管和一根两端开口弯成直角的玻璃管（称为测速管）。将测速管（又称皮托管）的一端正对着来流方向，另一端垂直向上，这时测速管中上升的液柱比测压管内的液柱高 h。这是由于当液流流到测速管入口前的 A 点处，液流受到阻挡，流速变为零，则在测速管入口形成一个驻点 A。驻点 A 的压强 p_A 称为全压，在入口前同一水平流线未受扰动处（例如 B 点）的液体压强为 p_B，速度为 u。应用伯诺里方程于同一流线上的 B、A 两点，列出伯诺里方程，得

$$z+\frac{p_B}{\rho g}+\frac{u^2}{2g}=z+\frac{p_A}{\rho g}+0$$

$$\Delta h=\frac{p_A}{\rho g}-\frac{p_B}{\rho g}=\frac{\boldsymbol{u}^2}{2g}$$

即

$$u=\sqrt{2g\Delta h}\text{或}u=c\sqrt{2g\Delta h}$$

式中 c——校正系数，常取 $c=0.98\sim1.0$。

2. 文丘利管

(1) 作用。文丘利管是用来测量管路的平均流速及流量的仪器（图 2-16）。

(2) 组成。文丘利管由入口段、收缩段、喉部和扩散段组成。在文丘利管入口断面 1 和喉部处断面 2 两处可安装测压管测量压力或安装 U 形管直接测得压强差。

(3) 工作原理。根据伯诺里方程（忽略能量损失）与连续性方程得

$$z_1+\frac{p_1}{\rho g}+\frac{w_1^2}{2g}=z_2+\frac{p_2}{\rho g}+\frac{w_2^2}{2g}$$

$$w_1A_1=w_2A_2=q_v$$

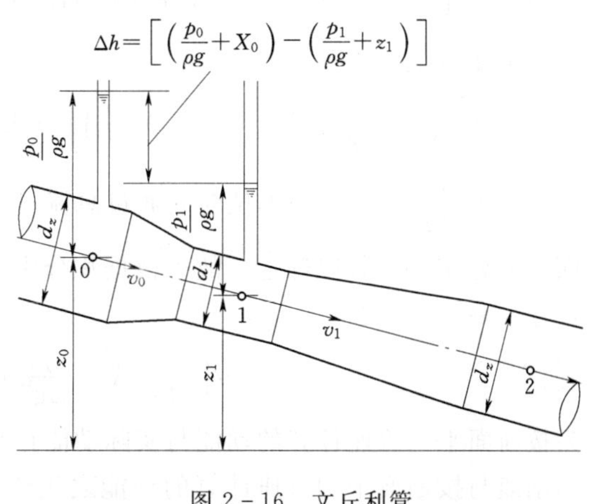

图 2-16 文丘利管

管道断面为圆形，设进口直径为 d_1，喉管断面直径为 d_2，通过管道的流量

$$Q=A_1v_1=\frac{\pi d_1^2}{4}\sqrt{\frac{2gh}{\left(\frac{d_1}{d_2}\right)^4-1}}=K\sqrt{h}$$

其中

$$K=\frac{\pi d^2}{4}\sqrt{\frac{2g}{\left(\frac{d_1}{d_2}\right)^4-1}}$$

显然，系数 K 只是管径 d_1 和 d_2 的函数，当已知管径 d_1 和 d_2 时，K 为定值，可以预先算出。故只要测出两断面测压管水头的差值 h，就可方便地算出流量 Q。实际流量为 $Q=\mu K\sqrt{h}$，其中 μ 称为文丘里流量计的流量系数，一般值约为 0.95～0.98。

2.5 恒定总流的能量方程

由于实际液体具有黏性，在流动过程中须克服内摩擦阻力作功，消耗一部分机械能，使之不可逆地转变为热能等能量形式而耗散掉，因而液流的机械能沿程减小。设 h'_w 为元流单位重量液体从 1—1 过水断面流至 2—2 过水断面的机械能损失，称为元流的水头损失，根据能量守恒原理，实际液体元流的伯诺里方程应为

$$z_1+\frac{p_1}{\gamma}+\frac{u_1^2}{2g}=z_2+\frac{p_2}{\gamma}+\frac{u_2^2}{2g}+h'_w$$

要解决实际工程问题，还需通过在过水断面上积分把它推广到总流（图 2-17）。单位时间内通过元流两过水断面的全部液体的能量关系式为

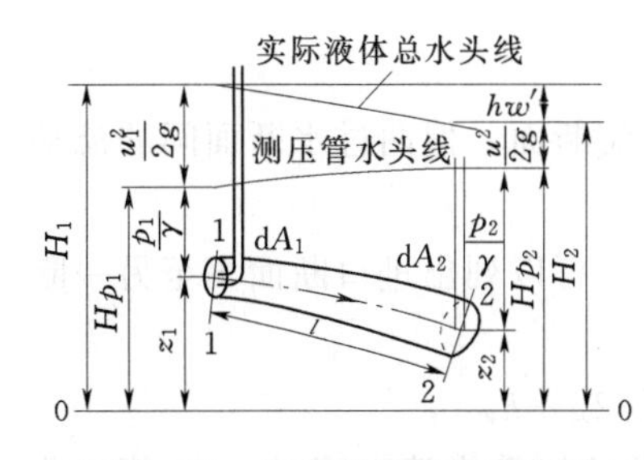

图 2-17 恒定总流能量变化图

$$\gamma\int_{A_2}\left(z_1+\frac{p_2}{\gamma}\right)u_2\mathrm{d}A_2+\gamma\int_{A_2}\frac{u_2^3}{2g}\mathrm{d}A_2+\int_{1-1}^{2-2}h'_w\gamma\mathrm{d}Q \tag{2-8}$$

式（2-8）中共有三种类型的积分，现分别确定如下：

（1）$\gamma\int_A\left(z+\frac{p}{\gamma}\right)u\mathrm{d}A$。它是单位时间内通过总流过水断面的液体势能。若将过水断面取在渐变流上，则

$$\gamma\int_A\left(z+\frac{p}{\gamma}\right)u\mathrm{d}A=\gamma\left(z+\frac{p}{\gamma}\right)\int_A u\mathrm{d}A=\gamma\left(z+\frac{p}{\gamma}\right)vA=\left(z+\frac{p}{\gamma}\right)\gamma Q \tag{2-9}$$

（2）$\gamma\int_A\frac{u^2}{2g}\mathrm{d}A$。它是单位时间通过总流过水断面的液体动能。由于流速 u 在总流过水断面上的分布一般难以确定，故可根据积分中值定理，且用断面平均流速 v 来表示实际动能，令 $u^3=\alpha v^3$，则

$$\gamma\int_A\frac{u^3}{2g}\mathrm{d}A=\frac{\gamma}{2g}\alpha v^3A=\frac{av^2}{2g}\gamma Q \tag{2-10}$$

因为按断面平均流速计算的动能与实际动能存在差异，所以需要引入动能修正系数 α——实际动能与按断面平均流速计算的动能之比值。α 值取决于总流过水断面上的流速分布。α 一般大于 1。流速分布较均匀时 $\alpha=1.05\sim1.10$，流速分布不均匀时 α 值较大，甚至可达到 2 或更大。在工程计算中常取 $\alpha=1$。

（3）$\int_{1-1}^{2-2}h'_w\gamma\mathrm{d}Q$。它是单位时间总流过水断面 1—1 与 2—2 之间的机械能损失，同样可用单位重量液体在这两断面间的平均能量损失（称为总流的水头损失）h_w 来表示，则

$$\int_{1-1}^{2-2}h'_w\gamma\mathrm{d}Q=h_w\gamma Q \tag{2-11}$$

实际总流的伯诺里方程（能量方程）为

$$z_1+\frac{p_1}{\gamma}+\frac{\alpha_1v_1^2}{2g}=z_2+\frac{p_2}{\gamma}+\frac{\alpha_2v_2^2}{2g}+h_w \tag{2-12}$$

它在形式上类似于实际元流的伯诺里方程，只是以断面平均流速 v 代替点流速 u（相应地考虑动能修正系数 α），以平均水头损失 h_w 代替元流的水头损失 h'_w。总流伯诺里方程的物理意义和几何意义与元流的伯诺里方程相类似。

综上所述，总流伯诺里方程在推导过程中的限制条件可归纳如下：

（1）恒定流。

（2）不可压缩流体。

（3）质量力限有重力。

（4）所选取的两过水断面必须是平均势能已知的渐变流断面，但两过水断面间的流动可以是急变流。

实验：在实验管路中沿管内水流方向取 n 个过水断面。可以列出进口断面 1 至另一断面 i 的能量方程式（$i=2, 3, \cdots, n$）

$$Z_1+p_1/\gamma+\alpha_1v_1^2/2g=Z_i+p_i/\gamma+\alpha_iv_i^2/2g+h_{w1-i}$$

取 $\alpha_1=\alpha_2=\cdots=\alpha_n=1$，选好基准面，从已设置的各断面的测压管中读出 Z_i+p_i/γ 值，测

出通过管路的流量，即可计算出断面平均流速 v 及 $\alpha_i v_i^2/2g$，从而得到各断面测压管水头和总水头（图 2-18）。

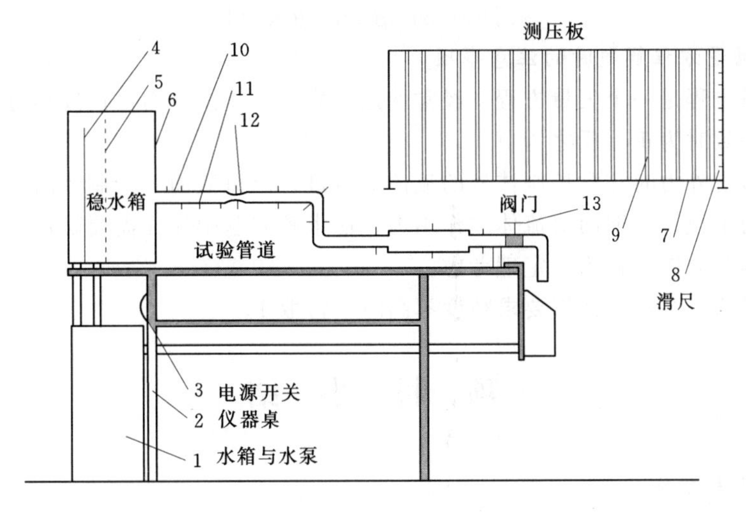

图 2-18　自循环伯诺里实验装置图

1—自循环供水器；2—实验台；3—可控硅无级调速器；4—溢流板；5—稳水孔板；6—恒压水箱；7—测压计；8—滑动测量尺；9—测压管；10—实验管道；11—测压点；12—毕托管；13—实验流量调节阀

2.6 动量方程及其应用

动量方程是动量定理在流体力学中的具体表达。这里讨论流体作定常流动时的动量变化和作用在流体上的外力之间的关系。

1. *动量定理及动量方程式*

一般力学中动量定理表述为：物体动量的时间变化率等于作用在该物体上的所有外力的矢量和。即

$$\sum \vec{F} = \frac{d\vec{k}}{dt}$$

$$\vec{k} = m\,\overline{v}$$

如图 2-19 所示，以总流的一段管段为例。取断面 1 和断面 2 以及其间管壁表面所组成的封闭曲面为控制面，内部的空间为控制体。流体从控制面 1 流入控制体，从控制面 2 流出，管壁可看成流管，无流体进出。

$$\sum \vec{F} = \rho q_v (\beta_2 \vec{c}_2 - \beta_1 \vec{c}_1) \qquad (2-13)$$

式（2-13）即为总流定常流动时的动量方程。它是矢量方程，实际上常用三个坐标轴上的投影式表示，即

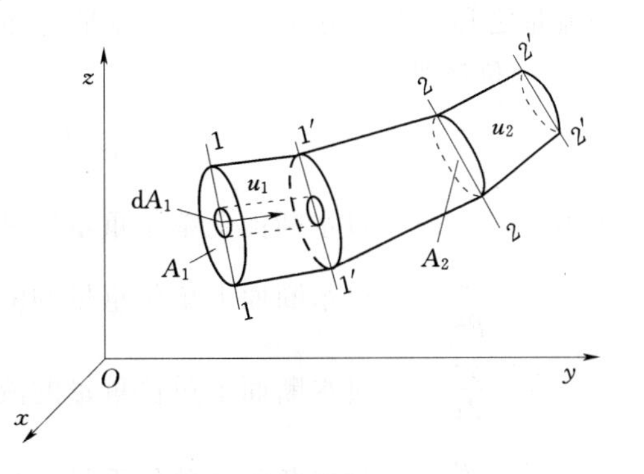

图 2-19　动量方程

$$\left.\begin{aligned}\sum F_x=\rho q_v(\beta_2 u_2-\beta_1 u_1)\\\sum F_y=\rho q_v(\beta_2 v_2-\beta_1 v_1)\\\sum F_z=\rho q_v(\beta_2 w_2-\beta_1 w_1)\end{aligned}\right\}$$

2. 应用动量方程解题时的注意事项

（1）动量方程是一个矢量方程，经常使用投影式。注意外力、速度和方向问题，它们与坐标方向一致时为正，反之为负。

（2）在考虑外力时注意控制体外的流体通过进、出口截面对控制体内流体的作用力。

（3）外力中包含了壁面对流体的作用力，而求解问题中往往需要确定流体作用在壁面上的力，这两个力按牛顿第三定理考虑。

（4）动量修正系数在计算要求精度不高时，常取1。

项 目 小 结

1. 几个基本概念

（1）描述液体运动的两种方法，拉格朗日法和欧拉法。

（2）元流。充满在流管中的液流称为元流或微小流束。元流的极限是一条流线。无数元流之和就构成总流。

（3）过水断面。即水道（管道、明渠等）中垂直于水流流动方向的横断面，即与元流或总流的流线成正交的横断面。

（4）平均流速。由通过过水断面的流量 Q 除以过水断面的面积 A 而得的流速称为断面平均流速，常用 v 表示，即 $v=\dfrac{\int_A u\,\mathrm{d}A}{A}$。

（5）恒定流与非恒定流。液体运动根据运动要素是否随时间变化判断。

（6）液体运动根据运动要素是否随时间变化。

2. 恒定总流连续性方程

不可压缩流体无分叉流时：$v_1A_1=v_2A_2=Q$，即 $Q_1=Q_2$，即任意断面间断面平均流速的大小与过水断面面积成反比。不可压缩流体分叉流动时 $\sum Q_{入}=\sum Q_{出}$，即流向分叉点的流量之和等于自分叉点流出的流量之和。

3. 伯诺里方程

$$z_1+\frac{p_1}{\rho g}+\frac{v_1^2}{2g}=z_2+\frac{p_2}{\rho g}+\frac{v_2^2}{2g}$$

式中 z——过水断面上单位重量的液体具有的平均位能，称为平均位置水头；

$\dfrac{p}{\rho g}$——过水断面上单位重量的液体具有的平均压能，称为平均压强水头；

$\dfrac{v^2}{2g}$——过水断面上单位重量的液体具有的平均动能，称为平均流速水头；

$z+\dfrac{p}{\rho g}$——过水断面上单位重量的液体具有的平均势能，称为测压管水头；

$z+\frac{p}{\rho g}+\frac{av^2}{2g}$——过水断面上单位重量的液体具有的总机械能，称为总水头。

能量方程应用于毕托管、文丘利流量计等。

4. 恒定总流动量方程

$$\sum F=\rho Q(\beta_2 v_2-\beta_1 v_1)$$

复习思考题

2-1　比较拉格拉日法和欧拉法，两种方法及其数学表达式有何不同？

2-2　什么是流线？流线有哪些主要性质，流线和迹线有无重合的情况？

2-3　“恒定流与非恒定流”，“均匀流与非均匀流”，“渐变流与急变流”等三个概念是如何定义的？它们之间有何联系？渐变流具有什么重要的性质？

2-4　思2-4图（a）表示一水闸正在提升闸门放水，思2-4图（b）表示一水管正在打开阀门放水，若它们的上游水位均保持不变，问此时的水流是否符合 $A_1V_1=A_aV_a$ 的连续方程？为什么？

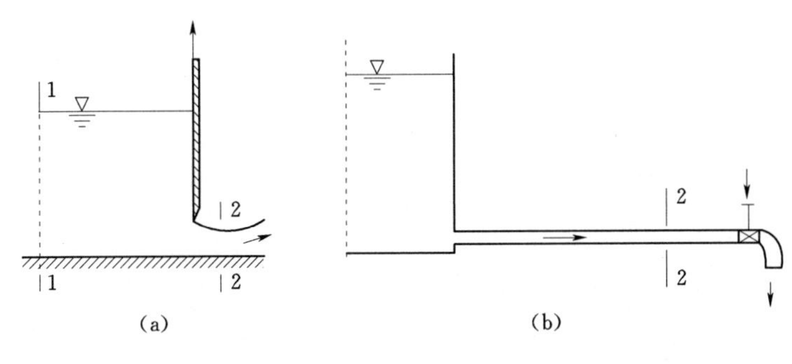

思2-4图

2-5　简述毕托管的工作原理？

2-6　动能校正系数及动量校正系数 β 的物理意义是什么？

2-7　关于水流去向问题，曾有以下一些说法如“水一定是从高处向低处”，“水是由压力大的地方向压力小的地方流”，“水是由流速大的地方向流速小的地方流”。这些说法对吗？试用基本方程式论证说明。

2-8　应用总流伯诺里方程解题时，在所取过流断面上，不同点单位重量流体具有的机械能是否相等？

2-9　什么叫总水头线和测压管水头线？水力坡度和测压管坡度？均匀流的测压管水头线和总水头线的关系怎样？

2-10　结合公式的推导，说明总流动量方程的适用条件。

习　题

2-1　有人说“均匀流一定是恒定流”，这种说法是否正确？为什么？

2-2 已知如题 2-2 图所示水平安装的文丘利流量计，已测得压强$\frac{p_1}{\gamma}=0.5\text{m}$，$\frac{p_2}{\gamma}=-0.2\text{m}$，水管的横断面积 $A_1=0.002\text{m}^2$，$A_2=0.001\text{m}^2$，不计水头损失，求通过文丘利流量计的流量 Q 为多少？

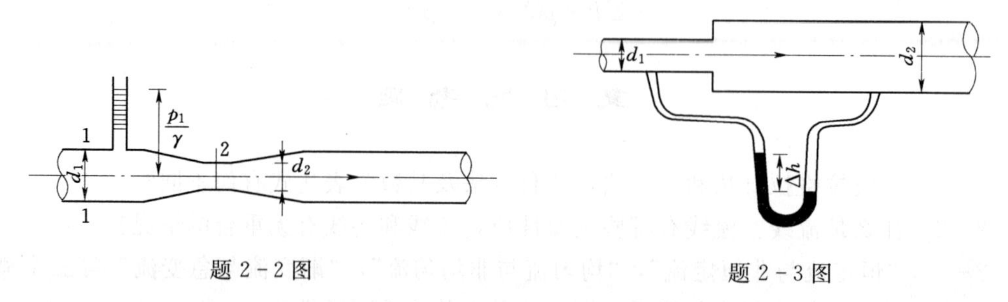

题 2-2 图　　　　题 2-3 图

2-3 水平突然扩大管路，如题 2-3 图所示，已知：直径 $d_1=5\text{cm}$，直径 $d_2=10\text{cm}$，管中流量 $Q=20\text{L/s}$，试求：U 形水银比压计中的压差读数 Δh。

2-4 能量方程中各项的几何意义和能量意义是什么？

项目三　水流型态与水头损失

项目提要：水头损失的概念和分类；均匀流切应力与沿程水头损失的关系和均匀流基本公式（达西公式）；液体流动的两种型态——层流与紊流的特点及判别；圆管中的层流运动分析；紊流运动分析；沿程水头损失的确定，沿程水力摩擦系数的变化规律及其确定，沿程水头损失计算的经验公式；局部水头损失的特点及确定。

3.1　水头损失的概念和分类

任何实际液体都具有黏性，黏性的存在会使液流具有不同于理想流体的流速分布，并使相邻两层运动液体之间、液体与边界之间除压强外还相互作用着切向力（或摩擦力），此时低速层对高速层的切向力显示为阻力。而克服阻力做功过程中就会将一部分机械能不可逆地转化为热能而散失，形成能量损失。单位重量液体的机械能损失称为水头损失。

边界形状和尺寸沿程不变或变化缓慢时的水头损失称为沿程水头损失，以 h_f 表示，简称沿程损失。边界形状和尺寸沿程急剧变化时的水头损失称为局部水头损失，以 h_j 表示，简称局部损失。从水流分类的角度来说，沿程损失可以理解为均匀流和渐变流情况下的水头损失，而局部损失则可理解为急变流情况下的水头损失。

事实上，这样来划分水头损失，反映了人们利用水流规律来解决实践问题的经验，给生产实践带来了很大的方便。例如，各种水工建筑物、各种水力机械、管道及其附件等，都可以事先用科学实验的方法测定它的沿程水头损失和局部水头损失，为后来的设计和运行管理提供必要的数据。

在实践中，沿程损失和局部损失往往是不可分割、互相影响的，因此，在计算水头损失时要作这样一些简化处理：①沿流程如果有几处局部水头损失，只要不是相距太近，就可以对它们分别进行计算；②边界局部变化处，对沿程水头损失的影响不单独计算，假定局部损失集中产生在边界突变的一个断面上，该断面的上游段和下游段的水头损失仍然只考虑沿程损失，即将两者看成互不影响，单独产生的。这样一来，沿流程的总水头损失（以 h_w 表示）就是该流段上所有沿程损失和局部损失之和，即 $h_w=h_f+h_j$。

到此，我们可以得出结论，产生水头损失必须具备两个条件：①液体具有黏滞性（内因）；②固体边界的影响，液体质点之间产生了相对运动（外因）。

3.1.1　沿程阻力与沿程损失

黏性流体在管道中流动时，流体与管壁面以及流体之间存在摩擦力，所以沿着流动路程，流体流动时总是受到摩擦力的阻滞，这种沿流程的摩擦阻力称为沿程阻力。流体流动克服沿程阻力而损失的能量，称为沿程损失。沿程损失是发生在缓变流整个流程中的能量损失，它的大小与流过的管道长度成正比。造成沿程损失的原因是流体的黏性，因而这种损失的大小与流体的流动状态（层流或紊流）有密切关系。

单位重量流体的沿程损失称为沿程水头损失，以 h_f 表示，在管道流动中的沿程损失为

$$h_f=\lambda\frac{l}{R}\frac{v^2}{2g} \tag{3-1}$$

对于圆管

$$h_f=\lambda\frac{l}{d}\frac{v^2}{2g}$$

式中　l——管长；

R——水力半径；

d——管径；

v——断面平均流速；

g——重力加速度；

λ——沿程阻力系数，也称达西系数，一般由实验确定。

式（3－1）是达西于1857年根据前人的观测资料和实践经验而总结归纳出来的一个通用公式称为达西公式。达西公式对于计算各种流态下的管道沿程损失都适用。式（3－1）中的无量纲系数 λ 不是一个常数，它与流体的性质、管道的粗糙程度以及流速和流态有关，公式的特点是把求阻力损失问题转化为求无量纲阻力系数问题，比较方便通用。同时，公式中把沿程损失表达为流速水头的倍数形式是恰当的。因为在大多数工程问题中，h_f 确实与 v^2 成正比。此外，这样做可以把阻力损失和流速水头合并在一起，便于计算。经过一个多世纪以来的理论研究和实践检验都证明，达西公式在结构上是合理的，使用上是方便的。

3.1.2　局部阻力与局部损失

在管道系统中通常装有阀门、弯管、变截面管等局部装置。流体流经这些局部装置时流速将重新分布，流体质点与质点及与局部装置之间发生碰撞、产生漩涡，使流体的流动受到阻碍，由于这种阻碍是发生在局部的急变流动区段，所以称为局部阻力。流体为克服局部阻力所损失的能量，称为局部损失。

单位重量流体的局部损失称为局部水头损失，以 h_m 表示，在管道流动中局部损失为

$$h_m=\zeta\frac{v^2}{2g}$$

式中　ζ——局部阻力系数，一般由实验确定。

整个管道的阻力损失，应该等于各管段的沿程损失和所有局部损失的总和。

上述公式是长期工程实践的经验总结，其核心问题是各种流动条件下沿程阻力系数和局部阻力系数的计算。这两个系数并不是常数，不同的水流、不同的边界及其变化对其都

有影响。

实验：沿程水头损失实验原理由达西公式得沿程损失系数

$$\lambda=\frac{2dgh_f}{lv^2}=K\frac{h_f}{Q^2}$$

其中 $K=\pi^2gd^5/8l$

局部水头损失实验原理：写出局部阻力前后两断面的能量方程，根据推导条件，扣除沿程水头损失可得。

实验装置：如图 3-1 所示，实验管道由小→大→小三种已知管径的管道组成，共设有六个测压孔，测孔 1—3 和 3—6 分别测量突扩和突缩的局部阻力系数。其中测孔 1 位于突扩界面处，用以测量小管出口断压强值。

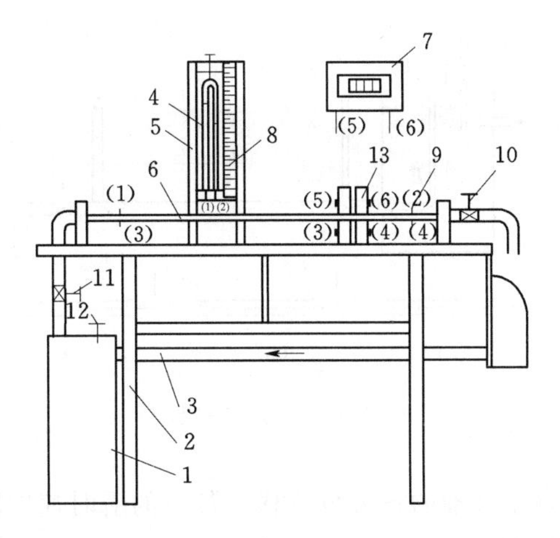

图 3-1 自循环沿程水头损失实验装置图

1—自循环高压恒定全自动供水器；2—实验台；3—回水管；4—水差压计；5—测压计；6—实验管道；7—水银差压计；8—滑动测量尺；9—测压点；10—流量调节阀；11—供水管与供水阀；12—旁通管与旁通阀；13—稳压筒

3.1.3 总阻力与总能量损失

在工程实际中，绝大多数管道系统是由许多等直管段和一些管道附件连接在一起所组成的，所以在一个管道系统中，既有沿程损失又有局部损失。我们把沿程阻力和局部阻力两者之和称为总阻力，沿程损失和局部损失两者之和称为总能量损失。总能量损失应等于各段沿程损失和局部损失的总和，即

$$h_w=\sum h_f+\sum h_m \tag{3-2}$$

式（3-2）称为能量损失的叠加原理。

3.2 液体流动的两种型态

19 世纪初人们就已经发现圆管中液流的水头损失和流速有一定关系。在流速很小的情况下，水头损失和流速的一次方成正比，在流速较大的情况下，水头损失则和流速的二次方或接近二次方成正比。直到 1883 年，由英国物理学家雷诺的试验研究，才使人们认识到水头损失与流速间的关系之所以不同，是因为液体运动存在着两种型态：层流和紊流。

3.2.1 雷诺实验

雷诺实验的装置如图 3-2 所示。由水箱 A 中引出水平固定的玻璃管 B，上游端连接一光滑钟形进口，另一端有阀门 C 用以调节流量。容器 D 内装有重度与水相近的色液，经细管 E 流入玻璃管中，阀门 F 可以调节色液的流量。

试验时容器中装满水，并始终保持液面稳定，使水流为恒定流。先徐徐开启阀门 C，使玻璃管内水的流速十分缓慢。再打开阀门 F 放出少量颜色水。此时可以见到玻璃管内色液呈一细股界线分明的直流束，如图 3-2（a）所示，它与周围清水互不混合。这一现象说明玻璃管中水流呈层状流动，各层的质点互不掺混。这种流动状态称为层流。如阀门 C 逐渐开大到玻璃管中流速足够大时，颜色水出现波动，如图 3-2（b）所示。继续

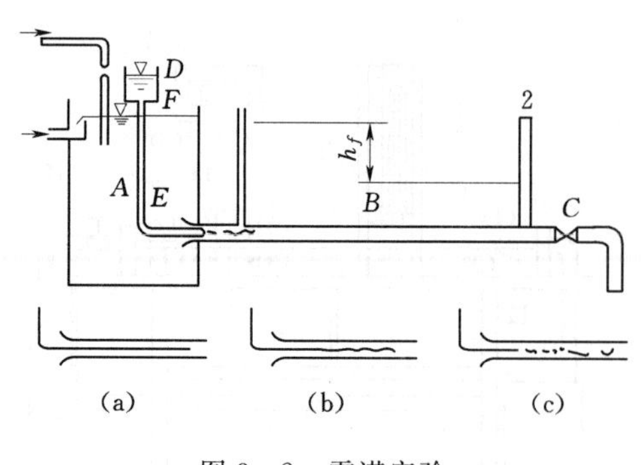

图 3-2　雷诺实验

开大阀门，当管中流速增至某一数值时，颜色水突然破裂、扩散遍至全管，并迅速与周围清水混掺，玻璃管中整个水流都被均匀染色[图 3-2 (c)]，层状流动已不存在。这种流动称为紊流。由层流转化成紊流时的管中平均流速称为上临界流速 v_c'。如果用灯光把液体照亮，可以看出：紊流状态下的颜色水体是由许多明晰的、时而产生、时而消灭的小漩涡组成。这时液体质点的运动轨迹是极不规则的，不仅有沿管轴方向（质点主流方向）的位移，而且有垂直于管轴的各方位位移。各点的瞬时速度随时间无规律地变化其方向和大小，具有明显的随机性。

试验如以相反程序进行，即管中流动先处于紊流状态，再逐渐关小阀门 C。当管内流速减低到不同于 v_c' 的另一个数值时，可发现细管 E 流出的色液又重现直线元流。这说明圆管中水流又由紊流恢复为层流。不同的只是由紊流转变为层流时的平均流速要比层流转变为紊流的流速小，称为下临界流速 v_c。

为了分析沿程水头损失随速度的变化规律，通常在玻璃管的某段（图 3-2 中的 1—2 段）上，针对不同的流速 v，测定相应的水头损失 h_f。将所测得的试验数据画在对数坐标纸上，绘出 h_f 与 v 的关系曲线，如图 3-3 所示。试验曲线明显地分为三部分：

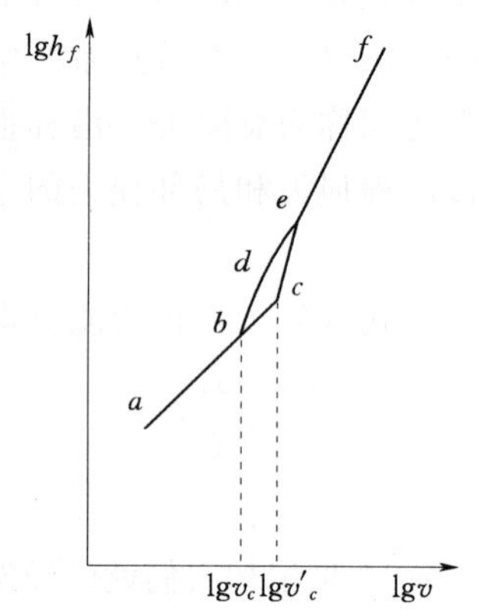

图 3-3　h_f 与 v 的关系曲线

（1）ab 段。当 $v<v_c$ 时，流动为稳定的层流，所有试验点都分布在与横轴（$\lg v$ 轴）成 45°的直线上，ab 的斜率 $m_1=1.0$。

（2）ef 段。当 $v>v_c'$ 时，流动只能是紊流，试验曲线 ef 的开始部分是直线，与横轴成 60°15′，往上略呈弯曲，然后又逐渐成为与横轴成 63°25′的直线。ef 的斜率 $m_2=1.75\sim2.0$。

（3）be 段。当 $v_c<v<v_c'$，水流状态不稳定，既可能是层流（如 bc 段），也可能是紊流（be 段），取决于水流的原来状态。应注意的是在此条件下层流状态会被任何偶然的干扰所破坏，很不稳定。例如，层流状态如果被管壁上的个别凸起所破坏，则在 $v_c<v<v_c'$ 时，它就不会回到原来的层流状态而呈紊流的型态。

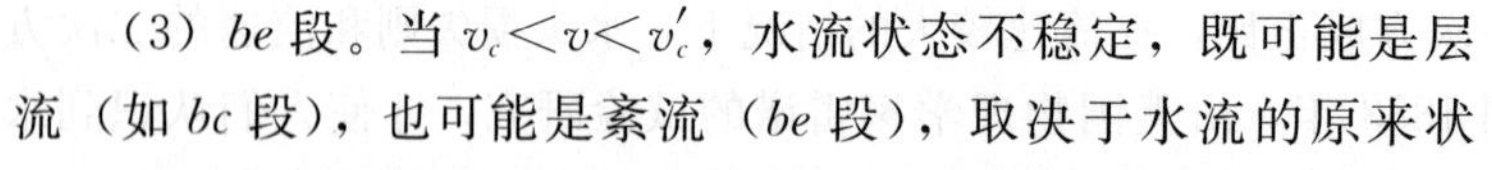

上述试验结果可用下列方程表示

$$\lg h_f=\lg k+m\lg v$$

即

$$h_f=kv_m$$

层流时，$m_1=1.0$，$h_f=k_1v$，说明沿程损失与流速的一次方成正比；紊流时，$m_2=1.75\sim2.0$，$h_f=k_2v^{1.75\sim2.0}$，说明沿程损失与流速 1.75～2.0 次方成正比。

雷诺实验虽然是在圆管中进行，所用液体是水，但在其他边界形状，其他实际液体或气体流动的实验中，都能发现这两种流动型态。因而雷诺等人的实验的意义在于它揭示了

液体流动存在两种性质不同的型态——层流和紊流。层流与紊流不仅是液体质点的运动轨迹不同，其内部结构也完全不同，反映在水头损失规律不一样上。所以分析实际液体流动，例如计算水头损失时，首先必须判别流动的型态。

3.2.2 层流、紊流的判别标准——临界雷诺数

雷诺曾用不同管径圆管对多种液体进行实验，发现下临界流速 v_c 的大小与管径 d、液体密度 ρ 和动力黏性系数 μ 有关，即 $v_c=f(d,\rho,\mu)$。这四个物理量之间的关系可以借助于量纲分析方法得到

$$v_c=Re_c\frac{\mu}{\rho d}=Re_c\frac{\nu}{d}$$

或

$$Re_c=\frac{v_c d}{\nu}$$

式中 ν——液体的运动黏性系数；

Re_c——不随管径大小和液体的物理性质而变的无量纲常数，称为下临界雷诺数。

同理，对上临界流速 v_c'，则有

$$Re_c'=\frac{v_c' d}{\nu}$$

式中 Re_c'——上临界雷诺数。

水流处于层流状态时，必须 $v<v_c$；如将 v 及 v_c 各乘以$\frac{d}{\nu}$，则有

$$\frac{vd}{\nu}<\frac{v_c d}{\nu}$$

令

$$Re=\frac{vd}{\nu}$$

得到层流状态下

$$Re<Re_c$$

式中 Re——无量纲数，称为雷诺数，它综合反映了影响流态的有关因素，反映了水流的惯性力与黏滞力之比。

同理，当水流处于紊流状态下，$v>v_c'$，因而

$$\frac{vd}{\nu}>\frac{v_c' d}{\nu}$$

$$Re>Re_c'$$

由此可见临界雷诺数是判别流动状态的普遍标准。当 $Re<Re_c$ 时为层流；$Re>Re_c'$时为紊流。

大量实验资料表明：对于圆管有压流动，下临界雷诺数为 $Re_c\approx2300$，是一个相当稳定的数值，外界扰动几乎与它无关。而上临界雷诺数 Re_c'却是一个不稳定的数值，主要与进入管道以前液体的平静程度及外界扰动条件有关。由实验得圆管有压流的上临界雷诺数 $Re_c'=\frac{v_c' d}{\nu}\approx12,000$ 或更大（40000～50000）。

实际工程中总存在扰动，因此 Re_c'没有实际意义。因此采用下临界雷诺数 Re_c 与水流的雷诺数 Re 比较来判别流动型态。在圆管中

$$Re=\frac{vd}{\nu}$$

若 $Re<Re_c=2300$，为层流；$Re>Re_c=2300$，为紊流。

这里需要指出的是，在上面各雷诺数中引用的“d”，表示取管径作为流动的特征长度。对于非圆管，其特征长度也可以取其他的流动长度来表示：如水力半径 R。此时的雷诺数记作

$$Re=\frac{vR}{\nu}$$

其中

$$R=\frac{A}{\chi}$$

式中　R——水力半径，是过水断面面积 A 与湿周 χ（断面中固体边界与液体相接触部分的周线长）之比，这时临界雷诺数中的特征长度也应取相应的特征长度来表示，而临界雷诺数应为 575。

对于明渠水流（无压流动），通常以水力半径 R 为雷诺数中的特征长度，即临界雷诺数 $Re_c=\frac{v_cR}{\nu}=575$。一般明渠流的雷诺数都相当大，多属于紊流，因而很少进行流态的判别。

【例 3-1】 某段自来水管，其管径 $d=100\text{mm}$，管中流速 $v=1.0\text{m/s}$，水的温度为 10℃，试判明管中水流形态。

解： 在温度为 10℃时，水的黏性运动系数，得

$$\nu=\frac{0.01775}{1+0.0337t+0.000221t^2}=\frac{0.01775}{1.3591}=0.0131\ (\text{cm}^2/\text{s})$$

管中水流的雷诺数

$$Re=\frac{vd}{\nu}=\frac{100\times10}{0.0131}=7660$$

$$Re>Re_c=2300$$

因此管中水流处在紊流型态。

【例 3-2】 用直径 $d=25\text{mm}$ 的管道输送 30℃的空气。问管内保持层流的最大流速是多少？

解： 30℃时空气运动黏性系数 $\nu=16.6\times10^{-6}\text{m}^2/\text{s}$，最大流速就是临界流速，由于

$$Re_c=\frac{v_cd}{\nu}=2300$$

得

$$v_c=\frac{Re_c\nu}{d}=\frac{2300\times16.6\times10^{-6}}{0.025}=1.527\ (\text{m/s})$$

从以上两例可看出，水和空气的流动绝大多数都是紊流。

3.3　圆管中的层流和紊流运动

3.3.1　圆管中的层流运动

为进一步研究切应力 τ 与平均速度 v 的关系。而 τ 的大小与水流的流动型态有关，以

下先就圆管中的层流运动进行分析，圆管中的层流运动也称为哈根—泊肃叶流动。

液体在层流运动时，液层间的切应力可由牛顿内摩擦定律求出

$$\tau=\mu\frac{\mathrm{d}u}{\mathrm{d}y}$$

圆管中有压均匀流是轴对称流。为了计算方便，现采用圆柱坐标 r，x（图 3-4）。此时为二元流。

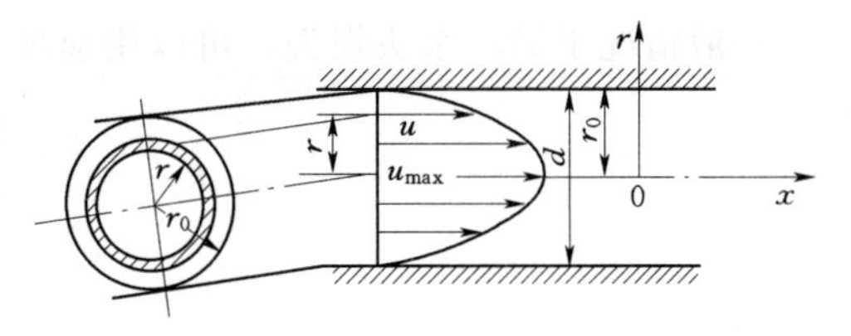

图 3-4　圆管有压均匀流

在管壁上，即 $r=r_0$ 处，$u=0$（固体边界无滑动条件）

$$C=\frac{\gamma J}{4\mu}r_0^2$$

所以
$$u=\frac{\gamma J}{4\mu}(r_0^2-r^2)\tag{3-3}$$

式（3-3）说明圆管层流过水断面上流速分布是一个旋转抛物面，这是层流的重要特征之一。

流动中的最大速度在管轴上，由式（3-3），有

$$u_{\max}=\frac{\gamma J}{4\mu}r_0^2\tag{3-4}$$

3.3.2　圆管层流的断面平均流速

因为流量 $Q=\int_A u\mathrm{d}A=vA$，选取宽 dr 的环形断面为微元面积 dA，可得圆管层流的断面平均流速

$$v=\frac{Q}{A}=\frac{\int_A u\mathrm{d}A}{A}=\frac{1}{\pi r_0^2}\int_0^{r_0}\frac{\gamma J}{4\mu}(r_0^2-r^2)2\pi r\mathrm{d}r=\frac{\gamma J}{8\mu}r_0^2\tag{3-5}$$

比较式（3-4）、式（3-5）得

$$v=\frac{1}{2}u_{\max}\tag{3-6}$$

即圆管层流的断面平均流速为最大流速的一半。这是层流的又一重要特征。与圆管紊流相比，层流流速在断面上的分布是很不均匀的

$$\frac{u}{v}=2\left[1-\left(\frac{r}{r_0}\right)^2\right]\tag{3-7}$$

3.3.3　圆管层流的沿程水头损失

为了实用上计算方便，沿程水头损失通常用平均流速 v 的函数表示。对于圆管层流

$$J=\frac{h_f}{l}=\frac{8\mu v}{\gamma r_0^2}=\frac{32\mu v}{\gamma d^2}$$

或
$$h_f=\frac{32\mu vl}{\gamma d^2}\tag{3-8}$$

式（3－8）说明，在圆管层流中，沿程水头损失和断面平均流速的一次方成正比。与前述雷诺实验证实的论断一致。

一般情况下沿程水头损失，可以用速度水头$\left(\frac{v^2}{2g}\right)$表示，式（3－6）可改写成

$$h_f=\frac{64}{\frac{vd}{\nu}}\frac{l}{d}\frac{v^2}{2g}=\frac{64}{Re}\frac{l}{d}\frac{v^2}{2g}$$

令
$$\lambda=\frac{64}{Re} \tag{3-9}$$

则
$$h_f=\lambda\frac{l}{d}\frac{v^2}{2g} \tag{3-10}$$

这是常用的沿程水头损失计算公式，称为魏斯巴赫-达西公式，适用于层流、紊流、有压流和无压流。式（3－10）中 λ 称沿程阻力系数，在圆管层流中只与雷诺数成反比，与管壁粗糙程度无关。

3.3.4　管道进口的流动

前面所推导出的一些计算公式，只适用于均匀流动情况，在管路进口附近是无效的。当液体由水箱经光滑圆形进口流入管内，其速度最初在整个过水断面上几乎是均匀分布的（图 3－5）。接着，管壁切应力就使得接近管壁部分的质点速度逐渐减低；为了满足连续性要求，管中心区域的质点必须加快速度。一直到过水断面 AB 上流速呈抛物面分布，断面流速分布才不再沿程而变，从进口速度接近均匀到管中心流速到达最大值的距离称管道进口起始段，长度为 l'。l'可根据公式推导

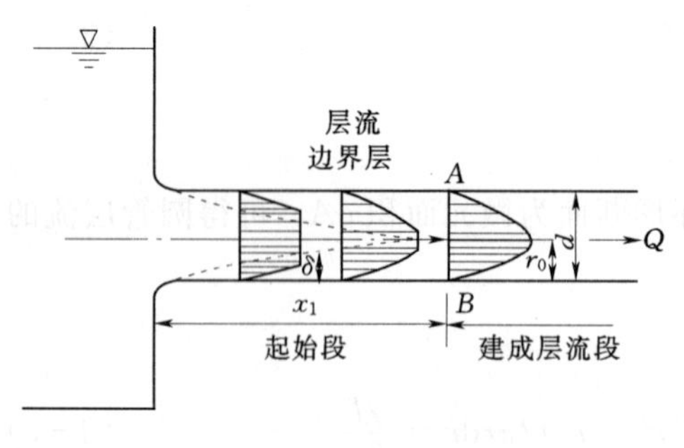

图 3－5　管道进口流动

$$l'/D=0.058Re$$

式中　D——管径；

Re——液体的雷诺数。

在起始段中各断面的动能改正系数 $\alpha\neq2$，阻力系数 $\lambda=\frac{A}{Re}$，其中 A 为无量纲系数。α 及 A 随入口后的距离而改变，其值可查根据实验资料整理出的表 3－1。

表 3－1　　层流起始段的 α 及 A 值表

$\frac{l}{DRe}\times10^3$	2.5	5	7.5	10	12.5	15	17.5	20	25	28.75
α	1.405	1.552	1.642	1.716	1.779	1.820	1.866	1.906	1.964	2
A	122	105	96.66	88	82.4	79.16	76.41	74.375	71.5	69.56

在计算 h_f 时，如管长 $l\gg l'$，则不必考虑起始段；否则要加以考虑，分别计算。

3.4 圆管中的紊流

3.4.1 圆管紊流流核与黏性底层

由于液体与管壁间的附着力，圆管中有极薄一层液体贴附在管壁上不动，即速度为零。在紧靠管壁附近的液层流速从零增加到有限值，速度梯度很大，因管壁抑制了附近液体质点的紊动，混合长度几乎为零。因此，在该液层内紊流附加切应力可以忽略。在紊流中紧靠管壁附近这一薄层称为黏性底层或层流底层，如图 3-6 所示（为清晰起见，图 3-6 中黏性底层的厚度被夸大了）。在黏性底层之外的液流，统称为紊流流核。

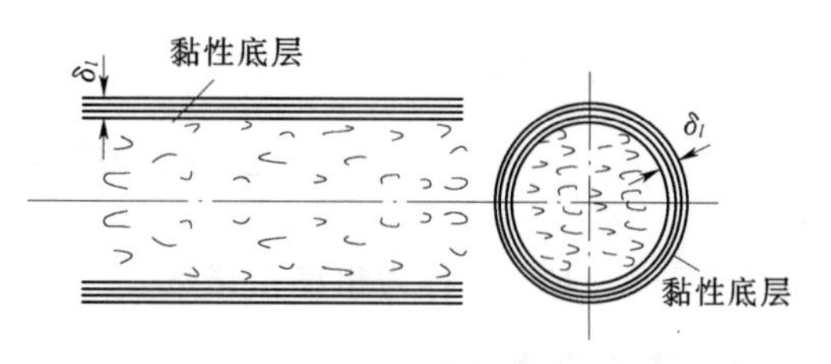

图 3-6　圆管紊流

黏性底层厚度 δ_1 可由层流流速分析和牛顿内摩擦定律以及实验资料求得

$$\tau_0 = \lambda \rho v^2 / 8 \tag{3-11}$$

代入 $\tau = \mu \dfrac{du}{dy}$ 积分可得

$$\delta_l = \frac{32.8\nu}{v\sqrt{\lambda}} = \frac{32.8d}{Re\sqrt{\lambda}} \tag{3-12}$$

式中　Re——管内流动雷诺数；

　　λ——沿程阻力系数。

显而易见，当管径 d 相同时，液体随着流速增大、雷诺数变大，黏性底层变薄。

黏性底层的厚度虽然很薄，一般只有十分之几毫米，但它对水流阻力或水头损失有重大影响。因为任何材料加工的管壁，由于受加工条件限制和运用条件的影响，总是或多或少的粗糙不平。粗糙突出管壁的“平均”高度称为绝对粗糙度 Δ。当粗糙突出高度“淹没”在黏性底层中［图 3-7 (a)］，此时管内的紊流流核被黏性底层与管壁隔开，管壁粗糙度对紊流结构基本上没有影响，水流就像在光滑的管壁上流动一样，这种情况在水力学上称为“水力光滑管”，反之，当粗糙突出高度伸入到紊流流核中［图 3-7 (b)］，成为涡旋的策源地，从而加剧了紊流的脉动作用，水头损失也增大，这种情况称为“水力粗糙管”。至于管道是属于“水力光滑管”还是属于“水力粗糙管”不仅决定于管壁本身的绝对粗糙高度 Δ，而且还取决于和雷诺数等因素有关的黏性底层厚度 δ_l。所以“光滑”或“粗糙”都没有绝对不变的意义，视 Δ 与 δ_l 的比值而定。根据尼古拉兹试验资料，可将光滑管、粗糙管和介乎两者之间的紊流过渡区的分区规定为：

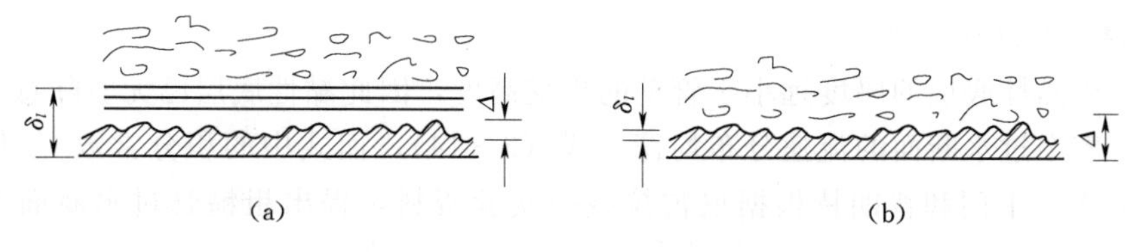

图 3-7　黏性底层

（1）水力光滑区

$$\Delta<0.4\delta_l \text{ 或 } \frac{\Delta v_*}{\nu}<5(Re_*\leqslant 5)$$

（2）紊流过渡区

$$0.4\delta_l<\Delta<6\delta_l \text{ 或 } 5<\frac{\Delta v_*}{\nu}<70(5<Re_*\leqslant 70)$$

（3）完全粗糙区

$$\Delta>6\delta_l \text{ 或 } \frac{\Delta v_*}{\nu}>70(Re_*>70)$$

其中，$\frac{\Delta v_*}{\nu}=Re_*$，称为粗糙雷诺数。

3.4.2 紊流流速分布

在紊流流核中，黏性切应力与附加切应力比较，黏性切应力可以忽略不计。

均匀流过水断面上切应力成直线分布，即

$$\tau=\tau_0\frac{r}{r_0}=\tau_0\left(1-\frac{y}{r_0}\right)$$

至于混合长度 l，可按萨特克维奇提出的公式（该式除管轴附近外，与实验资料基本相符）

$$l=\kappa y\sqrt{1-\frac{y}{r_0}}$$

式中 κ——常数，称卡门常数，$\kappa=0.4$。

$$u=v_*\left[\frac{1}{\kappa}\ln\left(\frac{v_* y}{\nu}\right)+C_2\right] \tag{3-13}$$

也可写成常用对数形式

$$u=v_*\left[\frac{2.3}{\kappa}\lg\left(\frac{v_* y}{\nu}\right)+C_2\right] \tag{3-14}$$

式（3-14）就是由混合长度理论得到的紊流流核对数流速分布规律。式（3-13）、式（3-14）中积分常数 C_2 由实验确定。下面结合实验资料分别讨论光滑管和粗糙管的流速分布。

1. 光滑管的流速分布

紊流分为黏性底层和紊流流核两区，在黏性底层中的流速分布近乎线性分布，在管壁上流速为零。至于光滑管的紊流流速分布，根据尼古拉兹在人工粗糙管的实验资料，确定式（3-14）的积分常数 $C_2=5.5$，$\kappa=0.4$，于是

$$u=v_*\left[2.5\ln\left(\frac{v_* y}{\nu}\right)+5.5\right] \tag{3-15}$$

2. 粗糙管的流速分布

粗糙管中黏性底层的厚度远小于管壁的粗糙高度，因此黏性底层已无实际意义。在这种情况下，整个过水断面的流速分布均符合式（3-14），而式中的积分常数 C_1 仅与管壁粗糙度 Δ 有关。卡门和普朗特根据尼古拉兹的实验资料，提出粗糙管过水断面上各点的对数流速分布为

$$u=v_*\left(2.5\ln\frac{y}{\Delta}+8.5\right) \tag{3-16}$$

在此应当指出的是式（3-16）只计入了紊流附加应力，因此它所表示的速度分布规律适用于大雷诺数情况。对于较小的雷诺数，黏性摩擦在黏性底层之外流区也会产生影响。普朗特和卡门根据实验资料还提出了紊流指数流速分布公式

$$\frac{u}{u_{max}}=\left(\frac{y}{r_0}\right)^n \tag{3-17}$$

对于光滑管，式（3-17）中指数 n 随雷诺数而变化。当 $Re<10^5$ 时，n 约等于$\frac{1}{7}$，此时

$$\frac{u}{u_{max}}=\left(\frac{y}{r_0}\right)^{1/7} \tag{3-18}$$

称为紊流流速分布中的七分之一方定律。

当 $Re>10^5$ 时，n 则视雷诺数不同而取相应值（表 3-2），计算才更准确。

表 3-2　　n 随 Re 的变化

Re	4.0×10^3	2.3×10^4	1.1×10^5	1.1×10^6	2.0×10^6	3.2×10^6
n	$\frac{1}{6.0}$	$\frac{1}{6.6}$	$\frac{1}{7.0}$	$\frac{1}{8.8}$	$\frac{1}{10}$	$\frac{1}{10}$

圆管中的流速分布应当是连续的曲线，所以在管轴处应该有$\frac{du}{dy}=0$，但上述几个公式都不能满足这一条件。而且按上述这些公式，在管壁处得

$$\tau_0=\mu\left(\frac{du}{dy}\right)_{y=0}=\infty$$

这也是不合理的。因而式（3-17）和式（3-18）对圆管内两小区——靠近管轴处及管壁处均不适用，而在管中其余各点与实验符合良好。

3.5　沿程水头损失的确定

3.5.1　层流沿程水头损失

$$h_f=\lambda\frac{l}{4R}\frac{\nu^2}{2g}$$

式中　λ——无量纲待定系数，习惯上称为沿程阻力系数，可由试验确定。

魏斯巴赫-达西公式是计算沿程水头损失的通用公式，既适用于层流，也适用于紊流，只是流态不同，沿程阻力系数 λ 的计算公式不同。例如，对圆管层流，由理论公式不难得到沿程阻力系数 λ 的计算公式 $\lambda=\frac{64}{Re}$。该式表明，圆管层流的沿程阻力系数 λ 仅是雷诺数的函数，并且与雷诺数成反比。这个结论被后来的尼古拉兹试验所证实。至于紊流的沿程阻力系数 λ 则往往要依靠试验确定。

从圆管层流的讨论中已经知道，对水头损失起决定作用的有流速 v、管径 d、液体密度 ρ 和黏性系数 μ。而在紊流中，在雷诺数 Re 较大的情况下管壁粗糙高度 Δ 将对水流阻

力及水头损失起重要影响。

3.5.2　紊流沿程水头损失

紊流的沿程水头损失也采用魏斯巴赫-达西公式计算

$$h_f=\lambda\frac{l}{d}\frac{v^2}{2g} \tag{3-19}$$

对于圆管水流，水力半径$R=\frac{\omega}{\chi}=\frac{\frac{1}{4}\pi d^2}{\pi d}=\frac{d}{4}$。代入式（3-19）得

$$h_f=\lambda\frac{l}{4R}\frac{v^2}{2g} \tag{3-20}$$

式（3-19）、式（3-20）与层流水头损失计算公式对照，可见公式结构是一致的。式中λ称为沿程阻力系数，圆管层流的$\lambda=\frac{64}{Re}$。至于圆管紊流的沿程阻力系数λ，则为雷诺数Re及管壁相对粗糙度$\frac{\Delta}{d}$的函数。

魏斯巴赫-达西公式式（3-19）、式（3-20）是均匀流的普遍公式，对于层流、紊流、有压流及无压流均可适用，是计算水头损失的基本公式。

对实际工程问题，有时是已知水头损失或已知水力坡度，则流速的大小为

$$v=\sqrt{\frac{8g}{\lambda}}\sqrt{R\frac{h_f}{l}}=C\sqrt{RJ} \tag{3-21}$$

此为著名的谢才公式，1775年由谢才提出，它与魏斯巴赫-达西公式实质上是相同的，至今仍然是被广泛使用的水力计算公式之一。式（3-21）中C称作谢才系数，单位一般采用$m^{1/2}/s$。

1. 尼古拉兹实验曲线

层流中沿程阻力系数与雷诺数Re的关系为$\lambda=f(Re)$；在紊流中，λ与雷诺数及粗糙度之间的关系，在理论上至今没有完全解决。为了确定沿程阻力系数$\lambda=f\left(Re,\frac{\Delta}{d}\right)$的变化规律，1932～1933年尼古拉兹在圆管内壁粘贴上经过筛分具有同粒径Δ的砂粒，制成人工均匀颗粒粗糙的管道。然后在不同粗糙度的管道上进行系统试验，1933年，尼古拉兹发表了反映圆管流动情况的试验结果。

尼古拉兹实验装置如图3-8所示，测量圆管中平均流速v和管段l的水头损失h_f，并测出水温以推算出雷诺数$Re=\frac{vd}{\nu}$及沿程阻力系数$\lambda=h_f\frac{d}{l}\frac{2g}{v^2}$，得出$\lambda=f\left(Re,\frac{\Delta}{d}\right)$的规律。以$\lg Re$为横坐标、lg（100$\lambda$）为纵坐标，将各种相对粗糙度情况下的试验结果描绘成图3-9，即尼古拉兹实验曲线图。

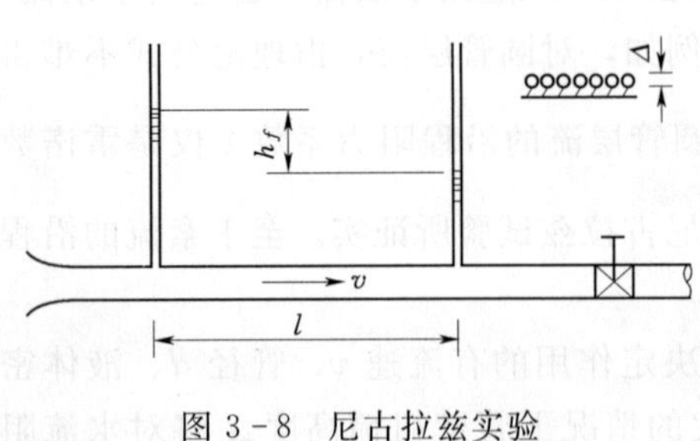

图3-8　尼古拉兹实验

由图3-9看到，λ和Re及Δ/d的关系可分

成下列几个区来说明。这些区在图上以Ⅰ、Ⅱ、Ⅲ、Ⅳ、Ⅴ表示。

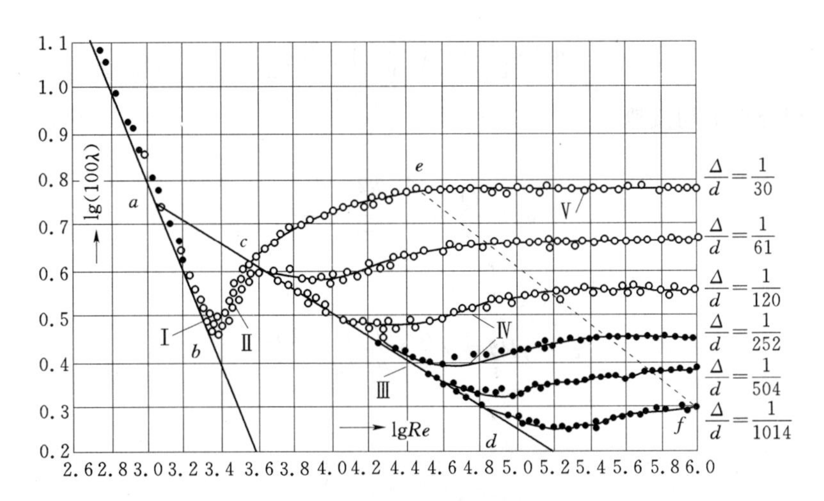

图3-9　尼古拉兹实验曲线图

第Ⅰ区——层流区。当 $Re<2300$，所有的试验点聚集在一条直线 ab 上，说明 λ 与粗糙度$\frac{\Delta}{d}$无关，并且 λ 与 Re 的关系合乎 $\lambda=\frac{64}{Re}$ 规律，即试验结果证实了圆管层流理论公式的正确性。同时，此试验也证明 Δ 不影响临界雷诺数 $Re_c=2300$ 的结论。

第Ⅱ区——层流转变为紊流的过渡区。此时 λ 基本上也与$\frac{\Delta}{d}$无关，只与 Re 有关。

第Ⅲ区——“光滑管”区。此时水流虽已处于紊流状态，$Re>3000$，但不同粗糙度的试验点都聚集在 cd 线上，即粗糙度对 λ 值仍没有影响。只是随着 Re 加大，相对粗糙度大的管道，其实验点在 Re 较低时离开了 cd 线；而相对粗糙度小的管道，在 Re 较高时才离开此线。

第Ⅳ区——为“光滑管”转变向“粗糙管”的紊流过渡区，该区的阻力系数 $\lambda=f\left(Re,\ \frac{\Delta}{d}\right)$。

第Ⅴ区——粗糙管区或阻力平方区。试验曲线成为与横轴平行的直线，即该区 λ 与雷诺数无关，$\lambda=f\left(\frac{\Delta}{d}\right)$。这说明水流处于发展完全的紊流状态，水流阻力与流速的平方成正比，故又称此区为阻力平方区。

尼古拉兹虽然是在人工粗糙管中完成的试验，不能完全用于工业管道。但是，尼古拉兹实验的意义在于：它全面揭示了不同流态情况下 λ 和雷诺数 Re 及相对粗糙度 Δ/d 的关系，从而说明确定 λ 的各种经验公式和半经验公式有一定的适用范围。为补充普朗特理论和验证沿程阻力系数的半理论半经验公式提供了必要的试验依据。

2. 人工粗糙管的沿程阻力系数半经验公式

紊流沿程阻力系数的半经验公式是从研究断面流速分布着手，综合普朗特理论和尼古拉兹试验结果推出的。现分别叙述光滑管区和粗糙管区的公式。

(1) 紊流光滑管区 ($Re_*<5$)。根据普朗特紊流混合长度理论及尼古拉兹人工粗糙管

的试验数据得出紊流流核流速分布为

$$u=v\left[2.5\ln\left(\frac{v_* y}{\nu}\right)+5.5\right] \tag{3-22}$$

对断面进行积分得平均流速

$$v=\frac{Q}{A}=\frac{\int_0^{r_0} u2\pi r\mathrm{d}r}{\pi r_0^2} \tag{3-23}$$

又可得

$$\tau_0=\gamma RJ=\gamma\frac{d}{4}\lambda\frac{l}{dl}\frac{v^2}{2g}=\frac{\lambda\rho v^2}{8}$$

因此

$$v_*=\sqrt{\frac{\tau_0}{\rho}}=v\sqrt{\frac{\lambda}{8}} \tag{3-24}$$

经过整理得

$$\frac{1}{\sqrt{\lambda}}=0.88\ln(Re\sqrt{\lambda})-0.9$$

或

$$\frac{1}{\sqrt{\lambda}}=2.03\lg(Re\sqrt{\lambda})-0.9$$

经与尼古拉兹试验资料比较，进行修正后得

$$\frac{1}{\sqrt{\lambda}}=2\lg(Re\sqrt{\lambda})-0.8 \tag{3-25}$$

式（3－23）称为尼古拉兹光滑管公式，适用于 $Re=5\times10^4\sim3\times10^6$。

（2）紊流粗糙管区（$Re_*>70$）。此区黏性底层已失去意义，粗糙突出高度 Δ 对水头损失起决定作用。根据普朗特理论和尼古拉兹对紊流粗糙管区的流速分布实测资料得流速分布为

$$u=v_*\left[2.5\ln\left(\frac{y}{\Delta}\right)+8.5\right] \tag{3-26}$$

对断面积分，求得平均流速公式

$$v=v_*\left[2.5\ln\left(\frac{r_0}{\Delta}\right)+4.75\right] \tag{3-27}$$

整理并根据实验资料修正后，得

$$\lambda=\frac{1}{\left[2\lg\left(\frac{r_0}{\Delta}\right)+1.74\right]^2} \tag{3-28}$$

式（3－28）称为尼古拉兹粗糙管公式，适用于 $Re>\frac{382}{\sqrt{\lambda}}\left(\frac{r_0}{\Delta}\right)$。

3. 工业管道的实验曲线和λ值的计算公式

上述两个半经验公式都是在人工粗糙的基础上得到的。将工业管道与人工粗糙管道沿程阻力系数对比，得出它们在光滑管区的λ实验结果完全相符。虽然这两种管道的粗糙情况不尽相同，但因都被黏性底层淹没而失去其作用。因此式（3-26）也适用于工业管道。

在粗糙管区，工业管道和人工粗糙管道λ值也有相同的变化规律。它说明尼古拉粗糙管公式有可能应用于工业管道，问题是工业管道的粗糙情况和尼古拉兹人工粗糙不同，它的粗糙高度、粗糙形状及其分布都是无规则的。计算时，必须引入“当量粗糙高度”的概念，把工业管道的粗糙折算成人工粗糙。所谓“当量粗糙高度”是指和工业管道粗糙管区λ值相等的同直径人工粗糙管的粗糙高度。因此，工业管道的“当量粗糙高度”反映了各种粗糙因素对沿程损失的综合影响。几种常用工业管道的当量粗糙高度如表3-3所示。这样，式（3-28）也就可用于工业管道。

表3-3　　当量粗糙高度

管材种类	Δ (mm)	管材种类	Δ (mm)
新氯Z烯管，玻璃管，黄铜管	0～0.002	旧铸铁管	1～1.5
光滑混凝土管，新焊接钢管	0.015～0.06	轻度锈蚀钢管	0.25
新铸铁管，离心混凝土管	0.15～0.5	清洁的镀锌铁管	0.25

对于光滑管和粗糙管之间的过渡区，工业管道和人工粗糙管道λ值的变化规律有很大差异，尼古拉兹过渡区的实验成果对工业管道不能适用。柯列勃洛克根据大量工业管道试验资料，提出工业管道过渡区（$5<Re_*<70$）λ值计算公式，即柯列勃洛克公式

$$\frac{1}{\sqrt{\lambda}}=-2\lg\left(\frac{\Delta}{3.7d}+\frac{2.51}{Re\sqrt{\lambda}}\right) \tag{3-29}$$

式中　Δ——工业管道的当量粗糙高度，可由表3-3查得。

柯列勃洛克公式不仅适用于工业管道的紊流过渡区，而且可用于紊流的全部三个阻力区，故又称为紊流沿程阻力系数λ的综合计算公式。为了简化计算，1944年莫迪绘制了工业管道λ的计算曲线，即莫迪图（工业管道试验曲线）——图3-10。由图3-10可按Re及相对粗糙度Δ/d直接查得λ值。

以上几个公式都是在认为紊流中存在黏性底层的基础上得出的。有些研究者指出，紊流中的近壁处并没有黏性底层，而是在非常靠近壁面处还存在紊流脉动。据此，提出了一个适合于整个紊流，应用比较方便的计算式

$$\lambda=0.11\left(\frac{\Delta}{d}+\frac{68}{Re}\right)^{0.25} \tag{3-30}$$

4. 沿程阻力系数的经验公式

（1）布拉休斯公式

$$\lambda=\frac{0.3164}{Re^{1/4}} \tag{3-31}$$

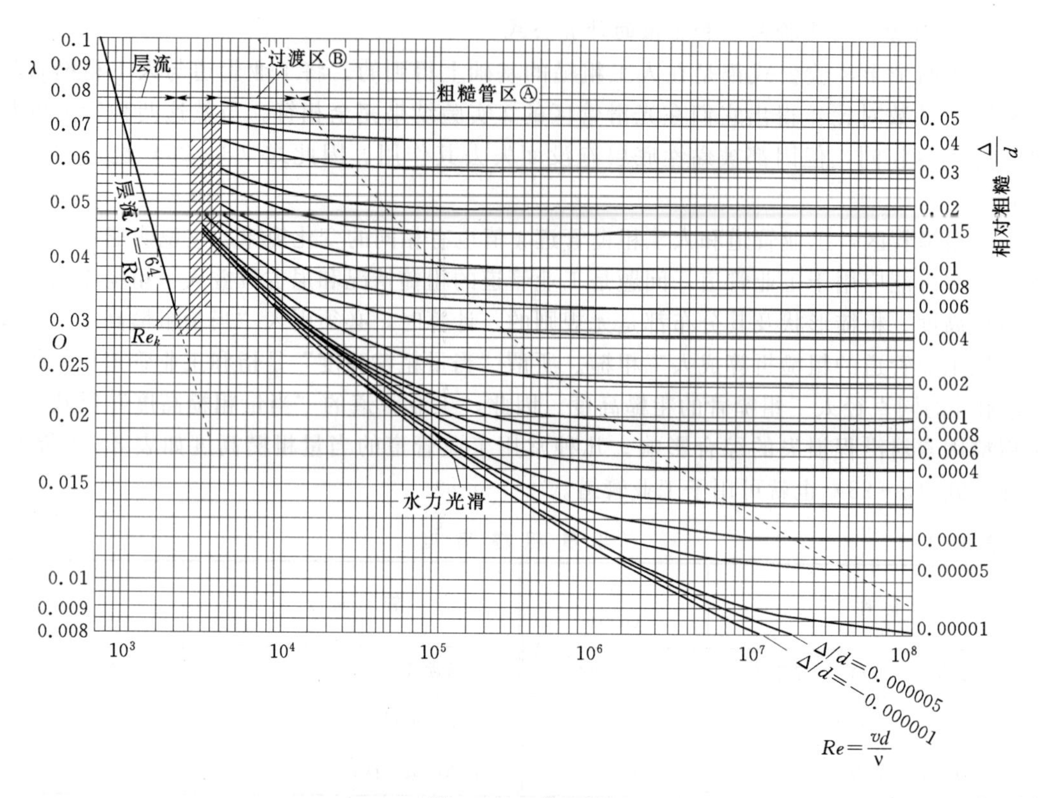

图 3-10 莫迪图

此式是 1912 年布拉休斯总结光滑管的实验资料提出的。适用条件为

$$Re<10^5 \text{ 及 } \Delta<0.4\delta_l$$

将式（3-31）代入魏斯巴赫-达西公式，可知 $h_f \propto v^{1.75}$。

（2）舍维列夫公式。舍维列夫根据他所进行的钢管及铸铁管的实验，提出了计算过渡区及阻力平方区的阻力系数公式。对新钢管

$$\lambda=\frac{0.0159}{d^{0.226}}\left[1+\frac{0.684}{v}\right]^{0.226} \tag{3-32}$$

此式适用条件为 $Re<2.4\times10^6 d$，d 以 m 计。

对新铸铁管

$$\lambda=\frac{0.0144}{d^{0.284}}\left[1+\frac{2.36}{v}\right]^{0.284} \tag{3-33}$$

适用条件为 $Re<2.7\times10^6 d$，d 以 m 计。

对旧铸铁管及旧钢管（使用 2 个月以上）

当 $v<1.2\text{m/s}$

$$\lambda=\frac{0.0179}{d^{0.3}}\left(1+\frac{0.867}{v}\right)^{0.3} \tag{3-34}$$

当 $v>1.2\text{m/s}$

$$\lambda=\frac{0.0210}{d^{0.3}} \tag{3-35}$$

式（3-32）～式（3-35）中的管径 d 均以 m 计，速度 v 以 m/s 计，且公式是指在水温为 10℃，黏性运动系数 $\nu=1.3\times10^{-6}\text{m}^2/\text{s}$ 条件下导出的。式（3-34）、式（3-35）适用

于阻力平方区。

【例 3-3】 水管长 $l=500\text{m}$，直径 $d=200\text{mm}$，管壁粗糙高度 $\Delta=0.1\text{mm}$，如输送流量 $Q=10\text{L/s}$，水温 $t=10℃$，计算沿程水头损失为多少？

解： 平均流速 $v=\dfrac{Q}{\frac{1}{4}\pi d^2}=\dfrac{1000}{\frac{1}{4}\pi(20)^2}=31.83\text{cm/s}$，$t=10℃$时，水的黏性运动系数 $\nu=0.01310\text{cm}^2/\text{s}$，雷诺数 $Re=\dfrac{vd}{\nu}=\dfrac{31.33\times20}{0.01310}=48595$，所以管中水流为紊流，$Re<10^5$，先用拉休斯公式计算 λ

$$\lambda=\frac{0.3164}{Re^{1/4}}=\frac{0.3164}{48595^{1/4}}=0.213$$

计算黏性底层厚度

$$\delta_l=\frac{32.8d}{Re\sqrt{\lambda}}=\frac{32.8\times200}{48595\times\sqrt{0.0213}}0.92\ (\text{mm})$$

因为 $Re=48595<10^5$，$\Delta=0.1\text{mm}<0.4$，$\delta_l=0.4\times0.92\text{mm}=0.369\text{mm}$，所以流态是紊流光滑管区，布拉休斯公式适用。沿程水头损失

$$h_f=\lambda\frac{1}{d}\frac{v^2}{2g}=0.023\times\frac{500}{0.2}\times\frac{0.318^2}{2\times9.8}=0.297\ (\text{m 水柱})$$

或者 λ 为

$$\frac{1}{\sqrt{\lambda}}=2\lg(Re\sqrt{\lambda})-0.8$$

这时要先假设 λ，如设 $\lambda=0.021$，则

$$\frac{1}{\sqrt{0.021}}=2\lg(48959\times\sqrt{0.021})-0.8$$

$$6.90=2\times3.847-0.8=6.894$$

因此 $\lambda=0.021$，满足此式。

也可以查莫迪图，当 $Re=48595$ 时，按光滑管查得

$$\lambda=0.0208$$

由此可看出，在上面的雷诺数范围内，计算和查表所得的 λ 值是一致的。

【例 3-4】 铸铁管直径 $d=25\text{cm}$，长 700m，通过流量为 56L/s，水温度为 10℃，求水头损失。

解： 平均流速

$$v=\frac{Q}{\frac{1}{4}\pi d^2}=\frac{56000}{\frac{1}{4}\pi\times25^2}=114.1\ (\text{cm/s})$$

雷诺数

$$Re=\frac{vd}{v}=\frac{114.1\times25}{0.01310}=217748$$

铸铁管在一般设计计算时多当旧管，所以根据表 3-3，其当量粗糙高度采用 $\Delta=1.25\text{mm}$，则

$$\frac{\Delta}{d}=\frac{1.25}{250}=0.005$$

根据 $Re=217748$，$\frac{\Delta}{d}=0.005$，查莫迪图得 $\lambda=0.0304$。

沿程损失

$$h_f=\lambda\frac{l}{d}\frac{v^2}{2g}=0.0304\times\frac{700}{0.25}\times\frac{1.14^2}{2\times9.8}=5.64\ (\text{m 水柱})$$

也可采用经验公式计算 λ

$$v=1.14\text{m/s}<1.2\text{m/s}$$

因为 $t=10℃$，所以可采用旧铸铁管计算阻力系数 λ 的舍维列夫公式即

$$\lambda=\frac{0.0179}{d^{0.3}}\left(1+\frac{0.867}{v}\right)^{0.3}=\frac{0.0179}{0.25^{0.3}}\times\left(1+\frac{0.867}{1.14}\right)^{0.3}=0.032$$

$$h_f=\lambda\frac{l}{d}\frac{v^2}{2g}=0.032\times\frac{700}{0.25}\times\frac{1.14^2}{2\times9.8}=5.94\ (\text{m 水柱})$$

（3）谢才系数。前面介绍的谢才公式

$$v=C\sqrt{RJ} \tag{3-36}$$

其中，谢才系数 $C=\sqrt{\frac{8g}{\lambda}}$（$m^{1/2}/s$），表明 C 和 λ 一样是反映沿程阻力变化规律的系数，通常直接由经验公式算。由 C 可算出沿程阻力系数

$$\lambda=\frac{8g}{C^2} \tag{3-37}$$

这里介绍目前应用较广的 C 值的经验公式曼宁公式（1889 年由曼宁提出）

$$C=\frac{1}{n}R^{1/6} \tag{3-38}$$

式中　R——水力半径，m；

　　n——为综合反映壁面对水流阻滞作用的糙率，见表 3－4。

适用范围：$n<0.020$，$R<0.5$m。此公式形式简单，在适用范围内进行管道及较小渠道计算，结果与实测资料相符，因此目前这一公式仍广泛被国内外工程界采用。

表 3－4　　粗糙系数 n 值

等级	槽　壁　种　类	n	$\frac{1}{n}$
1	涂复珐琅或釉质的表面；极精细刨光而拼合良好的木板	0.009	111.1
2	刨光的木板；纯粹水泥的粉饰面	0.010	100.0
3	水泥（含$\frac{1}{3}$细沙）粉饰面；（新）的陶土、安装和接合良好的铸铁管和钢管	0.011	90.9
4	未刨的木板，而拼合良好；无显著积垢的给水管；极洁净的排水管，极好的混凝土面	0.012	83.3
5	琢磨石砌体；极好的砖砌体，正常的排水管；略微污染的给水管；非完全精密拼合的未刨的木板	0.013	76.9
6	“污染”的给水管和排水管，一般的砖砌体，一般情况下渠道的混凝土面	0.014	71.4
7	粗糙的砖砌体，未琢磨的石砌体，有修饰的表面，石块安置平整，污垢极重的排水管	0.015	66.7

续表

等级	槽壁种类	n	$\frac{1}{n}$
8	普通块石砌体；旧破砖砌体；较粗糙的混凝土；光滑的开凿得极好的崖岸	0.017	58.8
9	覆有坚厚淤泥层的渠槽，用致密黄土和致密卵石做成而为整片淤泥层所覆盖的良好渠槽	0.018	55.6
10	很粗糙的块石砌体；用大块石干砌；卵石铺筑面。岩山中开筑的渠槽。黄土、致密卵石和致密泥土做成而为淤泥薄层所覆盖的渠槽（正常情况）	0.020	50.0
11	尖角的大块乱石铺筑；表面经过普通处理的岩石渠槽；致密黏土渠槽。黄土、卵石和泥土做成而非为整片的（有些地方断裂的）淤泥薄层所覆盖的渠槽，中等养护的大型渠槽	0.0225	44.4
12	中等养护的大型土渠；良好的养护的小型土渠。小河和溪闸（自由流动无淤塞和显著水草等）	0.025	40.0
13	中等条件以下的大渠道和小渠槽	0.0275	40.0
14	条件较差的渠道和小河（例如有些地方有水草和乱石或显著的茂草，有局部的坍坡等）	0.030	33.3
15	条件很差的渠道和小河，断面不规则，严重地受到石块和水草的阻塞等	0.035	28.6
16	条件特别差的渠道和小河（沿河有崩崖的巨石、绵密的树根、深潭、坍岸等）	0.04	25.0

3.6 局部水头损失

在工业管道或渠道中，往往设有转弯、变径、分岔管、量水表、控制闸门、拦污格栅等部件和设备。流体流经这些部件时，均匀流动受到破坏，流速的大小、方向或分布发生变化。由此集中产生的流动阻力是局部阻力，所引起的能量损失称为局部水头损失，造成局部水头损失的部件和设备称为局部阻碍。工程中有许多管道系统如水泵吸水管等，局部损失占有很大比重。因此，了解局部损失的分析方法和计算方法有着重要意义。局部水头损失和沿程水头损失一样，不同的流态有不同的规律。由于局部阻碍的强烈扰动作用，使流动在较小的雷诺数时就达到充分紊动，这里只讨论充分紊动条件下的局部水头损失。

3.6.1 局部水头损失的一般分析

前面曾介绍过，当流动断面发生突变（包括流动断面大小的突变、流动方向的突变）时，流动将产生局部阻力或局部水头损失。液体流经这突变处，因突然扩大、突然缩小、转弯、分岔等缘故，在惯性的作用下，将不沿壁面流动，而产生分离现象，并在此局部形成旋涡，如图 3－11 所示。局部水头损失产生的主要原因是旋涡的存在，旋涡形成是需要能量的，此能量是由流动所提供的。在旋涡涡区内，液体在摩擦阻力的作用下不断消耗能量，而液体流动不断地提供能量，这是产生水头损失的主要原因。另外，流动中旋涡的存在使流动的紊流度（紊流强度）增加，从而加大了能量的损失。实验结果表明，流动突变处旋涡区越大，旋涡的强度就越强，局部水头损失就越大。

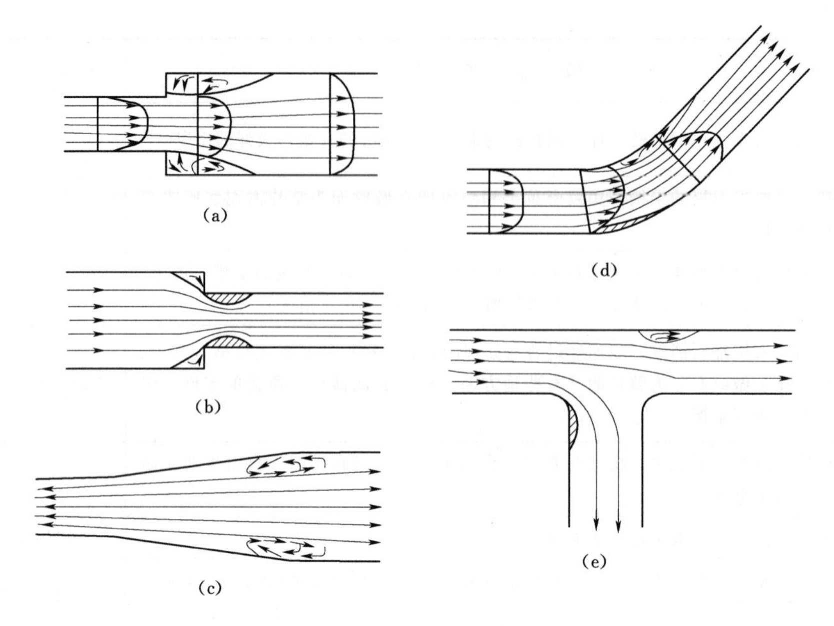

图 3-11　几种典型的局部阻碍

(a) 突扩管；(b) 突缩管；(c) 渐扩管；(d) 圆弯管；(e) 圆角分流三通管

在讨论阻力时，已给出局部水头损失的计算公式。大量实验表明，局部水头损失系数与雷诺数和突变形式有关。但在实际流动中，由于局部突变处旋涡的干扰，致使流动在较小的雷诺数下已进入阻力平方区。因此，在一般情况下，ζ 只取决于局部突变的形式与雷诺数无关。

3.6.2　几种典型的局部损失系数

1. 突然扩大管

设一突然扩大圆管如图 3-12 所示，其直径从 d_1 突然扩大到 d_2，在突变处形成旋涡。建立扩前断面 1—1 和扩后断面 2—2 的能量方程。因能量方程所取断面必须为渐变流断面，因此 1—1 断面取为渐变流断面，但在取 2—2 断面时，必须要离突变处一定的距离，即在流动处于渐变流处。为方便起见，在列两断面的能量方程时，忽略沿程水头损失。由此得

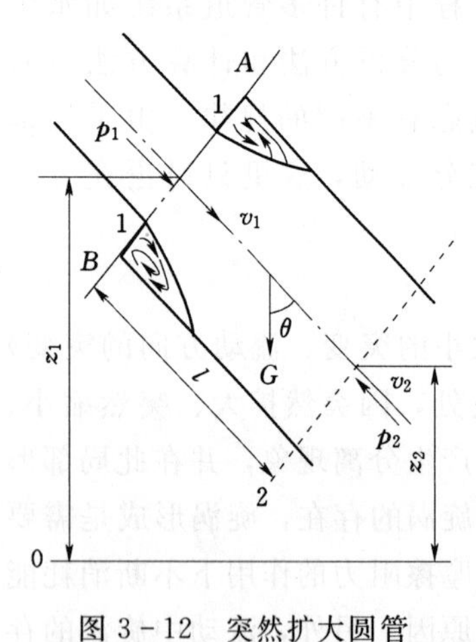

图 3-12　突然扩大圆管

$$h_j=\left(z_1+\frac{p_1}{\rho g}\right)-\left(z_2+\frac{p_2}{\rho g}\right)+\frac{\alpha_1 v_1^2-\alpha_2 v_2^2}{2g} \tag{3-39}$$

对 A—B 和 2—2 断面及侧壁所构成的控制体，建立流动方向的动量方程

$$\sum F=\rho Q(\beta_2 v_2-\beta_1 v_1) \tag{3-40}$$

整理得

$$h_j=\frac{(v_1-v_2)^2}{2g} \tag{3-41}$$

即突然扩大管的局部水头损失，等于以平均速度差计算的水头损失。式 (3-41) 又称包

达公式。经实验验证，该式有足够的准确性。

为把式（3-41）变为局部水头损失的一般表达式，只需将 $v_2=v_1\dfrac{A_1}{A_2}$ 或 $v_1=v_2\dfrac{A_2}{A_1}$ 代入，可得

$$h_j=\left(1-\frac{A_1}{A_2}\right)^2\frac{v_1^2}{2g}=\zeta_1\frac{v_1^2}{2g}\text{或}h_j=\left(\frac{A_2}{A_1}-1\right)^2\frac{v_2^2}{2g}=\zeta_2\frac{v_2^2}{2g}$$

突然扩大管的水头损失系数为

$$\zeta_1=\left(1-\frac{A_1}{A_2}\right)^2 \tag{3-42}$$

$$\zeta_2=\left(\frac{A_2}{A_1}-1\right)^2 \tag{3-43}$$

以上两个局部水头损失系数，分别与突然扩大前、后两个断面的平均速度对应。

当流体在淹没情况下，流入断面很大的容器时，作为突然扩大的特例，$\dfrac{A_1}{A_2}\approx0$，由式（3-42）得 $\zeta=1$，称为管道的出口损失系数。

2. 突然缩小管

突然缩小管道的水头损失，由于其旋涡区及旋涡的个数与突然扩大管道不同，由此其局部水头损失也不同，突然缩小管道的水头损失取决于面积收缩比。根据大量的实验结果，突然缩小管道的损失系数可按下列经验公式计算

$$h_j=0.5\left(1-\frac{A_2}{A_1}\right)\frac{v_1^2}{2g} \tag{3-44}$$

即

$$\zeta=0.5\left(1-\frac{A_2}{A_1}\right) \tag{3-45}$$

式（3-45）对应收缩后的流速。

当流体由断面很大的容器流入管道时，则$\dfrac{A_2}{A_1}\approx0$，$\zeta=0.5$。

3. 其他局部水头损失系数。

其他各种局部阻力，虽然形式各不相同。但产生能量损失的机理是一致的。在这里不一一介绍。表 3-5 列举了常见的各种局部损失的形式，并给出了相应的局部损失系数。

表 3-5　　常见各种管道的局部阻力系数 ζ

计算局部水头损失公式：$h_m=\zeta\dfrac{v^2}{2g}$，式中 v 如图说明		
名称	图　示	ζ 值及说明
断面突然扩大	$A_1\rightarrow v_1$　$A_2\rightarrow v_2$	$\zeta=\left(1-\dfrac{A_1}{A_2}\right)^2$（与 v_1 对应） $\zeta=\left(\dfrac{A_2}{A_1}-1\right)^2$（与 v_2 对应）
断面突然缩小	$A_1\rightarrow$　$A_2\rightarrow v$	$\zeta=0.5\left(1-\dfrac{A_2}{A_1}\right)$

续表

计算局部水头损失公式：$h_m=\zeta\frac{v^2}{2g}$，式中 v 如图说明

名称	图　示	ζ 值及说明
进口		完全修圆　$\zeta=0.05\sim0.10$ 稍微修圆　$\zeta=0.20\sim0.25$
		直角进口　$\zeta=0.50$
		方形喇叭进口　$\zeta=0.16$
出口		流入水箱或水库　$\zeta=1.0$
		流入明渠　$\zeta=\left(1-\frac{A_1}{A_2}\right)^2$

断面逐渐扩大：

α	2°	4°	6°	8°	10°	15°	20°	25°	30°	35°	40°	45°	50°	60°
D/d	ζ													
1.1	0.01	0.01	0.01	0.02	0.03	0.05	0.10	0.13	0.16	0.18	0.19	0.20	0.21	0.23
1.2	0.02	0.02	0.02	0.03	0.04	0.09	0.16	0.21	0.25	0.29	0.31	0.33	0.35	0.37
1.4	0.02	0.03	0.03	0.04	0.06	0.12	0.23	0.30	0.36	0.41	0.44	0.47	0.50	0.53
1.6	0.03	0.03	0.04	0.05	0.07	0.14	0.26	0.35	0.42	0.47	0.51	0.54	0.57	0.61
1.8	0.03	0.04	0.04	0.05	0.07	0.15	0.28	0.37	0.44	0.50	0.54	0.58	0.61	0.65
2.0	0.03	0.04	0.04	0.05	0.07	0.16	0.29	0.38	0.46	0.52	0.56	0.60	0.63	0.68
2.5	0.03	0.04	0.04	0.05	0.08	0.16	0.30	0.39	0.48	0.54	0.58	0.62	0.65	0.70
3.0	0.03	0.04	0.04	0.05	0.08	0.16	0.31	0.40	0.48	0.55	0.59	0.63	0.66	0.71

断面逐渐缩小：

α	10°	15°	20°	25°	30°	35°	40°	45°	60°
ζ	0.16	0.18	0.20	0.22	0.24	0.26	0.28	0.30	0.32

3.6.3　局部阻力之间的相互干扰

以上给出的局部水头损失系数值，是在局部阻碍前后都有足够长的均匀流段的条件下，由实验得到的。测得的水头损失也不仅仅是局部水头范围内的损失，还包括下游一段长度上因紊动加剧而引起的损失。若局部阻碍之间相距很近，流体流出前一个局部阻碍，在流速分布和紊流脉动还未达到正常均匀流之前，又流入后一个局部的阻碍，这相连的两个局部阻碍，存在相互干扰，其损失系数不等于在正常情况下两个局部阻碍的损失系数之和。实验结果说明，局部阻碍直接连接，相互干扰的结果，局部水头损失可能有较大的增大或减小，变化幅度为单个正常局部损失总和的 0.5～3 倍。

项 目 小 结

1. 流体流动的两种型态（层流和紊流）的特点（质点是否掺混，运动是否有序，水头损失与流速间关系）。

2. 层流、紊流的判别标准——下临界雷诺数 Re_c，Re_c 只取决于边界形状（过水断面形状）。对圆管流 $Re_c<2300$ 时为层流。

3. 均匀流基本方程

$$\tau_0=\rho gRJ \quad \tau=\rho gR'J$$

4. 不可压缩恒定均匀圆管层流流速呈旋转抛物面分布

$$u=\frac{\gamma J}{4\mu}(r_0^2-r^2)$$

圆管层流的最大流速

$$u_{\max}=\frac{\gamma J}{4\mu}r_0^2$$

圆管层流的水头损失

$$h_f=\lambda\frac{l}{d}\frac{v^2}{2g}$$

即水头损失与流速的一次方成正比，沿程阻力系数 $\lambda=64/Re$。

5. 紊流特点：无序性、耗能性、扩散性。

6. 紊流附加切应力的产生，紊流中黏性底层的概念，过流断面，流速分布。

7. 能量损失 $h_w=\sum_{i=1}^{m}h_{fi}+\sum_{k=1}^{n}h_{jk}$，$h_f=\lambda\frac{l}{d}\frac{v^2}{2g}$，$h_j=\zeta\frac{v^2}{2g}$。

8. 沿程阻力系数 λ 的求解。

谢才公式 $v=C\sqrt{RJ}$ $\lambda=\frac{8g}{C^2}$

曼宁公式 $C=\frac{1}{n}R^{1/6}$

9. 局部水头损失的特点和计算。

复 习 思 考 题

3-1 怎样判别黏性流体的两种流态——层流和紊流？

3-2 为何不能直接用临界流速作为判别流态（层流和紊流）的标准？

3-3 常温下，水和空气在相同直径的管道中以相同的速度流动，哪种流体易为紊流？

3-4 怎样理解层流和紊流切应力的产生和变化规律不同，而均匀流动方程式 $\tau_0=$

ρgRJ对两种流态都适用？

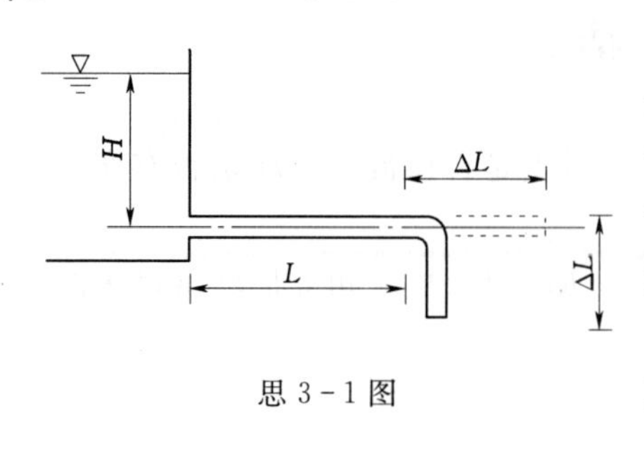

思 3-1 图

3-5　有一圆管如思 3-1 图所示，长度 L，水头 H，沿程水头损失系数 λ，流动处于阻力平方区（不计局部损失），现拟将管道延长（d 不变）ΔL，试问水平伸长 ΔL 和转弯延长 ΔL，哪一种布置流量较大？

3-6　何谓“层流底层”？它与雷诺数有何关系？它的厚度对沿程水头损失有何影响？

3-7　紊流不同阻力区（光滑区、过渡区、粗糙区）沿程摩阻系数 λ 的影响因素有何不同？

3-8　紊流中存在脉动现象，具有非恒定流性质，但又是恒定流，其中有无矛盾？为什么？

3-9　比较圆管层流和紊流水力特点（切应力、流速分布、沿程水头损失、沿程摩阻系数）的差异。

3-10　造成局部水头损失的主要原因是什么？

习　　题

3-1　管道直径 d=10mm，通过流量 Q=20cm^3/s，运动黏度 ν=0.0101cm^2/s。问管中水流流态属层流还是紊流？若将直径改为 d=30mm，水温、流量不变，问管中水流属何种流态？

3-2　已知流速分布为 $u=u_m(y/r_0)$ 1/10，u_m 为轴心最大流速，r_0 为圆管半径，y 为距管壁的距离，试求圆管断面上的平均流速 v 与最大流速之比。

3-3　由水箱经变直径管道输水，H=16m，直径 $d_1=d_3$=70mm，d_2=50mm，各管段长度如题 3-3 图所示，沿程阻力系数 λ=0.03，突然缩小局部阻力系数 $\zeta_{缩}=0.5\left(1-\dfrac{A_1}{A_2}\right)$（对应细管流速），其他局部阻力系数自定，试求流量。

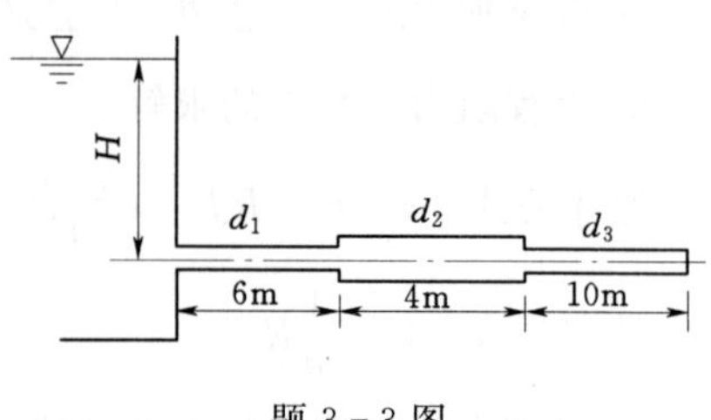

题 3-3 图

3-4　写出水力半径 R 的表达式。

3-5　试分析局部水头损失产生的主要原因。

3-6　如题 3-6 图所示管道系统。已知管长 l=10m，直径 d=100mm，沿程阻力系数 λ=0.025，管道进口的局部阻力系数 ζ_1=0.5，管道淹没出流的局部阻力系数 ζ_2=1.0，如下游水箱水面至管道出口中心的高度 h=2m，试求：

（1）管道系统所通过的流量 Q。

（2）上游水箱水面至管道出口中心的高度 H。

3-7　一水平放置的突然扩大水管，直径由 d_1=50mm 扩大到 d_2=100mm，比压计下部为 $\rho_m=1.6\times10^3$kg/m^3 的四氯化碳，当 Q=16m^3/h 时，比压计读数 Δh=173mm，求

突然扩大的局部阻力系数（题 3－7 图）。

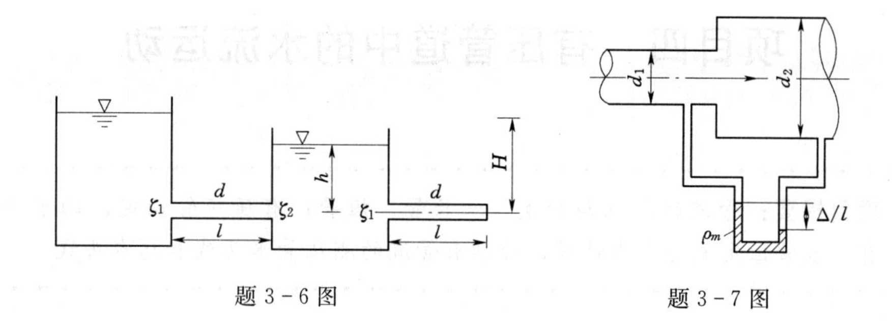

题 3－6 图　　　　题 3－7 图

项目四　有压管道中的水流运动

项目提要： 管流的特点与分类——长管、短管；有压短管恒定流的水力计算；有压长管恒定流的水力计算；绘制有管流的测压管水头线和总水头线。

4.1　管流的特点与分类

工程中，为输送液体，常用各种有压管道，如水利工程中的有压引水隧洞、城市给排水工程中的自来水管、石油工程中的输油管等。根据水流运动要素随时间是否变化，可分为有压恒定流和有压非恒定流。当管中任一点的水流运动要素不随时间而改变时，即为有压恒定流，否则为有压非恒定流。这里主要研究有压恒定流的计算。

根据管道的组成情况我们把它分为简单管道和复杂管道。管径直径单一没有分支而且糙率不变的管道称为简单管道；复杂管道是指由两根以上管道组成管道系统。复杂管道又可以分为串联管道、并联管道、分叉管道、沿程泄流管和管网。

在有压管道水力计算中，为了简化计算，常将压力管道分为短管和长管：短管是指管路中水流的流速水头和局部水头损失都不能忽略不计的管道；长管是指流速水头与局部水头损失之和远小于沿程水头损失，在计算中可以忽略的管道，一般认为$\left(\frac{v^2}{2g}+\sum h_j\right)<$（5%～10%）$h_f$可以按长管计算。特别需要指出的是，长管和短管并不是按管道的长度分类的，即使很长的管道，局部水头损失和流速水头不能忽略时，仍应按短管计算。

4.2　简单管道短管的水力计算

简单管道的水力计算可分为自由出流和淹没出流两种情况。管道出口水流流入大气，水股四周都受大气压强的作用，称为自由出流管道。管道出口淹没在水下，称淹没出流。

4.2.1　自由出流

在图4-1中，以0—0为基准面，列断面1—1与断面2—2的能量方程

$$H+\frac{\alpha_0 v_0^2}{2g}=0+\frac{\alpha v^2}{2g}+h_w$$

令
$$H+\frac{\alpha_0 v_0^2}{2g}=H_0,\ h_w=h_f+\sum h_j=\lambda\frac{l}{d}\frac{v^2}{2g}+\sum\zeta\frac{v^2}{2g}$$

则 $H_0=\left(\alpha+\lambda\frac{l}{d}+\sum\zeta\right)\frac{v^2}{2g}$，即 $v=\frac{1}{\sqrt{1+\lambda\frac{l}{d}+\sum\zeta}}\sqrt{2gH_0}$

式中 v_0——水池中流速，称为行进流速；

H_0——包括行进流速水头在内的水头，亦称作用水头。

$Q=vA=\frac{A}{\sqrt{1+\lambda\frac{l}{d}+\sum\zeta}}\sqrt{2gH_0}=\mu_c A\sqrt{2gH_0}$，$\mu_c$ 为管道系统的流量系数。

如不计行进流速水头，则

$$Q=\mu_c A\sqrt{2gH}$$

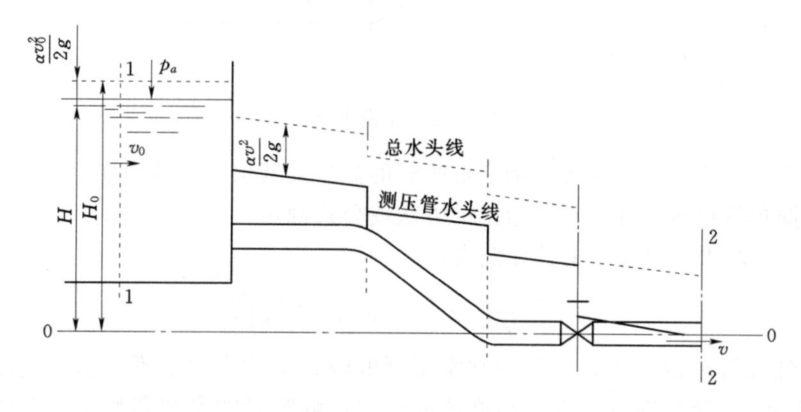

图 4-1 自由出流

4.2.2 淹没出流

在图 4-2 中，以下游水面为基准面，列断面 1—1 和断面 2—2 的能量方程

$$H+\frac{\alpha_0 v_0}{2g}=0+\frac{\alpha v_2^2}{2g}+h_w$$

则 $v=\frac{1}{\sqrt{\lambda\frac{l}{d}+\sum\zeta}}\sqrt{2gZ_0}$，$H_0=H+\frac{\alpha_0\ {v_0}^2}{2g}-\frac{\alpha_2\ {v_2}^2}{2g}$，$Q=\mu_c A\sqrt{2gZ_0}$，$\mu_c$ 为管道系统的流量系数。

如不计行进流速水头及下游水头，则 $Q=\mu_c A\sqrt{2gZ}$。

短管在自由出流和淹没出流的情况下，其流量计算公式的形式以及管系流量系数 μ_c 的数值均是相同的，但作用水头 H_0 的计算式不同，淹没出流时的作用水头是上下游水位差，自由出流时是出口中心以上的水头。

短管水流在自由出流及淹没出流时，管路中的测压管水头线及总水头线如图 4-2 所示。

4.2.3 有压短管恒定流的水力计算

虹吸管是指一部分管轴线高于上游水面，而出口又低于上游水面的有压输水管道。出口可以是自由出流，也可以是淹没出流。

虹吸管的工作原理是：先将管内空气排出，使管内形成一定的真空度，由于虹吸管进口处水流的压强大于大气压强，在管内外形成了压强差，从而使水流由压强大的地方流向压强小的地方。保证在虹吸管中形成一定的真空度和一定的上下游水位差，水就可以不断地从上游经虹吸管流向下游。

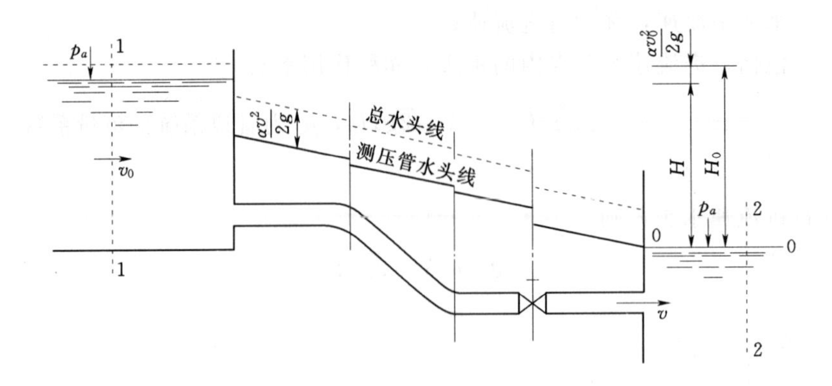

图 4-2　淹没出流

虹吸管水力计算的主要任务是确定虹吸管的流量及其顶部安装高度。

流量按简单管道水力计算类型给定的方法或公式确定。

如图 4-3，安装高度确定的计算公式为

$$h_s=\frac{p_a-p_c}{\gamma}-\left(\alpha_c+\lambda\frac{l}{d}+\sum\zeta\right)\frac{v^2}{2g}$$

为保证虹吸管正常工作，工程中常常限制虹吸管中的真空度不得超过允许值（一般为 6～7m 水柱）。受允许吸上真空高度值的限制，虹吸管的安装高度显然不能太大。

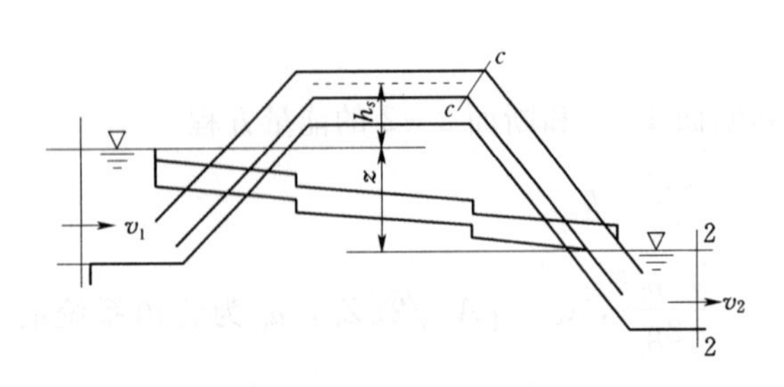

图 4-3　虹吸管水力图

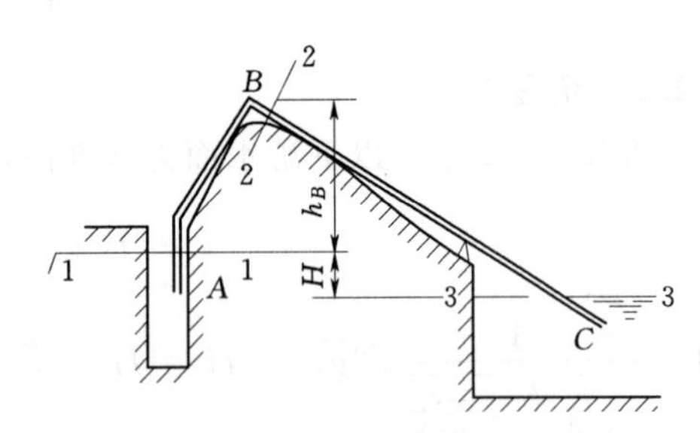

图 4-4　虹吸管

【例 4-1】 用虹吸管自钻井输水至集水池如图 4-4 所示。虹吸管长 $l=l_{AB}+l_{BC}=30\text{m}+40\text{m}=70\text{m}$，直径 $d=200\text{mm}$。钻井至集水池间的恒定水位高差 $H=1.60\text{m}$。又已知沿程阻力系数 $\lambda=0.03$，管路进口、120°弯头、90°弯头及出口处的局部阻力系数分别为 $\zeta_1=0.5$，$\zeta_2=0.2$，$\zeta_3=0.5$，$\zeta_4=1$。

试求：(1) 虹吸管的流量 Q。

(2) 若虹吸管顶部 B 点安装高度 $h_B=4.5\text{m}$，校核其真空度是否满足 $[h_v]=7\sim8\text{m}$。

解：(1) 计算流量。以集水池水面为基准面，建立钻井水面 1—1 与集水池水面 3—3 的伯诺里方程（忽略行进流速 v_0）

$$H+0=0+0+h_w$$

$$H=h_w=\left(\lambda\frac{l}{d}+\sum\zeta\right)\frac{v^2}{2g}$$

解得

$$v=\frac{1}{\sqrt{\lambda\frac{l}{d}+\sum\zeta}}\sqrt{2gH}$$

将沿程阻力系数 $\lambda=0.03$，局部阻力系数 $\sum\zeta=\zeta_1+\zeta_2+\zeta_3+\zeta_4=0.5+0.2+0.5+1=2.2$ 代入上式

$$v=\frac{1}{\sqrt{0.03\times\frac{70}{0.20}+2.2}}\times\sqrt{2\times9.8\times1.6}=1.57\ (\mathrm{m/s})$$

于是

$$Q=Av=\frac{1}{4}\pi d^2 v=\frac{\pi}{4}\times0.2^2\times1.57=0.0493\ (\mathrm{m^3/s})=49.3\ (\mathrm{L/s})$$

（2）计算管顶 2—2 断面的真空度（假设 2—2 中心与 B 点高度相同，离管路进口距离与 B 点也相等）。以钻井水面为基准面，建立断面 1—1 和断面 2—2 的伯诺里方程

$$0+\frac{\alpha_0 v_0^2}{2g}=h_B+\frac{p_2}{\gamma}+\frac{\alpha_2 v_2^2}{2g}+h_{w_1}$$

忽略行进流速，取 $a_2=1.0$，上式变为

$$\frac{-p_2}{\gamma}=h_B+\frac{v_2^2}{2g}+\left(\lambda\frac{l_{AB}}{d}+\sum\zeta\right)\frac{v_2^2}{2g}$$

其中

$$\sum\zeta=\zeta_1+\zeta_2+\zeta_3=0.5+0.2+0.5=1.2\ (\mathrm{m})$$

$$v_2=\frac{Q}{A}=\frac{4Q}{\pi d^2}=\frac{4\times0.0493}{\pi\times0.2^2}=1.57\ (\mathrm{m/s})$$

$$\frac{v_2^2}{2g}=\frac{1.57^2}{2\times9.8}=0.13\ (\mathrm{m})$$

代入上式，得

$$h_v=\frac{-p_2}{\gamma}=4.5+0.13+\left(0.03\times\frac{30}{0.2}+1.2\right)\times0.13=5.25\ (\mathrm{m\ 水柱})$$

因为 2—2 断面的真空度 $h_v=5.25$（m 水柱）$<[h_v]=7\sim8$（m 水柱），所以虹吸管高度 $h_s=4.5\mathrm{m}$ 时，虹吸管可以正常工作。

4.2.4 离心泵装置的水力计算

泵是能将动力机械的机械功转变为水流机械能的水力机械。离心泵是最常用的一种水泵。

吸水管、离心泵及其配套的动力机械、压水管及其管道附件组成了离心泵装置。

离心泵的抽水过程是：通过离心泵叶轮的转动，使水泵入口端形成真空，使水流在水池水面大气压强作用下沿吸水管上升至水泵进口。水流经过水泵时，获得泵加给的机械能，再经压水管进入水塔和用水地区。

离心泵管路系统水力计算的主要任务是确定水泵的安装高度和水泵扬程。离心泵安装高度是指水泵转轮轴线超出上游水池水面的几何高度。

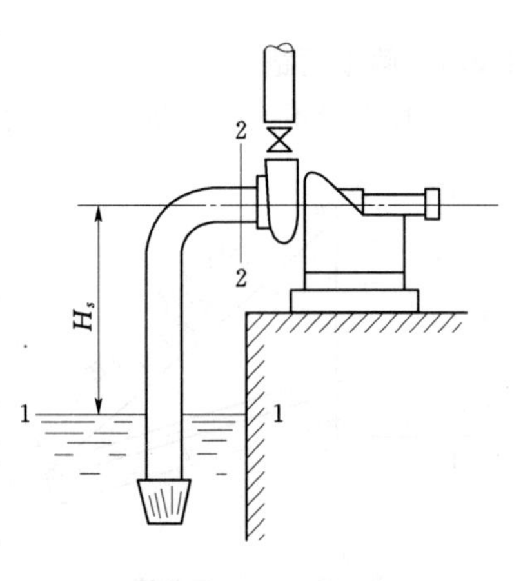

图 4-5 离心泵装置

如图 4-5 所示取吸水池水面 1—1 和水泵进口断面 2—2 列伯诺里方程，并忽略吸水池流速，得

$$\frac{p_a}{\gamma}=H_s+\frac{p_2}{\gamma}+\frac{\alpha v^2}{2g}+h_w$$

且
$$h_w=\lambda\frac{l}{d}\frac{v^2}{2g}+\sum\zeta\frac{v^2}{2g}$$

式中　H_s——水泵安装高度；

λ——吸水管的沿程阻力系数；

$\sum\zeta$——吸水管各项局部阻力系数之和。

1. 水泵安装高度的确定

水泵安装高度计算公式

$$H_s=\frac{p_a-p_2}{\gamma}-\left(\alpha+\lambda\frac{l}{d}+\sum\zeta\right)\frac{v^2}{2g}$$

式中$\frac{p_a-p_2}{\gamma}$，为断面泵进口断面的真空度。过大的真空度将引起过泵水流的空化现象，严重的空化将导致过泵流量减少和水泵叶轮的空蚀，这样就不能保证泵的正常工作。为此，各水泵制造商对各种型号的水泵的允许真空值都有规定。应用过程中应从产品样本中查阅相应型号水泵的允许真空值，避免粗略估算。水泵的安装高度要受到允许吸上真空高度的限制。

2. 水泵扬程的确定

单位重量液体从水泵获得的能量称为水泵扬程，其计算公式为

$$H_p=z+h_{w1-4}$$

式中　H_p——所需扬程；

z——出水池与进水池水位之差，称为几何扬程或地形扬程；

h_{w1-4}——整个管路系统的水头损失（不包括水流流经水泵的水头损失）。

即水泵扬程等于几何扬程加上整个管路系统的水头损失。有了水泵扬程和流量之后，就可以选定水泵型号及相配套的电动机。

4.3　长管的形式

4.3.1　简单管路

沿程直径不变，流量也不变的管道为简单管路。简单管路的计算是一切复杂管路水力计算的基础。如图4-6所示由水池引出的简单管路，长度为l，直径为d，水箱水面距管道出口高度为H。现分析其水力特点和计算方法。

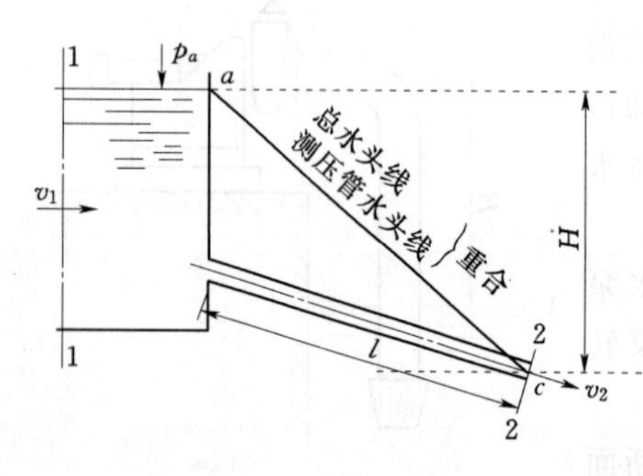

图4-6　简单管路

以通过管路出口断面2—2形心的水平面为基准面，水池中取符合渐变流条件处为断面1—1。对断面1—1和断面2—2建立伯诺里方程式，得

$$H+\frac{\alpha_1 v_1^2}{2g}=0+\frac{\alpha_2 v_2^2}{2g}+h_w$$

在长管中，h_f 与 $\frac{\alpha_2 v_2^2}{2g}$ 忽略不计，上述方程就简化为

$$H=h_w=h_f$$

由

$$H=h_f=\lambda\frac{l}{d}\frac{v^2}{2g} \tag{4-1}$$

将 $v=\frac{4Q}{\pi d^2}$ 代入式（4-1）得

$$H=\frac{8\lambda}{g\pi^2 d^5}lQ^2$$

令

$$S_0=\frac{8\lambda}{g\pi^2 d^5}$$

则 S_0 称为比阻

$$H=S_0 lQ2 \tag{4-2}$$

式（4-2）就是简单管路按比阻计算的关系式。比阻 S_0 是单位流量通过单位长度管道所需水头，它取决于沿程阻力系数 λ 和管径 d。

4.3.2 串联管道

由直径不同的几段管道依次连接而成的管道系统称为串联管道（图 4-7）。

串联管道各管段通过的流量可能相同，也有因流量分出而不相同的。由于各段管径不同，所以，应分段计算其水头损失。各管段的水头损失可按谢才公式计算

$$h_{fi}=\frac{Q_i^2}{K_i^2}l_i$$

式中　i——管段的号数。

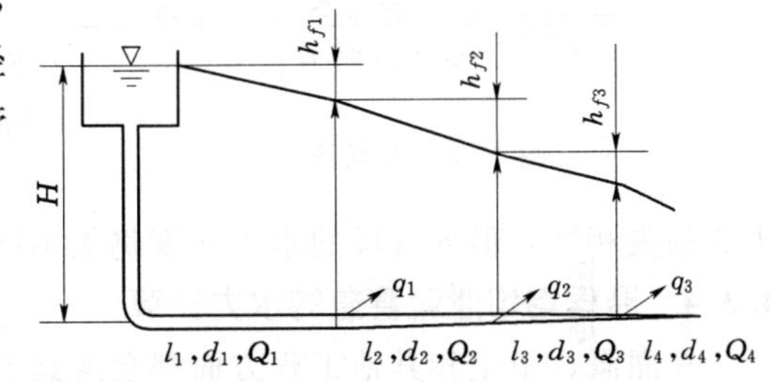

图 4-7　串联管道

全管的水头损失应等于全管的作用水头，即

$$H=\sum_{i=1}^{n}h_{fi}=\sum_{i=1}^{n}\frac{Q_i^2}{K_i^2}l_i$$

式中　n——管段总数目。

流量计算可从连续原理求得

$$Q_{i+1}=Q_i-q_i$$

式中　q_i——在第 i 段管道末端分出的流量。

联立上两式可解决串联管道的水力计算问题。

按长管计算忽略了局部水头损失和流速水头，因而测压管水头线和总水头线相重合。串联管道各段的水力坡度不同，全管的测压管水头线呈折线。

4.3.3 并联管道

为了提高供水的可靠性，在两节点之间并设两条以上管路称为并联管路（图 4-8）。对并联管道而言，在分叉处，所有的管道应该有同一个测压管水头值，这就决定了并联管

道并联部分的水头损失相等，即

$$h_{f1}=h_{f2}=h_{f3}=h_f \tag{4-3}$$

式（4-3）表明并联管道中的水流应满足两端共同的边界条件；在断面平均意义上说，是在相等的单位势能差作用下流动。

对于每一条管道，其本身的水流又必须符合水头损失规律，即

$$\begin{cases} Q_1=K_1\sqrt{\dfrac{h_{f1}}{l_1}} \\ Q_2=K_2\sqrt{\dfrac{h_{f2}}{l_2}} \\ Q_3=K_3\sqrt{\dfrac{h_{f3}}{l_3}} \end{cases}$$

因为各管的长度、直径、粗糙系数可能不同，因此通过各管的流量也不会相等，但并联各管的流量应等于分叉前干管上的总流量，即要满足连续方程

$$Q_1+Q_2+Q_3=Q \tag{4-4}$$

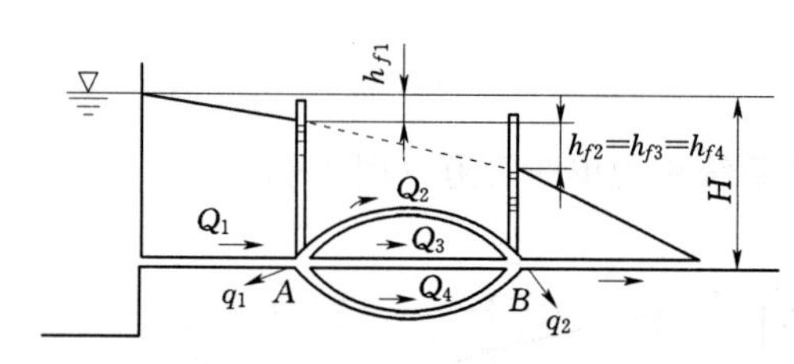

图 4-8　并联管道

已知总流量 Q 及各并联管段的直径、长度、粗糙系数等，即可由式（4-4）计算出各管的流量 Q_1、Q_2、Q_3 及 h_f 四个值。

因为流量不同，尽管各管单位重量液体的水头损失相同，但通过各管的水流所损失的机械能总量并不相等。

因为管长不同，尽管各管单位重量液体的水头损失相同，但各管段的水力坡度仍然不同。

4.3.4　沿程均匀泄流管道的水力计算

在灌溉、卫生和其他工程方面都会遇到沿程设有很多泄水孔的管道。如灌溉工程中喷灌或滴灌支管，给水工程中的配水管和滤池冲洗管等，这些管道都是沿程连续不断地泄出流量，称为沿程均匀泄流管道（图 4-9）。计算这种管道的水头损失时，把实际上每隔一定距离开一孔口的情况看作沿整个管道长度上的连续均匀泄流，以简化分析计算。

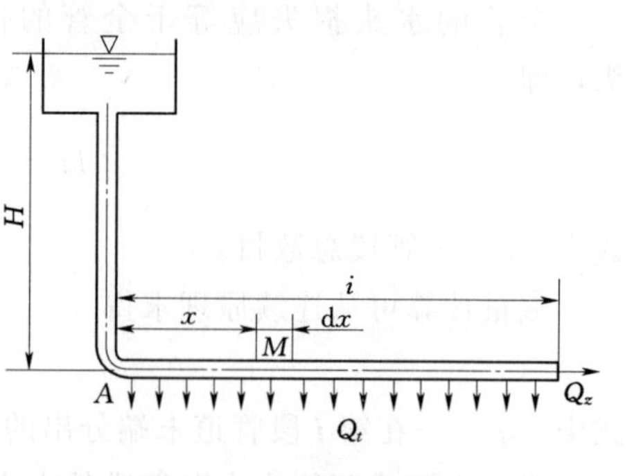

图 4-9　沿程均匀泄流管道

设沿程均匀泄流管段长度为 l，直径为 d，途泄总流量 $Q_t=ql$，末端泄出转输流量为 Q_z。

$$h_f=S_0 l(Q_z+0.55Q_t)^2 \tag{4-5}$$

在实际计算时，常引用折算流量 Q_c

$$Q_c=Q_z+0.55Q_t \tag{4-6}$$

且

$$h_f=S_0 lQ_c^2 \tag{4-7}$$

式（4-5）和简单管路计算公式（4-2）形式相同，所以沿程均匀泄流管路可按折算流量为 Q_c 的简单管路进行计算。

当通过流量 $Q_z=0$，式（4-5）变形为

$$h_f=\frac{1}{3}S_0 lQ_t^2 \tag{4-8}$$

式（4-8）表明，管路在只有沿程均匀途泄流量时，其水头损失仅为传输流量通过时水头损失的1/3。

【例 4-2】 由水塔供水的输水管，用三段铸铁管组成，中段为均匀泄流管段（图 4-10）。已知 $l_1=500\text{m}$、$d_1=200\text{mm}$，$l_2=150\text{m}$、$d_2=150\text{mm}$，$l_s=200\text{m}$、$d_3=125\text{mm}$，节点 B 分出流量 $q=0.01\text{m}^3/\text{s}$，途泄流量 $Q_t=0.015\text{m}^3/\text{s}$，转输流量 $Q_z=0.02\text{m}^3/\text{s}$。求水塔高度（作用水头）。

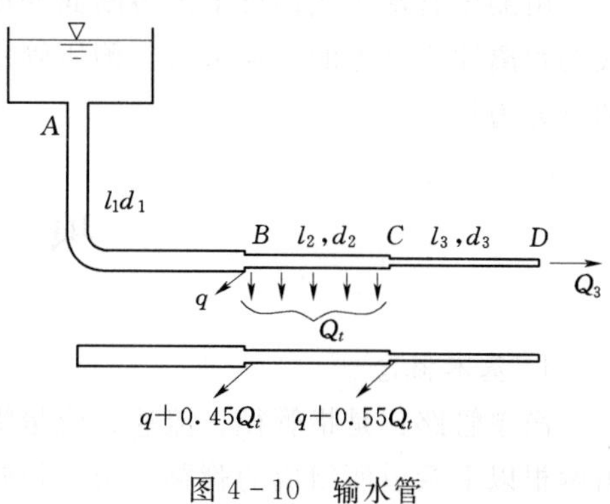

图 4-10 输水管

解： 首先将途泄流量转换为转输流量，把 $0.55Q_t$ 加在节点 C 处，另 $0.45Q_t$ 加在节点 B，得到如图 4-10 所示流量分配。各管段流量为

$$Q_1=q+0.45Q_t+0.55Q_t+Q_z=0.01+0.015+0.02=0.045\ (\text{m}^3/\text{s})$$

$$Q_2=0.55Q_t+Q_z=0.55\times0.015+0.02=0.028\ (\text{m}^3/\text{s})$$

$$Q_3=0.02\text{m}^3/\text{s}$$

整个管路视为由三管段串联而成，因而作用水头等于各管段水头损失之和

$$\begin{aligned}H&=\sum h_f=S_{01}l_1Q_1^2+S_{02}l_2Q_2^2+S_{03}l_3Q_3^2\\&=9.029\times500\times0.045^2+41.85\times150\times0.02823^2+110.8\times200\times0.02^2\\&=23.02(\text{m})\end{aligned}$$

各管段流速均大于 1.2m/s，比阻 S_0 不需修正。

4.4 绘制有管流的测压管水头线和总水头线

先画水头线，局部水头损失是集中于某一断面上，沿程水头损失是渐渐下降的，只需将发生沿程水头损失的两端的总水头用直线连接即可。再画测压管水头线，比总水头少一项流速水头。若管径不变，总水头线与测压管水头线平行。

要特别注意进口与出口处的水头损失：直角进口的水头损失系数 $\zeta=0.5$，直角出口分两种情况：一是不计下游流速时，$\zeta=1$；二是计及下游流速时，按突然扩大管道计算。

（1）计及上游流速时，进口断面前的总水头线在水面之上，测压管水头线与水面齐平；进口断面后的总水头线、测压管水头线都在上游水面之下。

（2）不计上游流速时，进口断面前的总水头线、测压管水头线都与水面齐平；进口断面后的总水头线、测压管水头线都在上游水面之下。

（3）计及下游流速时，出口断面前的总水头线在下游水面之上，测压管水头线在水面之下；出口断面后的总水头线在水面之上，测压管水头线与下游水面齐平。

（4）不计下游流速时，出口断面前的总水头线在下游水面之上，测压管水头线与水面齐平；出口断面后的总水头线在水面之上，测压管水头线与下游水面齐平。要注意的是：①理想液体的水头线（总水头线是水平线）；②长管水头线的问题（总水头线与测压管水头线重合）；③明渠水头线的问题（测压管水头线即为水面线）；④静止液体的水头线的画法（相对压强为零的点连线）。

由测压管水头线即可求出各断面的压强变化：管道液体中任一点与该断面测压管水头线的距离即为该点的压强水头。测压管水头线在该点的上方为正压；测压管水头线在该点的下方为负压。

项　目　小　结

1. 基本概念

简单管路：是指管径、流速、流量沿程不变，且无分支的单线管道。复杂管路：是指由两根以上管道所组成的管路系统。长管：指管道中以沿程水头损失为主，局部水头损失和流速水头所占比重小于（5%～10%）的沿程水头损失，因此可予以忽略的管道。短管：水流的流速水头和局部水头损失都不能忽略不计的管道。

2. 串联管道

它由不同管径的管段依次连接而成。其水流特性是：总水头损失是各管段水头损失之和，即 $H=\sum_{i=1}^{n}h_{fi}=\sum_{i=1}^{n}\frac{Q_i^2}{K_i^2}l_i$ 。

有分流的串联管道中，流向节点的流量等于流出该节点的流量，即 $Q_{i+1}=Q_i-q_i$。

3. 并联管道

两条或两条以上的管道同在一处分出，又在另一处汇合，这种组合而成的管道为并联管道。各管段在分叉和交汇点间的水头损失相等，$\frac{Q_1^2}{K_1^2}l_1=\frac{Q_2^2}{K_2^2}l_2$。即如果没有分支流量，连接两端点的流量是各管段流量之和，即 $Q=\sum_{i=1}^{n}Q_i$ 。

4. 沿程泄流管路

泄流管段流量沿流减小，测压管水头线不成直线，水力坡度沿流变化。有途泄流量 q，转输流量 Q_z 的管段内压力损失为 $h_f=S_0l(Q_z+0.55Q_t)^2$。

复习思考题

4-1　何谓有压管流？其水力特征是什么？

4-2　长管、短管是怎样定义的？判别标准是什么？

4-3　如思4-3图所示，两简单管道：思4-3图（a）为自由出流，思4-3图（b）为淹没出流，若两管道的作用水头 H，管长 L，管径 d 及沿程阻力系数 λ 均相同，试问：

（1）两管中通过的流量是否相同？为什么？

（2）两管中各相应点的压强是否相同？为什么？

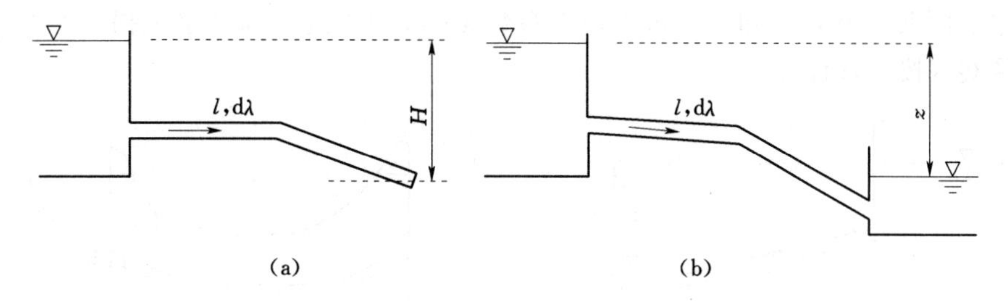

思 4－3 图

4－4　如思 4－4 图所示 A、B、C 为三条高程不同的坝身泄水管，其管径 d、长度 L，沿程阻力系数 λ 均相同，试问它们的泄流量是否相同？为什么？

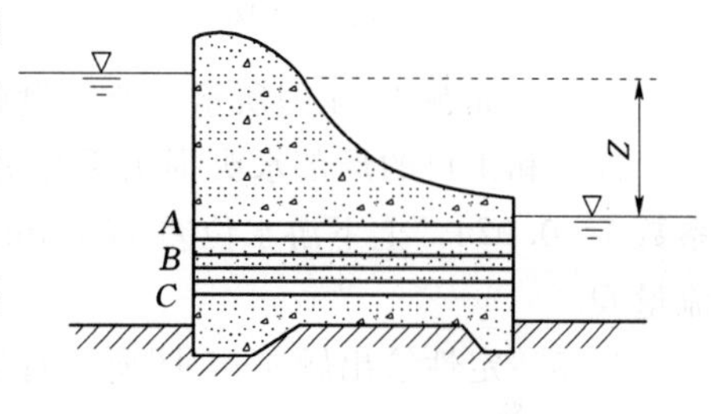

思 4－4 图

4－5　为什么要考虑水泵和虹吸管的安装高度？

4－6　长管的形式有哪些？

4－7　简述虹吸管的工作原理？

4－8　怎样绘制有管流的测压管水头线和总水头线？

4－9　虹吸管、并联管道分别可用哪一种管道（长管还是短管）计算？

习　题

4－1　管道系统如题 4－1 图所示，管长 $l_1=l_2=40$m，直径 $d_1=40$mm，$d_2=80$mm，两水箱水面高差 $H=20$m，沿程阻力系数 $\lambda_1=0.04$，$\lambda_2=0.035$，局部阻力系统 $\zeta_{进口}=0.5$，$\zeta_{弯}=0.2$，其他阻力系数自定，试求流量。

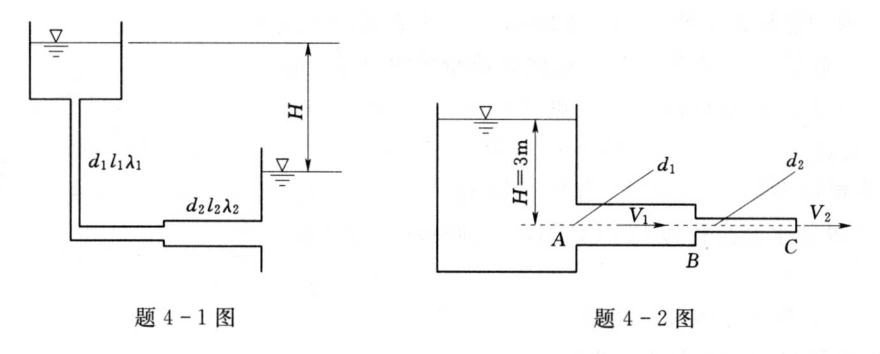

题 4－1 图　　题 4－2 图

4－2　设水流由水箱经水平串联管路流入大气，如题 4－2 图所示。已知 AB 管段直径 $d_1=0.25$m，沿程损失 $h_{fAB}=0.4\dfrac{V_1^2}{2g}$，$BC$ 管段直径 $d_2=0.15$m，已知损失 $h_{fBC}=0.5\dfrac{V_2^2}{2g}$，进口局部损失 $h_{j1}=0.5\dfrac{V_1^2}{2g}$，突然收缩局部损失 $h_{j2}=0.32\dfrac{V_2^2}{2g}$，试求管内流量 Q。

4－3　如题 4－3 图所示直径为 20mm，长 450m 的管道自水库取水并泄入大气中，出口比水库水面低 13m，已知沿程水头损失系数 $\lambda=0.04$，进口局部水头损失系数 $\zeta=0.5$，求泄流量 Q（按短管计算）。

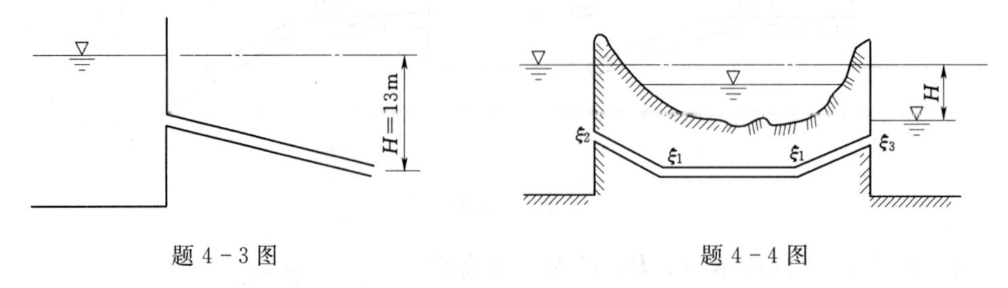

题 4－3 图　　　　题 4－4 图

4－4　如题 4－4 图所示一跨河倒虹吸圆管，管径 $d=0.8$m，长 $l=50$m，两个 30°折角、进口和出口的局部水头损失系数分别为 $\zeta_1=0.2$，$\zeta_2=0.5$，$\zeta_3=1.0$，沿程水头损失系数 $\lambda=0.024$，上下游水位差 $H=3$m。若上下游流速水头忽略不计，求通过倒虹吸管的流量 Q。

4－5　定性绘出题 4－5 图所示管道（短管）的总水头线和测压管水头线。

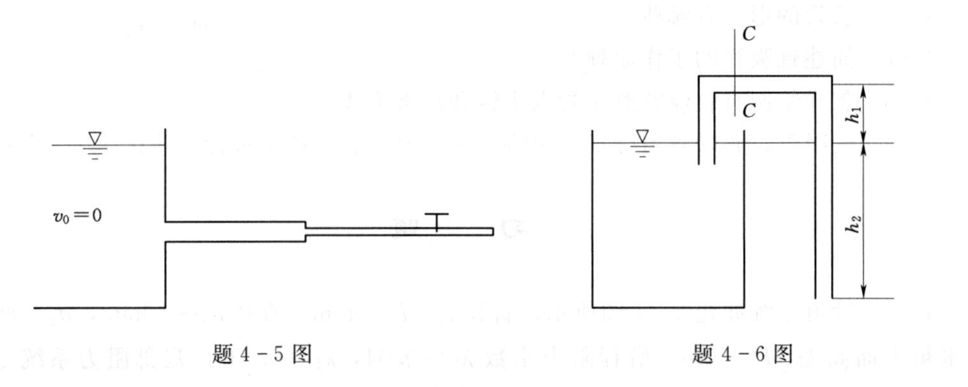

题 4－5 图　　　　题 4－6 图

4－6　有一虹吸管（题 4－6 图）。已知管径 $d=10$cm，$h_1=1.5$m，$h_2=3$m，不计水头损失，取动能校正系数 $\alpha=1$。求断面 $c—c$ 中心处的压强 p_c。

4－7　如题 4－7 图所示为一近似矩形断面的河道，在 1—1、2—2 断面间分成两支，已知河长 $l_1=6000$m，$l_2=2500$m，底宽 $b_1=80$m，$b_2=150$m；水深 $h_1=2.2$m，$h_2=4$m，河床粗糙系数 $n=0.03$，当总流量 $Q=400\text{m}^3/\text{s}$ 时，断面 1—1 处的水面高程为 120m，如近似地按均匀流计算，试求：

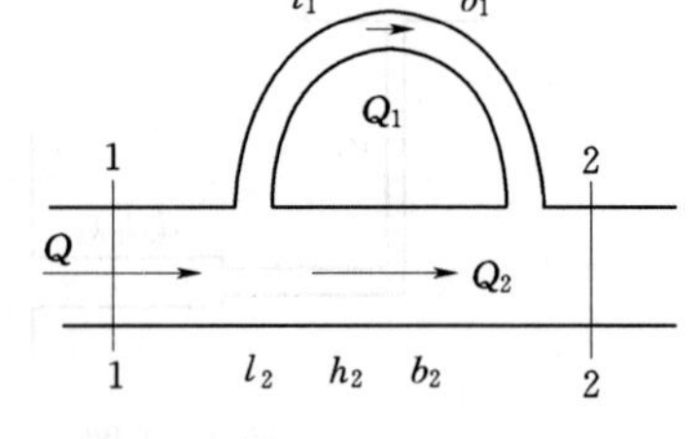

题 4－7 图

（1）2—2 断面处的水面高程。

（2）流量 Q_1 和 Q_2 各为多少？

项目五　过流建筑物的水力特性

项目提要： 孔口和堰的分类，孔口和管嘴的水力计算；堰流、闸孔出流的特点与区别；堰流的水力计算；闸孔出流的水力计算。

5.1　孔口和管嘴的水力计算

水经容器壁孔口出流的水力现象，称为孔口出流。水利工程上的闸孔、路基下的有压涵管、水力采煤用的水枪、消防用的龙头、汽油机中的汽化器、柴油机中的喷嘴等都是孔口出流的问题。

5.1.1　孔口的分类

（1）小孔口出流和大孔口出流：当 $H/d \geqslant 10$ 时称为小孔口，对于小孔口，可以认为孔口断面上各点压强相等。当 $H/d < 10$ 时称为大孔口，孔口断面上各点压强不等。

（2）恒定孔口出流与非恒定孔口出流：孔口处的作用水头恒定，为恒定孔口出流；反之，为非恒定孔口出流。

（3）薄壁孔口出流和厚壁孔口出流：如果孔壁厚度不影响孔口出流，流体与孔壁的接触只是一条周线，此孔口为薄壁孔口；反之，为厚壁孔口。

根据出流空间情况可分为：孔口自由出流。液体通过孔口在气体占据的空间完成收缩和扩张的流动过程，自由出流又可分为如图5-1所示的两种情况；孔口淹没出流，液体通过孔口在液体占据的空间完成收缩和扩张的流动过程。

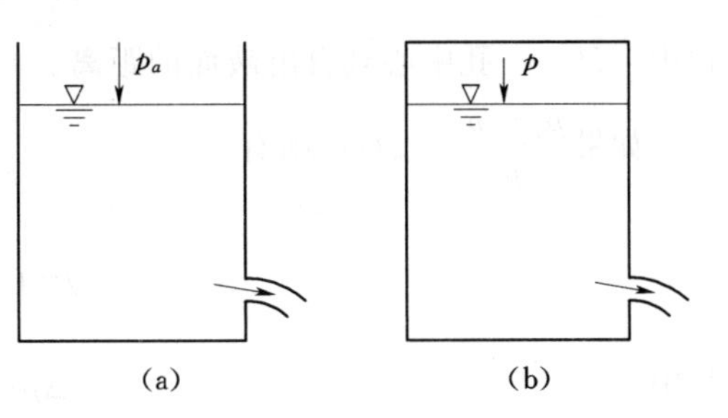

图 5-1　自由出流

(a) 自由状态下自由出流；(b) 压力条件下自由出流

5.1.2　恒定自由出流

如前述，自由出流是指流出孔口的液体进入大气的流动，无特别说明，孔口为圆形。如果孔口流出的总势头 $H+\dfrac{p}{\gamma}$ 保持不变，称恒定自由流，否则称变水头自由流。

薄壁孔自由出流如图 5-2 所示，容器液面上的压力为 P_1，与小孔轴线距离为 H，小孔面积为 A_1，射流速度为 u_1，射流收缩断面 c—c 上流速为 u_c，面积为 A_c，则面积收缩系数 C_c 为

$$C_c = \frac{A_c}{A}$$

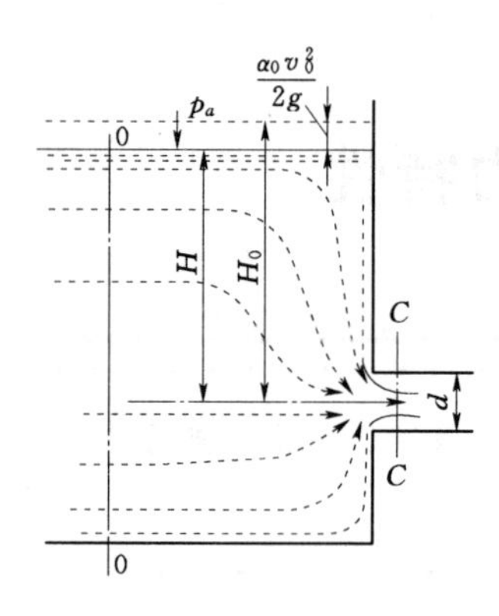

图 5-2　薄壁孔自由出流

则通过小孔的流量 Q 为

$$Q=u_1A_1=C_cAu_c$$

u_c 的大小可根据伯诺里方程求出，对面 1—1 和面 C—C 列伯诺里方程

$$H+\frac{p_1}{\gamma}+\frac{u_1^2}{2g}=\frac{p_c}{\gamma}+\frac{u_c^2}{2g}+\xi\frac{u_c^2}{2g}$$

则小孔流量为

$$Q=u_cA_c=\frac{C_c}{\sqrt{1+\xi}}A\sqrt{2gH+\frac{(p_1-p_a)}{\rho}}$$

$$=C_cC_vA\sqrt{2gH+\frac{(p_1-p_a)}{\rho}}=C_dA\sqrt{2gH+\frac{(p_1-p_a)}{\rho}} \tag{5-1}$$

其中

$$C_v=\frac{1}{\sqrt{1+\xi}}$$

$$C_d=C_cC_v=0.60\sim0.62$$

式中　C_c——面积收缩系数；

C_v——流速系数；

C_d——流量系数。

如果 $p_1=p_a$（容积液面为自由液面），则有

$$Q=C_dA\sqrt{2gH} \tag{5-2}$$

式中　H——孔中心到自由液面的距离。

如果$\frac{p_1-p_a}{\rho}\gg gH$，则有

$$Q=C_dA\sqrt{\frac{2\Delta p}{\rho}}$$

其中

$$\Delta p=p_1-p_a$$

式中　Δp——压力差（相对压力）。

当 $d>\frac{H}{10}$时，称为大孔。如图 5-3 所示，大孔自由流时，流量计算公式与小孔时在形式上是一致的，即

$$Q=c_dA\sqrt{2gH+\frac{(p_1-p_2)}{\rho}}$$

这时流量系数 C_d 变化范围较大，$C_d=0.6\sim0.9$。在一般情况下，薄壁孔口流按小孔流处理，并且一般公认 $C_d=0.62$。

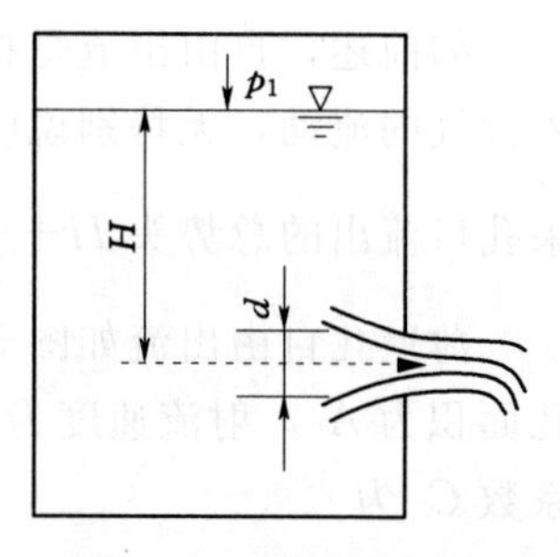

图 5-3　大孔自由流

5.1.3 孔口淹没出流

如图 5-4 所示，由于液面 H 和 2—2 相对孔口轴线的差异而引起的淹没出流，以孔口轴线 0—0 为基准列方程

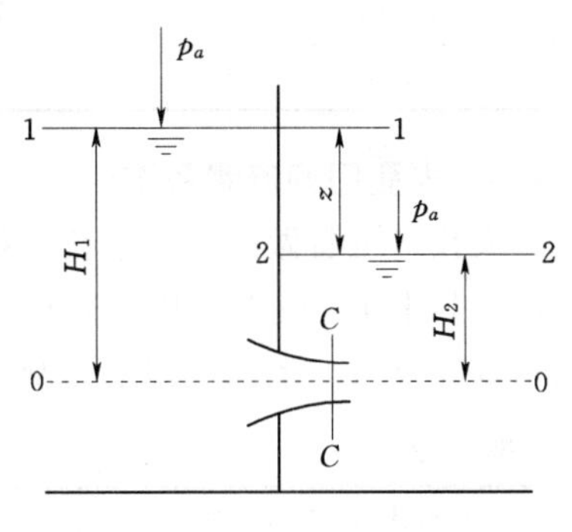

图 5-4　孔口淹没出流

$$H_1+\frac{p_1}{\gamma}+\frac{u_1{}^2}{2g}=H_2+\frac{p_2}{\gamma}+\frac{u_2{}^2}{2g}+h_s \quad (5-3)$$

由于 $p_1=p_2=p_a$，孔口前后的水平面液面 H 和 2—2 的速度 u_1 和 u_2 可认为相等或近于为零，局部损失 $h_\zeta=\zeta_\Sigma\frac{u_c^2}{2g}$，$h_\zeta$ 包括孔口收缩断面的损失和孔口收缩断面到自由液面 2—2 的突然扩大损失两部分，即 $\zeta_\Sigma=1+\zeta$，则有

$$u_c=\frac{1}{\sqrt{1+\zeta}}\sqrt{2g\Delta H}=C_V\sqrt{2g(H_1-H_2)}$$

故小孔的流量 Q 为

$$Q=A_cu_c=C_dA_a\sqrt{2g(H_1-H_2)}=C_dA_a\sqrt{2gz} \quad (5-4)$$

式中　z——孔口前后自由液面之差，$z=H_2-H_1$。

5.1.4 小孔口的收缩系数及流量系数

流速系数 φ 和流量系数 μ 值，决定于局部阻力系数 ζ_0 和收缩系数 ε。局部阻力系数及收缩系数都与雷诺数 Re 及边界条件有关，而当 Re 较大，流动在阻力平方区时，与 Re 无关。因为工程中经常遇到的孔口出流问题，Re 都足够大，可认为 φ 及 μ 不再随 Re 变化。在边界条件中，影响 μ 的因素有孔口形状、孔口边缘情况和孔口在壁面上的位置三个方面。

对于小孔口，实验证明，不同形状孔口的流量系数差别不大，但孔口边缘情况对收缩系数会有影响，薄壁孔口的收缩系数 ε 最小，圆边孔口收缩系数 ε 较大，甚至等于 1。

孔口在壁面上的位置，对收缩系数 ε 有直接影响。当孔口的全部边界都不与相邻的容器底边和侧边重合时（图 5-5 中的 a、b），孔口的四周流线都发生收缩，这种孔口称为全部收缩孔口。全部收缩孔口又有完善收缩和不完善收缩之分：凡孔口与相邻壁面的距离大于同方向孔口尺寸的 3 倍（$l>3a$ 或 $l>3b$），孔口出流的收缩不受距壁面远近的影响，这是完善收缩（图 5-5 中的 a），否则是不完善收缩（图 5-5 中的 b）。不完善收缩孔口的流量系数 μ_{nc} 大于完善收缩的流量系数 μ，可按经验公式估算。

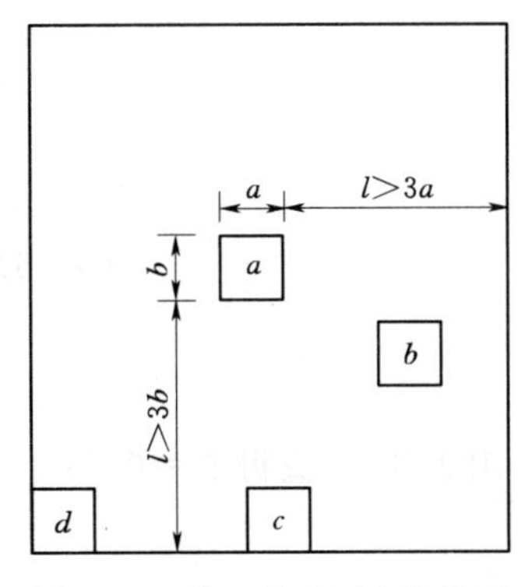

图 5-5　孔口在壁面上的位置

根据实验结果、薄壁小孔口在全部、完善收缩情况下，各项系数值列于表 5-1 中。

表 5-1　　薄壁小孔口各项系数

收缩系数 ε	阻力系数 ζ	流速系数 ϕ	流量系数 μ
0.64	0.06	0.97	0.62

5.1.5　大孔口的流量系数

大孔口可看做由许多小孔口组成。实际计算表明，小孔口的流量计算公式也适用于大孔口，其中 H_0 应为大孔口形心的水头，其流量系数 μ 值因收缩系数较小孔口大，因而流量系数亦较大。水利工程上的闸孔可按大孔口计算，其流量系数列于表 5-2 中。

表 5-2　　大孔口的流量系数 μ

孔口形状和水流收缩情况	流量系数 μ	孔口形状和水流收缩情况	流量系数 μ
全部、不完善收缩	0.70	底部无收缩，侧向很小收缩	0.70～0.75
底部无收缩但有适度的侧收缩	0.65～0.70	底部无收缩，侧向极小收缩	0.80～0.90

5.1.6　圆柱形外管嘴恒定出流

在孔口断面处接一直径与孔口完全相同的圆柱形短管，其长度 $l\approx(3\sim4)d$，这样的短管称为圆柱形外管嘴，如图 5-6 所示。水流进入管嘴后，同样形成收缩，并在收缩断面 $c—c$ 处主流与管壁分离，形成旋涡区；然后又逐渐扩大，在管嘴出口断面上，水流充满整个断面流出。设水箱的水面压强为大气压强，管嘴为自由出流，对水箱中符合渐变流条件的过水断面 $O—O$ 和管嘴出口断面 $b—b$ 列伯诺里方程，即

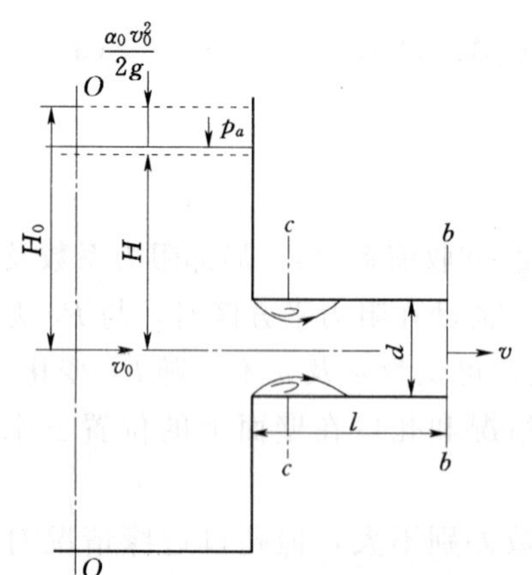

图 5-6　管口嘴恒定出流

$$H+\frac{\alpha_0 v_0^2}{2g}=\frac{\alpha v^2}{2g}+h_\omega$$

式中　h_w——管嘴的水头损失，等于进口损失与收缩断面后的扩大损失之和（忽略管嘴沿程水头损失），相当于管道锐缘进口的损失情况。

管嘴出口速度为

$$v=\frac{1}{\sqrt{\alpha+\zeta_n}}\sqrt{2gH_0}=\varphi_n\sqrt{2gH_0} \tag{5-5}$$

管嘴流量

$$Q=\varphi_n A\sqrt{2gH_0}=\mu_n A\sqrt{2gH_0} \tag{5-6}$$

其中

$$\varphi_n=\frac{1}{\sqrt{\alpha+\zeta_n}}\approx\frac{1}{\sqrt{1+0.5}}=0.82$$

式中　ζ_n——管嘴阻力系数，即管道锐缘进口局部阻力系数，由表 3-5 查得 $\zeta_n=0.5$；

φ_n——管嘴流速系数；

μ_n——管嘴流量系数，因出口无收缩 $\mu_n=\varphi_n=0.82$。

比较式（5－3）与式（5－6），两式形式完全相同，然而 $\mu_n=1.32\mu$。可见在相同条件下，管嘴的过流能力是孔口的1.32倍。因此，管嘴常用作泄水管。

孔口外面加管嘴后，增加了阻力，但是流量反而增加，这是由于收缩断面处真空的作用。

对圆柱形外管嘴

$$\alpha=1,\ \varepsilon=0.64,\ \varphi=0.82$$

上式表明圆柱形外管嘴在收缩断面处出现了真空，其真空度为

$$\frac{p_v}{\gamma}=\frac{-p_c}{\gamma}=0.75H_0 \tag{5-7}$$

式（5－7）说明圆柱形外管嘴收缩断面处真空度可达作用水头的0.75倍，相当于把管嘴的作用水头增大了75%，这就是相同直径、相同作用水头下的圆柱形外管嘴的流量比孔口大的原因。

从式（5－7）可知：作用水头 H_0 愈大，收缩断面处的真空度亦愈大。但收缩断面的真空是有限制的，如长江中下游地区，当真空度达7m水柱以上时，由于液体在低于饱和蒸汽压时会发生汽化，以及空气将会自管嘴出口处吸入，从而收缩断面处的真空被破坏，管嘴不能保持满管出流而如同孔口出流一样。因此，对收缩断面真空度的限制，决定了管嘴的作用水头 H_0 有一个极限值，如长江中下游地区 $H_0=\dfrac{7\text{m}}{0.75}\approx 9\text{m}$。

其次，管嘴的长度也有一定限制。长度过短，水流收缩后来不及扩大到整个管断面而形成孔口出流；长度过长，沿程损失增大比重，管嘴出流变为短管流动。所以，圆柱形外管嘴的正常工作条件是：

（1）作用水头 $H_0\leqslant 9\text{m}$；

（2）管嘴长度 $l=(3\sim4)d$。

5.1.7　其他形式管嘴

除圆柱形外管嘴之外，工程上为了增加孔口的泄水能力或为了增加（减少）出口的速度，常采用不同的管嘴形式，如图5－7所示。各种管嘴出流的基本公式都和圆柱形外管嘴公式相同。各自的水力特点如下：

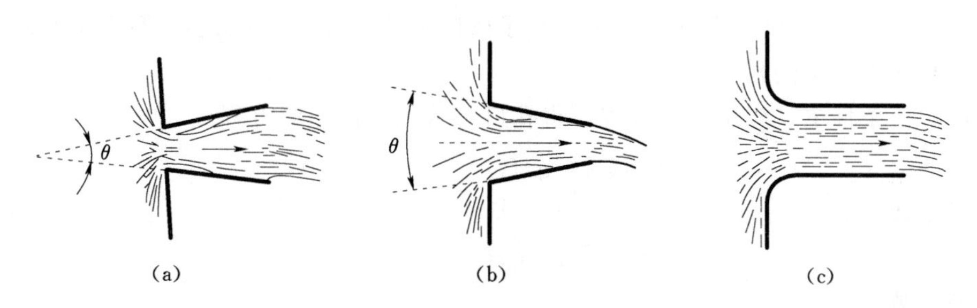

图5－7　其他形式的管嘴

（1）圆锥形扩张管嘴［图5－4（a)］在收缩断面处形成真空，其真空值随圆锥角增大而加大，并具有较大的过流能力和较低的出口速度。适用于要求形成较大真空或者出口流速较小情况，如引射器、水轮机尾水管和人工降雨设备。但扩张角 θ 不能太大，否则形

成孔口出流，一般 $\theta=5°\sim7°$。

(2) 圆锥形收敛管嘴［图 5-4 (b)］，具有较大的出口流速，适用于水力机械施工，如水力挖土机喷嘴以及消防用喷嘴等设备。

(3) 流线形管嘴［图 5-4 (c)］，水流在管嘴内无收缩及扩大，阻力系数最小。常用于水坝泄水管。

各种孔口出流及各种类型的管嘴出流的水力特性如表 5-3 所示。

表 5-3　　孔口、管嘴的水力特性

孔口、管嘴类型	薄壁锐边小孔口	修圆小孔口	圆柱形外管嘴	圆锥形扩张管嘴 ($\theta=5°\sim7°$)	圆锥形收敛管嘴	流线形圆管嘴
水在出口流动状态				θ	θ	
阻力系数 ζ	0.06		0.5	3.0～4.0	0.09	0.04
收缩系数 ε	0.64	1.00	1.0	1.0	0.98	1.0
流速系数 φ	0.97	0.98	0.82	0.45～0.50	0.96	0.98
流量系数 μ	0.62	0.98	0.82	0.45～0.50	0.94	0.98
出口单位动能 $v^2/2g=\varphi^2H_0$	$0.95H_0$	$0.96H_0$	$0.67H_0$	$(0.2\sim0.25)\ H_0$	$0.90H_0$	$0.96H_0$

注　表中所列系数均系对管嘴出口断面而言。

在盛有液体的容器侧壁上开一小孔，液体质点在一定水头作用下，从各个方向流向孔口，并以射流状态流出，由于水流惯性作用，在流经孔口后，断面发生收缩现象，在离孔口 1/2 直径的地方达到最小值，形成收缩断面。

若在孔口上装一段 $L=(3-4)d$ 的短管，此时水流的出流现象便为典型的管嘴出流。当液流经过管嘴时，在管嘴进口处，液流仍有收缩现象，使收缩断面的流速大于出口流速。因此管嘴收缩断面处的动水压强必须小于大气压强，在管嘴内形成真空，其真空度约为 $h_v=0.75H_0$，真空度的存在相当于提高了管嘴的作用水头。因此，管嘴的过水能力比相同尺寸和作用水头的孔口大 32%。

在恒定流条件下，应用能量方程可得孔口与管嘴自由出流方程

$$Q=\varphi\varepsilon A(2gH_0)^{\frac{1}{2}}=\mu A(2gH_0)^{\frac{1}{2}}$$

流量系数

$$\mu=Q/[A(2gH_0)^{1/2}]$$

收缩系数

$$\varepsilon=A_c/A=d_c^2/d^2$$

流速系数

$$\varphi=V_c/(2gH_0)^{1/2}=\mu/\varepsilon=1/(1+\xi)^{1/2}$$

阻力系数

$$\zeta=1/\varphi^2-1$$

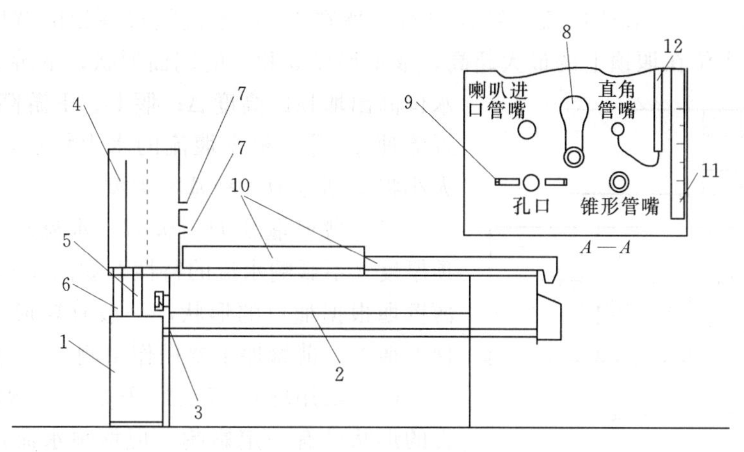

图 5-8　孔口与管嘴实验装置图

1—自循环供水器；2—实验台；3—可控硅无级调速器；4—恒压水箱；5—供水管；6—回水管；7—孔口管嘴；8—防溅旋板；9—测量孔口射流收缩直径的移动触头；10—回水槽；11—标尺；12—测压管

实验所用的装置如图 5-8 所示，实验步骤如下：

（1）记录实验常数，各孔口管嘴用橡皮塞塞紧。

（2）打开调速器开关，使恒压水箱充水，至溢流后，再打开 1 号圆角管嘴，待水面稳定后，测定水箱水面高程标尺读数 H_1，用体积法（或重量法）测定流量 Q（要求重复测量三次，时间尽量长些，要在 15s 以上，以求准确），测量完毕，先旋转水箱内的旋板，将 1 号管嘴进口盖好，再塞紧橡皮塞。

（3）依照上法，打开 2 号管嘴，测记水箱水面高程标尺读数 H_1 及流量 Q，观察和量测直角管嘴出流时的真空情况。

（4）依次打开 3 号圆锥形管嘴，测量 H_1 及 Q。

（5）打开 4 号孔口。观察孔口出流现象，测量 H_1 及 Q，并按下述注意事项 b 的方法测记孔口收缩断面的直径（重复测量三次）。然后改变孔口出流的作用水头（可减少进口流量），观察孔口收缩断面直径随水头变化的情况。

5.2　堰　　流

堰流和闸下出流属于急变流的范畴，其水头损失以局部水头损失为主，沿程水头损失往往忽略不计。这种水流形式在实际工程中应用极其广泛，如在水利工程中，常用作引水灌溉、泄洪的水工建筑物；在给排水工程中，堰流是常用的溢流设备和量水设备；在交通土建工程中，宽顶堰流理论是小桥涵孔水力计算的基础。

5.2.1　堰流及其分类

无压缓流经障壁溢流时，上游发生壅水，然后水面降落，这一局部水流现象称为堰流。障壁称为堰。障壁对水流具有两种形式的作用，其一是侧向收缩，例如桥涵；其二是底坎的约束，如闸坝等水工建筑物。研究堰流的目的在于探讨堰流的过流能力 Q 与堰流其他特征量的关系，从而解决工程中提出的有关水力学问题。

如图5-9所示，表征堰流的特征量有：堰宽b，即水流漫过堰顶的宽度；堰前水头H，即堰上游水位在堰顶上的最大超高；堰壁厚度δ和它的剖面形状；下游水深h及下游水位高出堰顶的高度Δ；堰上、下游高P及P'；行近流速v_0等。根据堰流的水力特点，可按δ/H的大小将堰划分为三种基本类型。

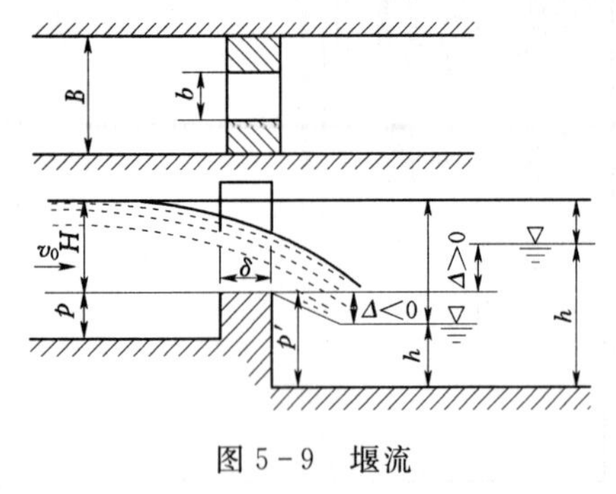

图5-9　堰流

（1）薄壁堰$\delta/H<0.67$，水流越过堰顶时，堰顶厚度δ不影响水流的特性，如图5-10（a）所示。薄壁堰根据堰口的形状，一般有矩形堰、三角堰和梯形堰等。薄壁堰主要用作量测流量的一种设备。

（2）实用堰$0.67<\delta/H<2.5$，堰顶厚度δ对水舌的形状已有一定影响，但堰顶水流仍为明显弯曲向下的流动。实用堰的纵剖面可以是曲线形［图5-10（b）］，也可以是折线形［图5-10（c）］。工程上的溢流建筑物常属于这种堰。

（3）宽顶堰$2.5<\delta/H<10$，堰顶厚度δ已大到足以使堰顶出现近似水平的流动［图5-10（d）］，但其沿程水头损失还未达到显著的程度而仍可以忽略。水利工程中的引水闸底坝即属于这种堰。

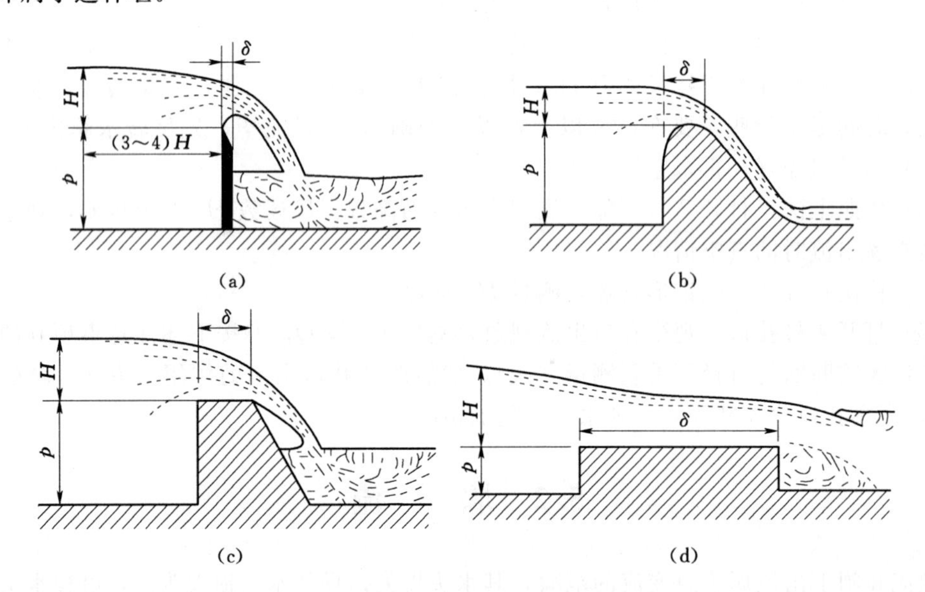

图5-10　堰的类型

（a）薄壁堰；（b）实用堰（曲线型）；（c）实用堰（折线型）；（d）宽顶堰

当$\delta/H>10$时，沿程水头损失逐渐起主要作用，不再属于堰流的范畴。

堰流形式虽多，但其流动却具有一些共同特征。水流趋近堰顶时，流股断面收缩，流速增大，动能增加而势能减小，故水面有明显降落。从作用力方面看，重力作用是主要的；堰顶流速变化大，且流线弯曲，属于急变流动，惯性力作用也显著；在曲率大的情况下有时表面张力也有影响；因溢流在堰顶上的流程短（$0\leqslant\delta\leqslant10H$），黏性阻力作用小。

在能量损失上主要是局部水头损失，沿程水头损失可忽略不计（如宽顶堰和实用堰），或无沿程水头损失（如薄壁堰）。由于上述共同特征，堰流基本公式可具有同样的形式。

影响堰流性质的因素除了 δ/H 以外，堰流与下游水位的联接关系也是一个重要因素。当下游水深足够小，不影响堰流性质（如堰的过流能力）时，称为自由式堰流，否则称为淹没式堰流。开始影响堰流性质的下游水深，称为淹没标准。此外，当堰宽 b 小于上游渠道宽度 B 时，称为侧收缩堰，当 $b=B$ 时则称为无侧收缩堰。

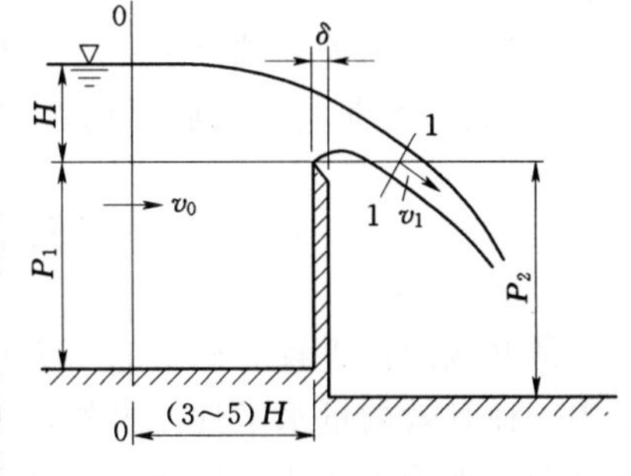

图 5-11　堰流水力图

5.2.2　堰流的基本公式

对堰前断面 0—0 及堰顶断面 1—1 列出能量方程，以通过堰顶的水平面为基准面。其中，0—0 断面为渐变流；而 1—1 断面由于流线弯曲属急变流（图 5-11）。

因为堰顶过水断面面积一般为矩形，设其断面宽度为 b；1—1 断面的水舌厚度用 kH_0 表示，k 为反映堰顶水流垂直收缩的系数。则 1—1 断面的过水面积应为 kH_0b；通过流量为

$$Q=kH_0bv=kH_0b\frac{1}{\sqrt{\alpha_1+\zeta}}\sqrt{2g(H_0-\xi H_0)}=\varphi k\sqrt{1-\zeta}b\sqrt{2g}H_0^{3/2}$$

其中

$$\varphi=\frac{1}{\sqrt{\alpha_1+\zeta}}$$

式中　φ——流速系数。

令 $\varphi k\sqrt{1-\zeta}=m$，称为堰的流量系数，则

$$Q=mb\sqrt{2g}H_0^{3/2} \tag{5-8}$$

式（5-8）虽是针对矩形薄壁堰推导而得的流量公式，如读者仿照上述方法，对实用堰和宽顶堰进行流量公式推导，将得出与式（5-8）同样形式的流量公式，只是流量系数所代表的数值不同。因此式（5-8）称为堰流基本公式。

在实际工程中，量测堰顶水头 H 是很方便的，但计算行进流速 v_0，则需先知道流量，而流量需由式（5-8）算出。由于式中 H_0 包括行进流速水头，应用式（5-8）计算流量不甚方便。为了避免这点，可将堰流的基本公式，改用堰顶水头 H 表示，即

$$Q=m_0\sqrt{2g}bH^{3/2} \tag{5-9}$$

其中

$$m_0=m(1+\alpha_0v_0^2/2gH)^{3/2}$$

式中　m_0——计及行进流速的堰流流量系数。

从上面的推导可以看出：影响流量系数的主要因素是 φ、k、ξ，即 $m=f(\varphi,k,\xi)$。其中：φ 主要是反映局部水头损失的影响；k 是反映堰顶水流垂直收缩的程度；而 ξ 则是代表堰顶断面的平均测压管水头与堰顶总水头之间的比例系数。显然，所有这些因素除与堰顶水头 H 有关外，还与堰的边界条件，例如上游堰高 P 以及堰顶进口边缘的形状等有关。所以，不同类型，不同高度的堰，其流量系数各不相同。

在实际应用时，有时下游水位较高或下游堰高较小影响了堰的过流能力，这种堰流称为淹没溢流，此时，可用小于 1 的淹没系数 σ 表明其影响，因此淹没式的堰流基本公式可

表示为

$$Q=\sigma mb\sqrt{2g}H_0^{3/2} \tag{5-10}$$

或

$$Q=\sigma m_0 b\sqrt{2g}H^{3/2} \tag{5-11}$$

当堰顶过流宽度小于上游来流宽度或是堰顶设有闸墩及边墩时，过堰水流就会产生侧向收缩，减少有效过流宽度，并增加局部阻力，从而降低过流能力。为考虑侧向收缩对堰流的影响，有两种处理方法：一种和淹没堰流影响一样，在堰流基本公式中乘以侧向收缩系数 ε；另一种是将侧向收缩的影响合并在流量系数中考虑。

5.3 薄　壁　堰

薄壁堰流由于具有稳定的水头和流量关系，因此，常作为水力模型试验或野外流量测量中一种有效的量水工具。另外，工程上广泛应用的曲线型实用堰，其外形一般按照矩形薄壁堰流水舌下缘曲线设计，研究薄壁堰流具有实际意义。

5.3.1 矩形薄壁堰流

测量流量用的矩形薄壁堰，一般都做得和上游进水槽一样宽，这样，水流通过堰口时，不会产生侧向收缩。堰顶必须做成向下游倾斜的锐角薄壁（图 5-12）或直角薄壁，以便水流过堰后就不再和堰壁接触，溢流水舌有稳定的外形。同时，应在紧靠堰板下游侧墙内埋设通气孔，使水舌内外缘空气压强相等，以保证通过水舌内缘最高点的铅直断面上也能具有稳定的流速分布和压强分布，从而有稳定的水头和流量关系。

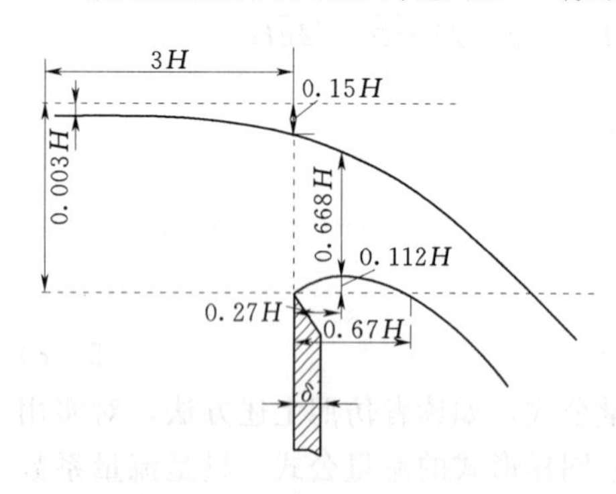

图 5-12　矩形薄壁堰流

1. 矩形薄壁堰无侧向收缩自由溢流的水舌形状

矩形薄壁堰稳定水舌的轮廓，巴赞做了富有意义的观测。图 5-12 表示巴赞量测的水舌轮廓相对尺寸。在距堰壁上游 $3H$ 处，水面降落 $0.003H$，在堰顶上，水舌上缘降落了 $0.15H$。由于水流质点沿上游堰壁越过堰顶时的惯性，水舌下缘在离堰壁 $0.27H$ 处升得最高，高出堰顶 $0.112H$，此处水舌的垂直厚度为 $0.668H$。距堰壁 $0.67H$ 处，水舌下缘与堰顶同高，这点表明，只要堰壁厚度 $\delta<0.67H$，堰壁就不会影响水舌的形状。因此，把 $\delta<0.67H$ 的堰，称为薄壁堰。矩形薄壁锐缘堰自由溢流水舌几何形状的观测成果，为后来设计曲线形剖面堰提供了依据。

2. 矩形薄壁堰溢流的计算

矩形薄壁堰的流量公式仍用堰流的基本公式

$$Q=m_0\sqrt{2g}bH^{3/2}$$

流量系数 m_0 可采用巴赞公式

$$m_0=\left(0.405+\frac{0.003}{H}\right)\left[1+0.55\left(\frac{H}{H+P}\right)^2\right] \tag{5-12}$$

式（5－12）中方括号项反映行进流速水头的影响。此式的适用条件原为：水头 $H=0.1\sim0.6\text{m}$，堰宽 $b=0.2\sim2.0\text{m}$，堰高 $P\leqslant0.75\text{m}$。后来纳格勒的试验证实，式（5－12）的适用范围可扩大为 $H\leqslant1.24\text{m}$，$b\leqslant2\text{m}$，$P\leqslant1.13\text{m}$。

流量也可用雷伯克公式计算

$$Q=\left[1.78+\frac{0.24(H+0.0011)}{P}\right]b(H+0.0011)^{3/2} \tag{5-13}$$

式（5－13）适用范围为：$0.15\text{m}<P<1.22\text{m}$，$H<4P$。

对于有侧向收缩影响的流量系数，巴赞自己未做研究。他的同事爱格利根据实验提出采用式（5－14）

$$m_0=\left(0.405+\frac{0.0027}{H}-0.030\frac{B-b}{B_0}\right)\left[1+0.55\left(\frac{b}{B_0}\right)^2\frac{H^2}{(H+P)^2}\right] \tag{5-14}$$

式中　m_0——考虑侧向收缩在内的流量系数；

　　B_0——引水渠宽度。

$B_0\geqslant b$，爱格利建议采用式（5－15）。

$$m_0=\left(0.405+\frac{0.0027}{H}-\frac{0.033}{1+\dfrac{b}{B_0}}\right)\left[1+0.55\left(\frac{b}{B_0}\right)^2\frac{H^2}{(H+P)^2}\right] \tag{5-15}$$

薄壁堰在形成淹没溢流时，下游水面波动较大。所以，一般情况下量水用的薄壁堰不宜在淹没条件下工作。当堰下游水位高于堰顶且下游发生淹没水跃时，将会影响堰流性质，形成淹没式堰流。如图 5－13 所示，设 z_k 为堰流溢至下游渠道即将发生淹没水跃（即临界水跃式水流连接）的堰上、下游水位差。当 $z>z_k$ 时，在下游渠道发生远驱水跃水流连接，则为自由式堰流；当 $z<z_k$ 时，即发生淹没水跃。因此薄壁堰的淹没标准为

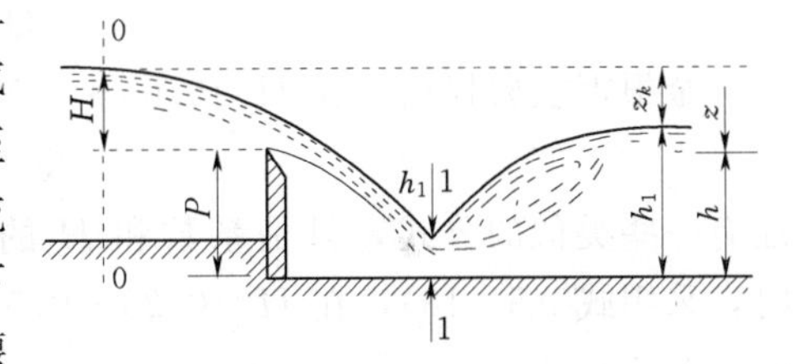

图 5－13　淹没式堰流

$$z\leqslant z_k \tag{5-16a}$$

或

$$\frac{z}{p'}\leqslant\left(\frac{z}{p'}\right)_k \tag{5-16b}$$

式（5－16b）中，z 为堰上、下游水位差；$(z/p')_k$ 与 H/p' 和计及行进流速的流量系数 m_0 有关，可由表 5－4 查取。

表 5－4　　薄壁堰相对落差临界值 $(z/p')_k$

m_0	H/p'							
	0.10	0.20	0.30	0.40	0.50	0.75	1.00	1.50
0.42	0.89	0.84	0.80	0.78	0.76	0.73	0.73	0.76
0.46	0.88	0.82	0.78	0.76	0.74	0.71	0.70	0.73
0.48	0.86	0.80	0.76	0.74	0.71	0.68	0.67	0.70

淹没式堰的流量公式为式（5－10），其中淹没系数 σ 可用巴赞公式计算

$$\sigma=1.05\left(1+0.2\frac{\Delta}{p'}\right)\sqrt[3]{\frac{z}{H}} \tag{5-17}$$

式中　Δ——下游水位高出堰顶的高度，即 $\Delta=h-p'$。

5.3.2　三角形薄壁堰

矩形薄壁堰适宜量测较大的流量。在 $H<0.15$m 时，矩形薄壁堰溢流水舌在表面张力和动水压力的作用下很不稳定，甚至可能出现溢流水舌紧贴堰壁下溢形成所谓贴壁溢流。这时，稳定的水头流量关系已不能保证，使矩形薄壁堰量测精度大受影响。因此，在流量小于 100L/s 时，宜采用三角形薄壁堰作为量水堰（图 5-14）。

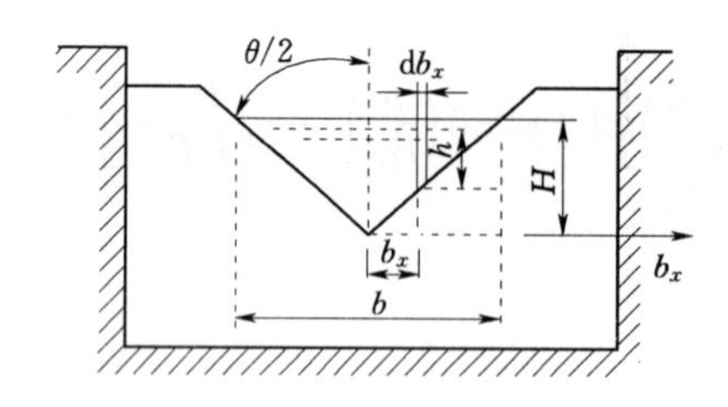

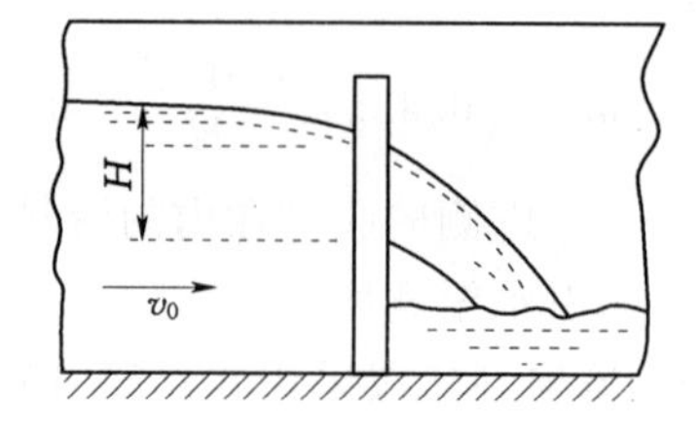

图 5-14　三角形薄壁堰

根据汤姆逊的实验，在 $H=0.05\sim0.25$m 时，$m_0=0.395$。因此 $\theta=90°$的三角形薄壁堰的流量公式为

$$Q=1.4H^{5/2} \tag{5-18}$$

金根据实验提出，在 $H=0.06\sim0.55$m 条件下，流量公式为

$$Q=1.343H^{2.47} \tag{5-19}$$

还有一些类似的公式，只是系数和 H 的指数有很小的差异。建议在 $H=0.05\sim0.25$m 时，采用式（5-18），在 $H=0.25\sim0.55$m 时，采用式（5-19）。两式中的单位，H 用 m，Q 用 m^3/s。

5.4　实　用　堰　流

实用堰主要用作蓄水挡水建筑物——坝，或净水建筑物的溢流设备。根据堰的专门用途和结构本身稳定性要求，其剖面可设计成曲线或折线两类（图 5-15 和图 5-16）。

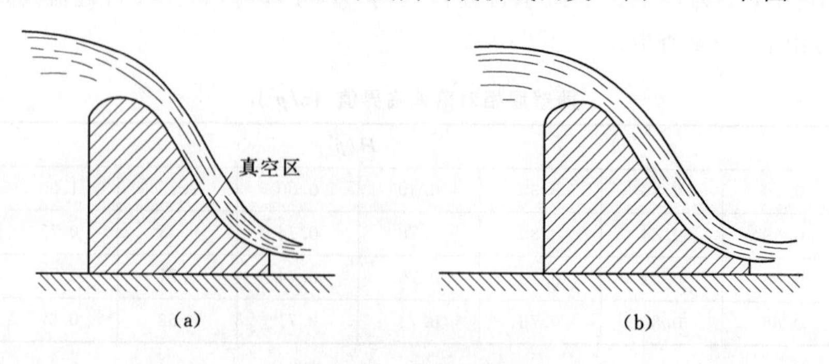

图 5-15　曲线实用堰

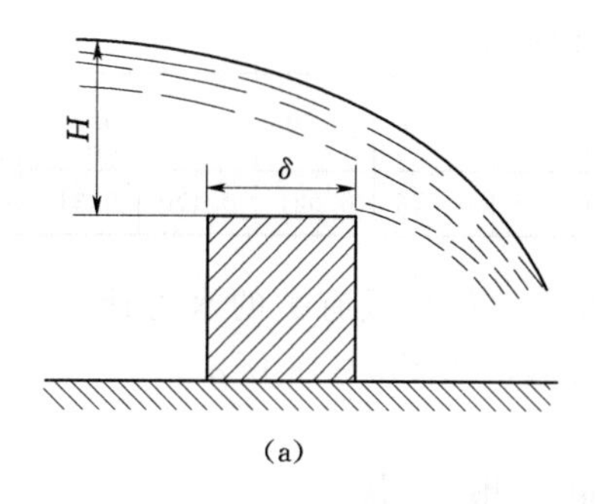

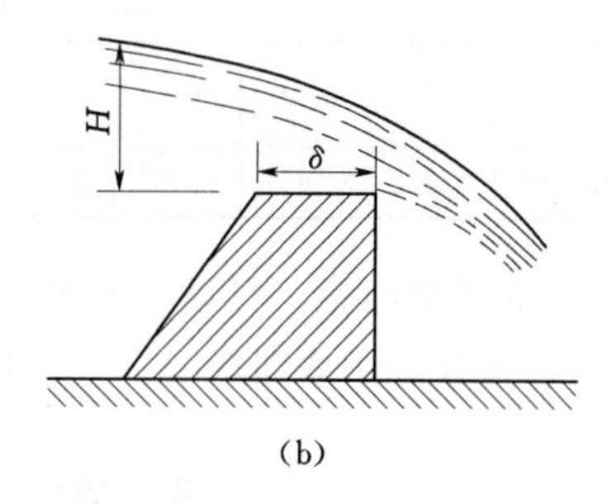

图 5-16 折线实用堰

曲线实用堰的纵剖面外形轮廓，基本上按矩形薄壁堰自由溢流水舌的下缘形状构制。曲线形实用堰又分为非真空堰和真空堰两大类。若实用堰剖面的外形轮廓做成与薄壁堰自由溢流水舌的下缘基本吻合或切入水舌一部分，堰面溢流将无真空产生，这样构制的曲线形剖面堰称为非真空剖面堰。若实用堰的堰面与过堰溢流水舌的下缘之间存在空间，此空间在溢流影响下将产生真空，这样的曲线形剖面堰称为真空堰。应该指出，无真空剖面堰和真空剖面堰都是相对于某一设计水头（又称剖面定形水头）设计的。实际上，堰不可能只在设计水头下工作。如果实际水头大于无真空剖面堰的设计水头，过堰流速加大，溢流水舌将脱离堰面，水舌与堰面之间将形成真空，这时无真空剖面堰实际成了真空剖面堰；反之，如果实际水头小于真空剖面堰的设计水头，过堰流速减小，溢流水舌将贴近堰面，这时真空剖面堰实际成了无真空剖面堰。由此可见，无真空剖面堰和真空剖面堰的区分是有条件的。堰面溢流产生真空（负压），对增加堰的过流能力有利。但是，常导致堰体振动，并使堰面混凝土及其他防护盖面（如钢板等）受到空蚀破坏。所以，真空剖面堰在实际上应用不多。对于曲线型无真空剖面堰的研究，首先要求堰的溢流面有较好的压强分布，不产生过大的负压；其次要求流量系数较大，利于泄洪；最后，要求堰的剖面较瘦，以节省工程量及建造费用。

实用堰的流量公式采用堰流的基本公式进行计算，如是自由溢流，则

$$Q=m\varepsilon b\sqrt{2g}H_0^{3/2} \tag{5-20}$$

如果为淹没溢流，则

$$Q=\sigma m\varepsilon b\sqrt{2g}H_0^{3/2} \tag{5-21}$$

式（5-20）和式（5-21）中，m 为流量系数，由于实用堰堰面对水舌有影响，所以堰壁的形状及其尺寸对流量系数有影响，其精确值应由模型试验确定。在初步估算中，真空堰 $m\approx0.50$，非真空堰 $m\approx0.45$，折线形实用堰 m 在 0.35 与 0.42 之间。侧收缩系数 ε 的计算公式为

$$\varepsilon=1-a\frac{H_0}{b+H_0} \tag{5-22}$$

式（5-22）中 a 为考虑坝墩形状影响的系数，矩形坝墩 $a=0.20$，半圆形坝墩或尖形坝墩 $a=0.11$，曲线形尖墩 $a=0.06$。非真空堰淹没系数 σ 可由表 5-5 确定。

表 5-5　　非真空堰淹没系数 σ

$\frac{\Delta}{H}$	0.05	0.20	0.30	0.40	0.50	0.60	0.70	0.80	0.90	0.95	0.975	0.995	1.00
σ	0.997	0.985	0.972	0.957	0.935	0.906	0.856	0.776	0.621	0.470	0.319	0.100	0

有关实用堰的详细内容，可参考水利类水力学教材或有关的水力计算手册，当材料（堆石、木材等）不便加工成曲线时，常用折线形，如图 5-16 所示。

5.5 宽 顶 堰 流

许多水工建筑物的水流性质，从水力学的观点来看，一般都属于宽顶堰流。例如，小桥桥孔的过水，无压短涵管的过水，水利工程中的节制闸、分洪闸、泄水闸，灌溉工程中的进水闸、分水闸、排水闸等，当闸门全开时都具有宽顶堰的水力性质。因此，宽顶堰理论与水工建筑物的设计有密切的关系。宽顶堰上的水流现象是很复杂的。根据其主要特点，抽象的计算图形如图 5-17（自由式）及图 5-18（淹没式）所示。

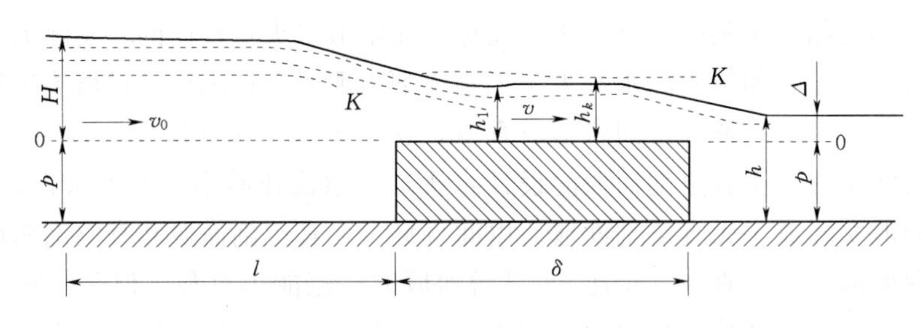

图 5-17　自由式宽顶堰

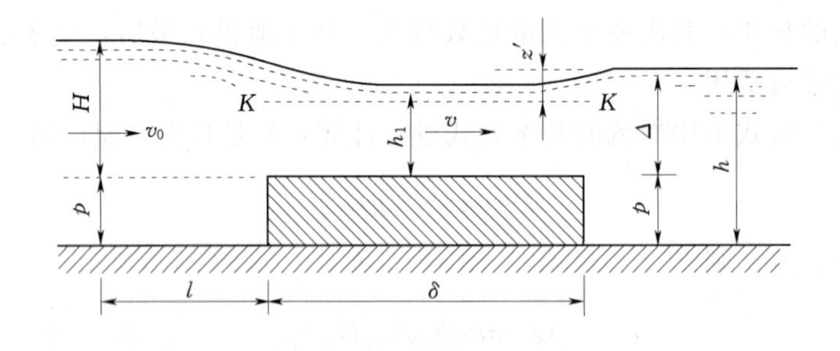

图 5-18　淹没式宽顶堰

5.5.1　自由式无侧收缩宽顶堰

宽顶堰上的水流主要特点，可以认为：自由式宽顶堰流在进口不远处形成一收缩水深 h_1（即水面第一次降落），此收缩水深 h_1 小于堰顶断面的临界水深 h_k，形成流线近似平行于堰顶的渐变流，最后在出口（堰尾）水面再次下降（水面第二次降落），如图 5-17 所示。

自由式无侧收缩宽顶堰的流量计算可采用堰流基本公式

$$Q=mb\sqrt{2g}H_0^{1.5} \tag{5-23}$$

式（5-23）中流量系数 m 与堰的进口形式以及堰的相对高度 p/H 等有关，可按经验公式计算。

对于直角进口

$$m=\begin{cases}0.32 & [(p/H)>3]\\ 0.32+0.01\dfrac{3-(p/H)}{0.46+0.75(p/H)} & [0\leqslant(p/H)\leqslant3]\end{cases}$$

对于圆角进口（当 $r/H\geqslant0.2$，r 为圆进口圆弧半径）

$$m=\begin{cases}0.36 & [(p/H)>3]\\ 0.36+0.01\dfrac{3-(p/H)}{1.2+1.5(p/H)} & [0\leqslant(p/H)\leqslant3]\end{cases}$$

读者可自行证明，宽顶堰的流量系数最大不超过0.385，因此，宽顶堰的流量系数 m 的变化范围应为0.32～0.385。

5.5.2 淹没式无侧收缩宽顶堰

自由式宽顶堰堰顶水深 h_1 小于临界水深 h_k，即堰顶上的水流为急流。由图5-17可见，当下游水位低于坎高，即 $\Delta<0$ 时，下游水流绝对不会影响堰顶水流的性质。因此，$\Delta>0$ 是下游水位影响堰顶水流的必要条件，即 $\Delta>0$ 是形成淹没式堰的必要条件。至于形成淹没式堰流的充分条件，是下游水位影响堰顶上水流由急流转变为缓流。但是由于堰壁的影响，堰下游水流情况复杂，因此使其发生淹没水跃的条件也较复杂。目前用理论分析来确定淹没充分条件尚有困难，在工程实际中，一般采用实验资料来加以判别。通过实验，可以认为淹没式宽顶堰的充分条件是

$$\Delta=h-p'\geqslant0.8H_0 \tag{5-24}$$

当满足式（5-24）时，为淹没式宽顶堰。淹没式宽顶堰的计算图式如图5-17所示。堰顶水深受下游水位影响决定，$h_1=\Delta-z'$（z' 称为动能恢复），且 $h_1>h_k$。淹没式无侧收缩顶堰的流量计算公式为

$$Q=\sigma mb\sqrt{2g}H_0^{1.5} \tag{5-25}$$

式（5-25）中淹没系数 σ 是 Δ/H_0 的函数，其实验结果见表5-6。

表5-6　　淹 没 系 数

Δ/H_0	0.80	0.81	0.82	0.83	0.84	0.85	0.86	0.87	0.88	0.89
σ	1.00	0.995	0.99	0.98	0.97	0.96	0.95	0.93	0.90	0.87
Δ/H_0	0.90	0.91	0.92	0.93	0.94	0.95	0.96	0.97	0.98	
σ	0.84	0.82	0.78	0.74	0.70	0.65	0.59	0.50	0.40	

5.5.3 侧收缩宽顶堰

如堰前引水渠道宽度 B 大于堰宽 b，则水流流进堰后，在侧壁发生分离，使堰流的过水宽度实际上小于堰宽，同时也增加了局部水头损失。若用侧收缩系数 ε 考虑上述影响，则自由式侧收缩宽顶堰的流量公式为

$$Q=m\varepsilon b\sqrt{2g}H_0^{1.5}=mb_c\sqrt{2g}H_0^{1.5} \tag{5-26}$$

式（5-26）中 $b_c=\varepsilon b$，称为收缩堰宽；收缩系数 ε 可用经验公式计算

$$\varepsilon=1-\frac{a}{\sqrt[3]{0.2+(p/H)}}\sqrt[4]{\frac{b}{B}}\left(1-\frac{b}{B}\right) \tag{5-27}$$

式（5－27）中 a 为墩形系数：直角边缘 $a=0.19$；圆角边缘 $a=0.1$。

若为淹没式侧收缩宽顶堰，其流量公式只需在式（5－9）右端乘以淹没系数 σ 即可，即

$$Q=\sigma m b_c\sqrt{2g}H_0^{1.5} \tag{5-28}$$

【例 5－1】 求流经直角进口无侧收缩宽顶堰的流量 Q。已知堰顶水头 $H=0.85$m，坎高 $p=p'=0.50$m，堰下游水深 $h=1.10$m，堰宽 $b=1.28$m，取动能修正系数 $\alpha=1.0$。

解：（1）首先判明此堰是自由式还是淹没式

$$\Delta=h-p'=1.10-0.50=0.60\ (\text{m})>0$$

故淹没式的必要条件满足，但

$$0.8H_0>0.8H=0.8\times0.85=0.68\text{m}>\Delta$$

则淹没式的充分条件不满足，故此堰是自由式。

（2）计算流量系数 m。因 $p/H=0.50/0.85=0.588<3$，则由式（5－12）得

$$m=0.32+0.01\times\frac{3-0.588}{0.46+0.75\times0.588}=0.347$$

（3）计算流量 Q。由于 $H_0=H+\frac{\alpha Q^2}{2g[b(H+p)]^2}$，则

$$Q=mb\sqrt{2g}H_0^{1.5}=mb\sqrt{2g}\left[H+\frac{\alpha Q^2}{2gb^2(H+p)^2}\right]^{1.5}$$

在计算中常采用迭代法解此高次方程。将有关数据代入上式，得

$$Q=0.347\times1.28\times\sqrt{2\times9.8}\times\left[0.85+\frac{1.0Q^2}{2\times9.8\times1.28^2\times(0.85+0.50)^2}\right]^{1.5}$$

得迭代式

$$Q_{(n+1)}=1.966\times\left[0.85+\frac{Q_{(n)}^2}{58.525}\right]^{1.5} \tag{5-29}$$

式（5－29）中下标 n 为迭代循环变量。

取初值 $(n=0)Q_{(0)}=0$，得

第一次近似值：$Q_{(1)}=1.966\times0.85^{1.5}=1.54\ (\text{m}^3/\text{s})$

第二次近似值：$Q_{(2)}=1.966\times\left(0.85+\frac{1.54^2}{58.525}\right)^{1.5}=1.65\ (\text{m}^3/\text{s})$

第三次近似值：$Q_{(3)}=1.966\times\left(0.85+\frac{1.65^2}{58.525}\right)^{1.5}=1.67\ (\text{m}^3/\text{s})$

现 $$\left|\frac{Q_{(3)}-Q_{(2)}}{Q_{(3)}}\right|=\frac{1.67-1.65}{1.67}\approx0.01$$

若此计算误差小于要求的误差限值，则 $Q\approx Q_3=1.67\text{m}^3/\text{s}$。

当计算误差限值要求为 ε 值，要一直计算到

$$\left|\frac{Q_{(n+1)}-Q_{(n)}}{Q_{(n+1)}}\right|\leqslant\varepsilon$$

为止，则 $Q \approx Q_{(n+1)}$。

（4）校核堰上游是否为缓流。因

$$v_0 = \frac{Q}{b(H+p)} = \frac{1.67}{1.28 \times (0.85+0.50)} = 0.97\ (\text{m/s})$$

则

$$F_r = \frac{v_0}{\sqrt{g(H+p)}} = \frac{0.97}{\sqrt{9.8 \times (0.85+0.50)}} = 0.267 < 1$$

故上游水流确为缓流。缓流流经障壁形成堰流，因此上述计算有效。

从上述计算可知，用迭代法求解宽顶堰流量高次方程，是一种行之有效的方法，但计算繁琐，可编制程序，用电子计算机求解。

5.6 闸孔出流的水力计算

闸门主要用来控制和调节河流或水库中的流量。闸下出流和堰流不同，堰流上下游水面线是连续的，闸下出流上下游水面线被闸门阻隔中断。因此，闸下出流的水流特征和过水能力，与堰流有所不同。闸下的过水能力与受闸门形式、闸前水头、闸门开度、闸底坎类型和下游水位等因素的影响。下面就平底渠道、平板闸门为例来说明闸下出流的水力学计算原理。水流自闸下出流（图 5－19），在闸门下游约等于闸门开启高度 e 的 2 倍或 3 倍距离处形成垂直方向收缩，其收缩水深 $h_c < e$，用 $h_c = \varepsilon' e$ 表示，ε' 称为垂直收缩系数。收缩断面的水深 h_c 一般小于下游渠道中的临界水深 h_k。当闸门下游为缓流，即水深 $h > h_k$ 时，则闸下出流必然以水跃的形式与下游水位衔接。当 h 大于 h_c 的共轭水深 h''_c 时，将在收缩断面上游发生水跃，此水跃受闸门的限制，称为淹没水跃，此时闸下出流为淹没式，如图 5－20 所示。否则，形成自由式闸下出流。

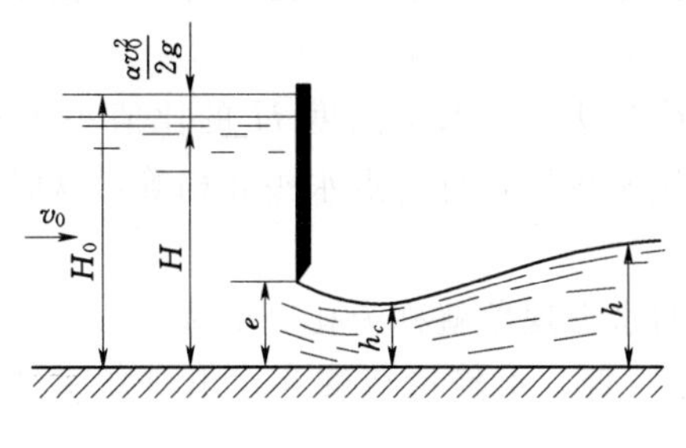

图 5－19　自由式闸下出流

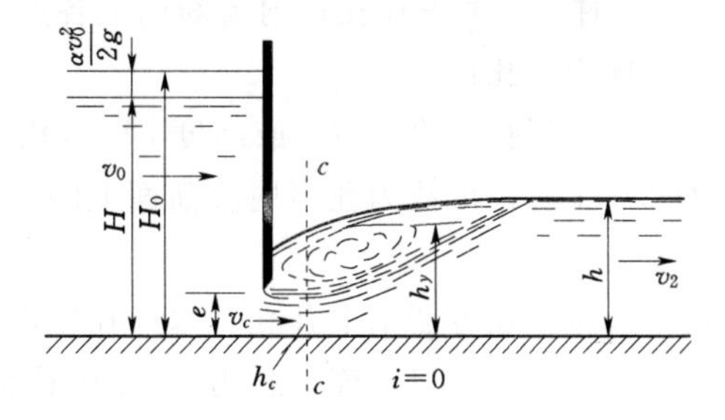

图 5－20　淹没式闸下出流

5.6.1 自由式闸下出流

应用总流能量方程在图 5－19 的 H_0 断面及收缩断面，可得矩形闸孔的流量公式

$$Q = \varphi b h_c \sqrt{2g(H_0 - h_c)} = \varphi b \varepsilon' e \sqrt{2g(H_0 - \varepsilon' e)}$$

$$= \mu b e \sqrt{2g(H_0 - \varepsilon' e)} \tag{5-30}$$

式中　b——矩形闸孔宽度；

H_0——包括行进流速水头在内的闸前水头；

φ——流速系数，依闸门形式而异，当闸门底板与引水渠道齐平时 $\varphi \geqslant 0.95$，当闸门底板高于引水渠道底时，形成宽顶堰堰坎 $\varphi=0.85\sim0.95$；

ε'——垂直收缩系数，它与闸门相对开启高度 $\frac{e}{H}$ 有关，可由表 5-7 查得。μ 为流量系数，$\mu=\varepsilon'\varphi$。

表 5-7　　垂直收缩系数 ε'

$\frac{e}{H}$	0.10	0.15	0.20	0.25	0.30	0.35	0.40
ε'	0.615	0.618	0.620	0.622	0.625	0.628	0.630
$\frac{e}{H}$	0.45	0.50	0.55	0.60	0.65	0.70	0.75
ε'	0.638	0.645	0.650	0.660	0.675	0.690	0.705

表中的最大 $\frac{e}{H}$ 为 0.75，表明当 $\frac{e}{H}>0.75$，闸下出流转变成堰流。

5.6.2　淹没式闸下出流

如图 5-20 所示，此时在闸门后发生了淹没水跃，收缩水深 h_c 被淹没，水深为 h_y，但主流水深仍为 h_c。对闸前过水断面和收缩断面写总流能量方程，得

$$Q=b\varepsilon' e\varphi\sqrt{2g(H_0-h_y)}=\mu be\sqrt{2g(H_0-h_y)} \tag{5-31}$$

项　目　小　结

1. 基本概念

大孔口：当孔口直径 d（或高度 e）与孔口形心以上的水头高 H 的比值大于 0.1，即 $d/H>0.1$ 时，需考虑在孔口射流断面上各点的水头、压强、速度沿孔口高度的变化，这时的孔口称为大孔口。

小孔口：当孔口直径 d（或高度 e）与孔口形心以上的水头高度 H 的比值小于 0.1，即 $d/H<0.1$ 时，可认为孔口射流断面上的各点流速相等，且各点水头亦相等，这时的孔口称为小孔口。

孔口出流：在容器壁上开孔，水经孔口流出的水力现象就称为孔口出流。

管嘴出流：在孔口上连接长为 3～4 倍孔径的短管，水经过短管并在出口断面满管流出的水力现象。

2. 薄壁小孔口自由出流，淹没出流流量计算公式

$$Q=\mu A\sqrt{2gH_0}\quad \mu=0.62$$

自由出流时，H_0 为孔口形心以上的水面高度；淹没出流时，H_0 为上、下游水面高度差。

3. 薄壁大孔口出流流量计算公式

$$Q=\frac{2}{3}\mu b\sqrt{2g}\ (H_2^{3/2}-H_1^{3/2})$$

自由出流

$$Q=\mu A\sqrt{2gH_0}$$

淹没出流同小孔口淹没出流。

4. 管嘴出流的工作条件

作用水头 $H_0 \leqslant 9.0$m；管嘴长度 $l=(3\sim4)d$。

5. 管嘴出流的流量公式

$$Q=\mu_n A\sqrt{2gH_0}$$

$$\mu_n=0.82$$

6. 圆柱形外管嘴的真空度

$$\frac{p_v}{\rho g}=0.75H_0$$

7. 堰流特点及分类

堰流是明渠水流受竖向（或侧向）收缩而引起壅高而后跌落（或二次跌落）的局部水流现象，在堰上游积聚的势能于跌落中转化为动能，在计算中不考虑沿程水头损失。根据堰壁厚度 d 与水头 H 的关系可将其分为：薄壁堰（$\delta/H<0.67$），无沿程水头损失 h_f；实用堰（$0.67<\delta/H<2.5$），一次跌落，可忽略 h_f；宽顶堰（$2.5<\delta/H<10$），二次跌落，可忽略 h_f。

8. 堰流的基本公式

$$Q=\varepsilon\sigma m_0 b\sqrt{2g}H^{3/2}$$

自由出流时 $\sigma=1.0$；无侧向收缩时 $\varepsilon=1.0$。

流量系数 m_0 一般有：实用堰＞薄壁堰＞宽顶堰。

复 习 思 考 题

5－1　孔口、管嘴出流和有压管流的水力特点有什么不同？

5－2　正常工作条件下，作用水头相同、面积也相同的孔口和圆柱形外管嘴，过流能力是否相同？原因何在？

5－3　何谓堰流，堰流的类型有哪些？如何判别？

5－4　思 5－4 图中的溢流坝只是作用水头不同，其他条件完全相同，试问：流量系数哪个大？哪个小？为什么？

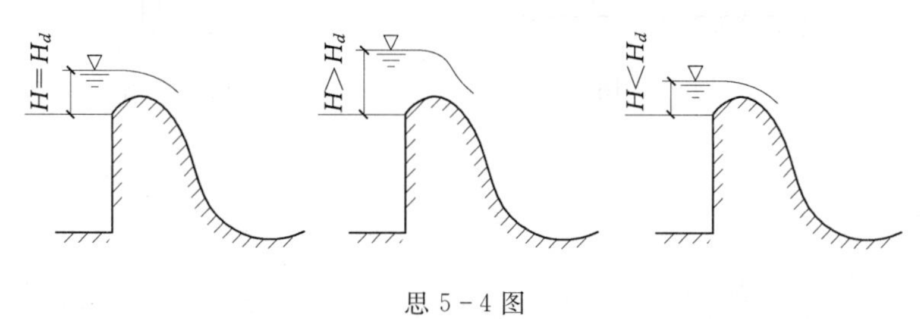

思 5－4 图

5－5　淹没溢流对堰流有何重要影响？薄壁堰、实用堰及宽顶堰的淹没条件是什么？影响各种淹没系数的因素有哪些？

5-6　试分析在同样水头作用下，为什么实用剖面堰的过水能力比宽顶堰的过水能力大？

5-7　自由式（非淹没）无侧收缩宽顶堰的流量系数 m 与哪些因素有关？

5-8　宽顶堰形成淹没溢流的必要和充分条件是什么？淹没系数 δ_s 与哪些因素有关？

5-9　自由式（非淹没）有侧收缩宽顶堰的收缩系数 ε 与哪些因素有关？

习　题

5-1　为什么要将圆柱形外管嘴的管嘴长度 l 和直径 d 之比限定为 $\frac{l}{d}=3\sim4$？

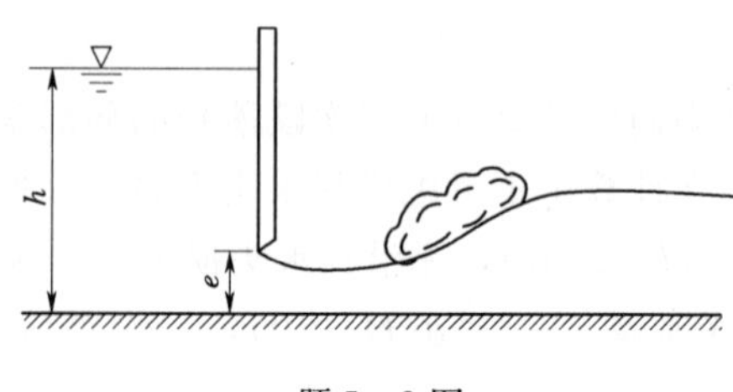

题 5-2 图

5-2　有一单孔水闸，平板闸门孔宽 3.0m，闸门开度 $e=0.5$m，闸前水深 $H=6.0$m，闸孔流量系数 $\mu=0.556$，闸底板与渠底齐平。不计闸前行进流速水头，按自由出流求过闸流量 Q（题 5-2 图）。

5-3　题 5-3 图所示水箱一侧有一向上开口的短管，箱内水位恒定，水通过管嘴向上喷射。若管嘴出口至水箱水面的高度 $h=5$m，短管的总水头损失是短管流速水头的 0.2 倍，取动能校正系数 $\alpha=1$。求管嘴的出流速度 v 及此射流达到的高度 z。

5-4　如题 5-4 图所示水箱侧壁开一圆形薄壁孔口，直径 $d=5$cm，水面恒定，孔口中心到水面的高度 $H=4.0$m。已知孔口的流速系数 $\varphi=0.98$，收缩系数 $\varepsilon=0.62$，求孔口出流收缩断面的流速 v_c、流量 Q 和水头损失 h_j。

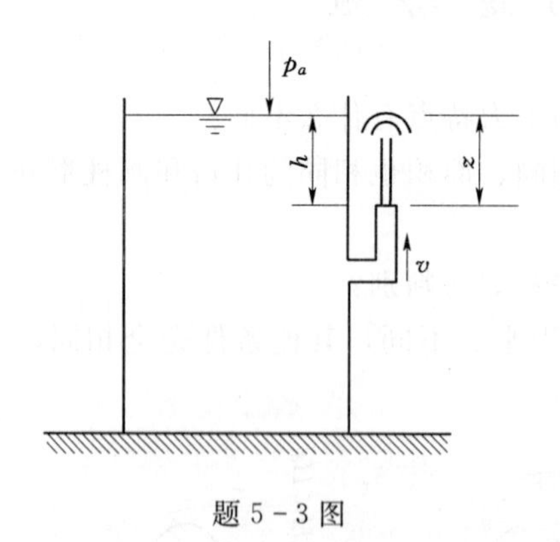

题 5-3 图

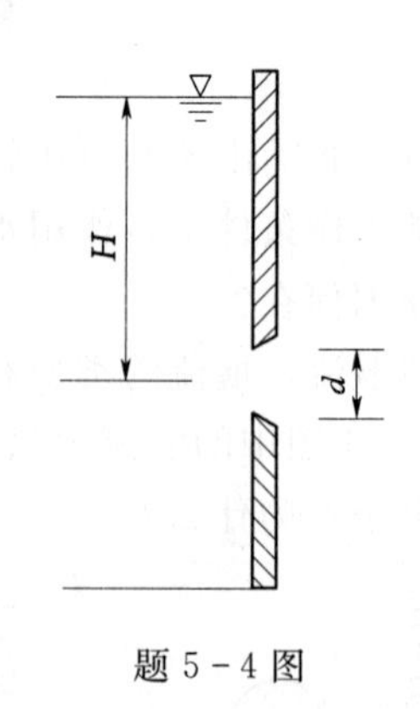

题 5-4 图

项目六 水泵的基本知识

项目提要：水泵的定义；水泵具有重要的经济意义；水泵的工作原理；水泵的分类；水泵的适应范围。

6.1 水泵的定义和作用

在工程术语中，水泵是为大家所熟悉的名词。水泵通常是指提升液体、输送液体或使液体增加压力，即把原动机的机械能变为液体能量从而达到抽送液体目的的机器。水泵用来增加液体的位能、压能、动能。原动机通过泵轴带动叶轮旋转，对液体做功，使其能量增加，从而使所需的液体，由吸水管经泵的过流部件输送到要求的高处或要求压力的地方。

水泵的发展历史悠久，水的提升对于人类生活和生产都十分重要，古代就已有各种提水器具，随着人类科技水平的进步，水泵也日臻完善，逐渐成为国民经济中应用最广泛、最普遍的通用机械。

在化工和石油部门的生产中，原料、半成品和成品大多是液体，而将原料制成半成品和成品，需要经过复杂的工艺过程，水泵在这些过程中起到了输送液体和提供化学反应的压力流量的作用，此外，在很多装置中还用水泵来调节温度。

在农业生产中，水泵是主要的排灌机械。我国农村幅员辽阔，农村每年都需要大量的泵，一般来说农用水泵占水泵总产量的一半以上。

在矿业和冶金工业中，水泵也是使用最多的设备。矿井需要用水泵排水，在选矿、冶炼和轧制过程中，需用水泵来供水等。

在电力部门，核电站需要核主泵、二级泵、三级泵、热电厂需要大量的锅炉给水泵、冷凝水泵、循环水泵和灰渣泵等。

在国防建设中，飞机襟翼、尾舵和起落架的调节、军舰和坦克炮塔的转动、潜艇的沉浮等都需要用水泵。高压和有放射性的液体，有的还要求水泵无任何泄漏等。

水泵传送给液体的能量用来提高液体的压力能，或者液体的动能，或者液体的势能，或者这几种能量的合成，除此以外，还必须有一部分能量用来克服管系中的流动阻力。

每一艘船上都必须配置一定数量和类型的水泵，以保证完成某些特定任务。例如：船在航行与停泊时，用于排出污水的舱底水泵；输送油料燃油驳运泵；调驳压载水的压载水泵；抽送卫生水的卫生水泵；供给饮用水的饮用水泵；用于消防灭火的消防泵。对主、副柴油机来说，有不断向机器供应润滑油的滑油泵；向柴油机提供冷却水的冷却水泵；保证锅炉正常工作的锅炉用水泵；向各液压机械提供动力油的液压油水泵；用于抽取舷外的海水，供机舱设备使用的海水泵。对于某些特殊用途的船舶还应具有各种船舶专用水泵。在船舶上所输送的液体主要有水和油两大类，如果没有足够的水泵，各个水系统和油系统就无法正常运行。

6.2　水泵的工作原理

6.2.1　叶片式水泵

人们知道，任何物体围绕某个中心做圆周运动时，都会受到离心力的作用。叶片泵就是根据这样的原理制造出来的，叶片式泵又称动力式泵或叶轮式泵。离心泵是最常见的叶片式泵。图6-1所示是简单的离心泵装置。原动机带动叶轮旋转，将水从A处吸入泵内，排送到B处。泵中起主导作用的是叶轮，叶轮中的叶片强迫液体旋转，液体在离心力作用下向四周甩出。这种情况和转动的雨伞上的水滴向四周甩出去的道理一样。泵内的液体甩出去后，新的液体在大气压力下进到泵内，如此连续不断地从A处向B处供水。泵在开动前，应先灌满水。如不灌满水，叶轮只能带动空气旋转，因空气的单位体积的质量很小，产生的离心力甚小，无力把泵内和排水管路中的空气排出，不能在泵内造成一定真空，水也就吸不上来。泵的底阀是为灌水用的，泵出口侧的调节阀是用来调节流量的。

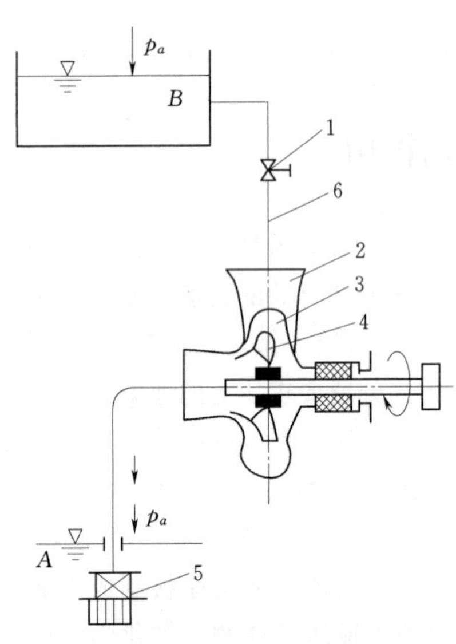

图6-1　泵工作的装置简图
1—调节阀；2—排出管路；3—压水室；4—叶轮；5—底阀；6—吸水管

6.2.2　容积式水泵

容积式水泵又称正排量水泵，其工作原理为：泵借助于工作元件（活塞、柱塞或转子）在泵工作腔内作往复或回转运动，形成包容液体的密封工作容积交替地增大和缩小产生周期性变化，以实现液体的吸入和排出，完成液体输送和增压过程，通常泵的吸入侧与排出侧严密隔开。

容积泵排出压力主要取决于本身结构形式，机械元件强度（如传动零件、泵体），管道阻力和配带功率等；它具有高效率区宽广、运行效率高、适应性好等特点，与叶片泵主要使介质获得速度能而输送介质有根本性区别。其主要提供液压能，水泵内部介质流速小，柱塞、转子等运动速度低，相对磨损较小；同时通过控制线速度和结构参数优化设计可以得到良好的自吸性能，近年国内容积式水泵在新结构、新材料、新工艺方面有了长足进步。

6.3　水泵分类

水泵按工作原理可分为以下几种类型。

(1) 叶片式水泵可分为：管道离心泵、深井泵、污水泵、不锈钢泵。离心泵又可分单级离心泵、多级离心泵。单级泵可分为：单吸泵、双吸泵、自吸磁力泵、非自吸泵等。多级泵可分为：节段式、蜗壳式。混流泵可分蜗壳式和导叶式。轴流泵可分为固定叶片和可

调叶片。旋涡泵也可分为单吸泵、双吸泵、自吸排污泵、非自吸泵等。

（2）容积式水泵可分为往复泵、回转泵两大类。容积式泵在一定转速或往复次数下的流量是一定的，几乎不随压力而改变；往复泵的流量和压力有较大脉动，需要采取相应的消减脉动措施；回转泵一般无脉动或只有小的脉动，具有自吸能力，泵启动后即能抽除管路中的空气吸入液体，启动泵时必须将排出管路阀门完全打开；往复泵适用于高压力和小流量；回转泵适用于中小流量和较高压力；往复泵适宜输送清洁的液体或气液混合物。总的来说，容积泵的效率高于叶片式泵。

（3）喷射式水泵，又叫喷水泵，是利用高压水经喷嘴高速流造成的负压吸水的水泵。

除按工作原理分类外，还可按其他方法分类和命名。例如，按驱动方法可分为塑料隔膜式水泵、气动隔膜泵、电动隔膜泵和水轮泵等；按用途可分为清水泵、渣浆泵、排污泵、化工泵、输油泵等。

泵还可以按泵轴位置分为立式泵和卧式泵；按吸口数目分为单吸泵和双吸泵；按驱动泵的原动机分为电动泵、汽轮机泵、柴油机泵、水轮泵。

6.4 水泵的基本组成

6.4.1 水泵的主要性能参数

水泵的性能参数主要有流量和扬程，此外还有轴功率、转速和必需空蚀裕量。流量是指单位时间内通过泵出口输出的液体量，一般采用体积流量；扬程是单位重量输送液体从泵入口至出口的能量增量，对于容积式泵，能量增量主要体现在压力能增加上，所以通常以压力增量代替扬程来表示。水泵的效率不是一个独立性能参数，它可以由别的性能参数例如流量、扬程和轴功率按公式计算求得。反之，已知流量、扬程和效率，也可求出轴功率。

水泵的各个性能参数之间存在着一定的相互依赖的变化关系，可以通过对水泵进行试验，分别测得和算出参数值，并画成曲线来表示，这些曲线称为水泵的特性曲线。特性曲线包括：流量—扬程曲线 $Q—H$，流量—效率曲线 $Q—\eta$，流量—功率曲线 $Q—N$，流量—空蚀余量曲线 $Q—(NPSH)r$，水泵运行时，瞬时的实际出水量，都可以在曲线上找出一组与其相对的扬程、功率、效率和空蚀余量值，这一组参数称为工作状态，简称工况或工况点，离心泵最高效率点的工况称为最佳工况点，最佳工况点一般为设计工况点。一般离心泵的额定参数即设计工况点和最佳工况点相重合或很接近。在实践选效率区间运行，既节能又能保证水泵正常工作，因此了解水泵的性能参数相当重要。每一台水泵都有特定的特性曲线，由泵制造厂提供。通常在工厂给出的特性曲线上还标明推荐使用的性能区段，称为该水泵的工作范围。

6.4.2 水泵的型号

水泵常用的型号见表 6-1。

表 6-1　水泵常用的型号

型号	LG	DL	BX	ISG	IS	DA1	QJ
含义	高层建筑给水泵	多级立式清水泵	消防固定专用水泵	单级立式管道泵	单级卧式清水泵	多级卧式清水泵	潜水电泵

例如40LG12－15：40—进出口直径（mm），LG—高层建筑给水泵（高速），12—流量（m^3/h），15—单级扬程（m）。200QJ20－108/8：200—机座号200，QJ—潜水电泵，20—流量$20m^3/h$，108—扬程108m，8—级数8级。

6.4.3　水泵的基本构成

水泵的基本构成：电机、联轴器、泵头（体）及机座（卧式）。机电设备主要为水泵和动力机（通常为电动机和柴油机），联轴器用来连接不同机构中的两根轴（主动轴和从动轴）使之共同旋转以传递扭矩的机械零件。泵头指叶轮、轴承、油环及密封转动部件（含轴）等。

6.5　水泵的应用

IS型单级单吸式离心泵用于输送温度不超过80℃的清水及物理化学性质类似水的液体，适用于工业和城市给水、排水及农田灌溉。Sh型单级双吸离心泵用来输送不含固体颗粒及温度不超过80%的清水或物理、化学性质类似水的其他液体。这种泵在城镇给水、工矿企业的循环用水、农田排灌、防洪排涝等方面应用十分广泛，是给水排水工程中最常用的一种水泵。目前，常见的流量为$90\sim20000m^3/h$，扬程为$10\sim100mH_2O$。D型多级泵用来输送不含固体颗粒、温度低于80℃的清水或物理化学性质与清水类似的液体，适用于矿山、工厂和城市给排水。该泵性能范围：流量Q为$6.3\sim450m^3/h$；扬程H为$50\sim650m$。WL型系列立式污水泵适用于输送城市生活污水、工矿企业污水、泥浆、粪便、灰渣及纸浆等浆料，还可用作循环泵、给排水用泵及其他用途。PWF型无堵塞污水污物泵的性能范围：流量Q为$20\sim500m^3/h$；扬程H为$5\sim30m$。目前被广泛用于冶金、矿山、煤炭、电力、石油、化工等工业部门和城市污水处理、港口河道疏浚等作业。ZX型自吸泵的结构简单、体积小、重量轻，具有良好的自吸性能；使用时不需安装底阀，维修操作方便，只要在第一次启动前往泵内灌满水即可进行抽水，以后启动可不再灌水。但与离心泵比较，同样性能参数的自吸泵，一般其泵效和空蚀性能略差一些。此种水泵很适合于小型稻田、菜地、园林的灌溉，鱼塘、工厂、学校、别墅的供水，工程施工、地下室、下水沟排水等之用。

项　目　小　结

1. 作用和地位

水泵及水泵站的作用和地位；水泵的定义和分类（叶片式水泵、容积式水泵及其他类型水泵）；水泵主要运用的领域。

2. 水泵定义及分类

水泵的定义和分类（叶片式水泵、容积式水泵及其他类型水泵）；水泵的适应范围。

复 习 思 考 题

6-1　水泵的定义是什么?

6-2　水泵是如何分类的?

项目七　叶 片 式 水 泵

项目提要：离心泵的工作原理及其机组的基本构造；工程中常用的叶片泵及其使用、维护管理方法；叶片泵基本方程式；离心泵机组工况点；气蚀对水泵的危害性；水泵允许的吸上真空高度；水泵的安装高度。

7.1　叶片式水泵基本知识

叶片式水泵是泵中是一个种类，其特点都是依靠叶轮的高速旋转以完成其能量的转换。由于叶轮中叶片形状的不同，旋转时水流通过叶轮受到的质量力就不同，水流流出叶轮时的方向也就不同。根据叶轮出水的水流方向可将叶片式泵分为径向流、轴向流和斜向流三种。径向流的叶轮称为离心泵，液体质点在叶轮中做功时主要受到的是离心力作用。轴向流的叶轮称为轴流泵，液体质点在叶轮中流动时主要受到的是轴向升力的作用。斜向流的叶轮称为混流泵，它是上述两种叶轮的过渡形式，液体质点在这种泵的叶轮中流动时，既受离心力的作用，又有轴向升力的作用。在城镇及工业企业的给水排水工程中，大量使用的泵是叶片式水泵，其中以离心泵最为普遍。

7.2　离心泵的工作原理

离心泵的种类很多，但工作原理相同，构造大同小异。其主要工作部件是旋转叶轮和固定的泵壳。叶轮是离心泵直接对液体做功的部件，其上有若干后弯叶片，一般为4～8片。离心泵工作时，叶轮由电机驱动作高速旋转运动（1000～3000r/min），迫使叶片间的液体也随之作旋转运动。同时因离心力的作用，使液体由叶轮中心向外缘作径向运动。液体在流经叶轮的运动过程中获得能量，并以高速离开叶轮外缘进入蜗形泵壳。在蜗壳内，由于流道的逐渐扩大而减速，又将部分动能转化为静压能，达到较高的压强，最后沿切向流入压出管道。

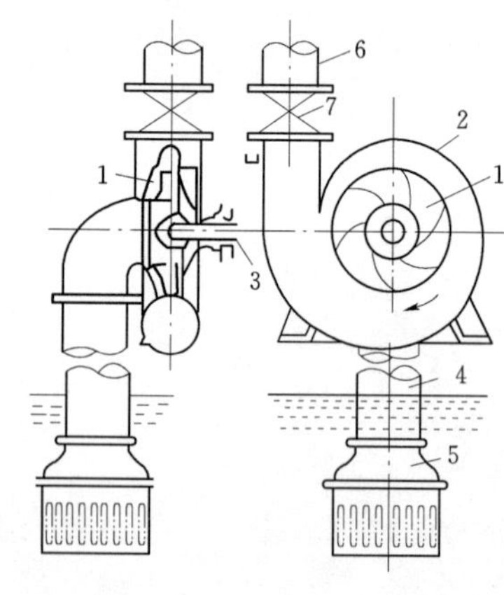

图7-1　离心泵装置简图

1—叶轮；2—泵壳；3—泵轴；4—吸入管；5—底阀；6—压出管；7—出口阀

在液体受迫由叶轮中心流向外缘的同时，在叶轮中心处形成真空。泵的吸入管路一端与叶轮中心处相通，另一端则浸没在输送的液体内，在液面压力（常为大气压）与泵内压力（负压）的压差作用下，液体经吸入管路进入泵内，只要叶轮转动不停，离心泵便不断地吸入和排出液体。由此可见离心泵主要是依靠高速旋转的叶轮所产生的离心力来输送液体，故名离心泵（图7-1）。

离心泵若在启动前未充满液体，则泵内存在空气，由于空气密度很小，所产生的离心力也很小。吸入口处所形成的真空不足以将液体吸入泵内，虽启动离心泵，但不能输送液体，此现象称为“气缚”。所以离心泵启动前必须向壳体内灌满液体，在吸入管底部安装带滤网的底阀。底阀为止逆阀，防止启动前灌入的液体从泵内漏失。滤网防止固体物质进入泵内。靠近泵出口处的压出管道上装有调节阀，供调节流量时使用。

7.3 离心泵的主要零件

以给水排水工程中常用的单级单吸卧式离心泵为例（图 7-2），离心泵的三个主要部分——静止部分（泵壳、泵座），转动部分（叶轮、泵轴），动静结合部（轴封装置、减漏环、轴承座）及联轴器和轴向力平衡装置。

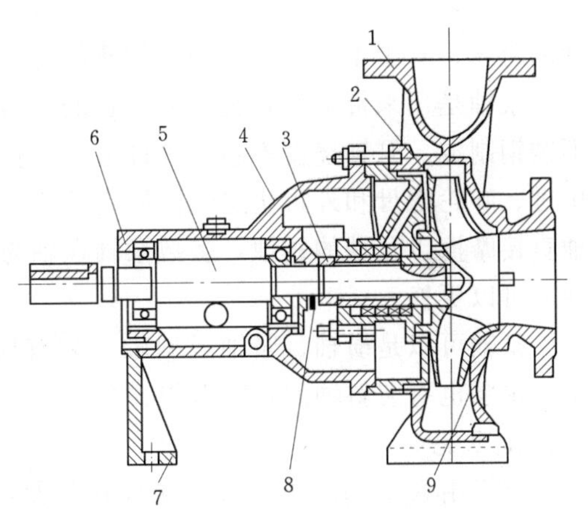

图 7-2 单级单吸离心泵

1—泵体；2—叶轮；3—轴套；4—轴承体；5—泵轴；6—轴承端盖；7—支架；8—挡水圈；9—减漏环

1. 叶轮

叶轮又称为工作轮或转轮，是转换能量的部件。它的几何形状、尺寸对水泵的性能有着决定性的影响，是通过水力计算来确定的。选择叶轮材料时，除考虑离心力作用下的机械强度外，还要考虑材料的耐磨和耐腐蚀性能。目前多数叶轮用铸铁、铸钢和青铜制成。

叶轮按结构分为单吸式和双吸式两种。单吸式叶轮如图 7-3 所示，它单侧吸水，叶轮的前后盖板不对称。单吸式叶轮用于单吸离心泵。双吸式叶轮如图 7-4 所示两侧吸水，叶轮盖板对称。双吸式离心泵用双吸式叶轮。

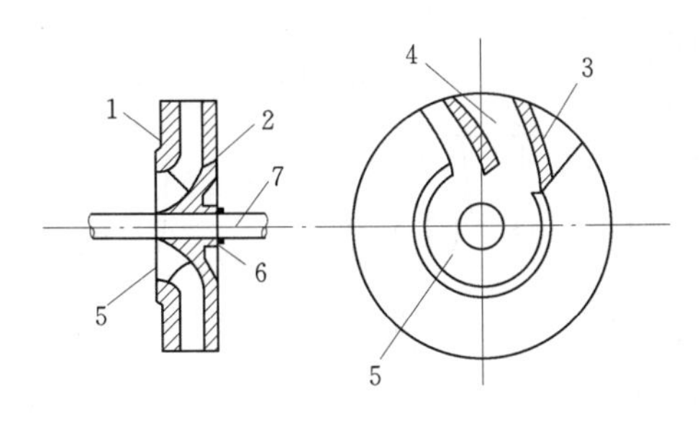

图 7-3 单吸式叶轮

1—前盖板；2—后盖板；3—叶片；4—叶槽；5—吸水口；6—轮毂；7—泵轴

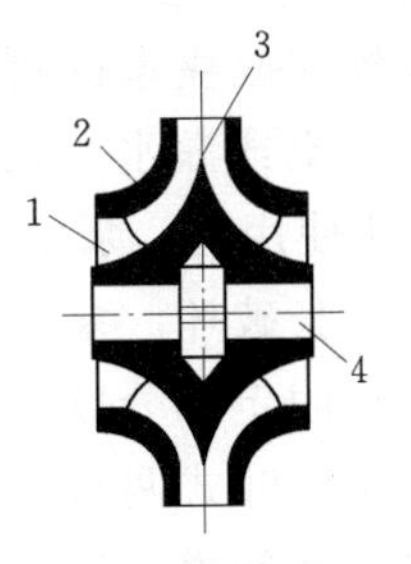

图 7-4 双吸式叶轮

1—吸水口；2—盖板；3—叶片；4—轴孔

叶轮按其盖板的情况分为封闭式、敞开式和半开式三种形式。具有两个盖板的叶轮，称为封闭式叶轮，如图 7-5（a）所示。盖板之间装有 6～12 片向后弯曲的叶片，这种叶轮效率高，应用最广。只有后盖板，而没有前盖板的叶轮，称为半开式叶轮，如图 7-5

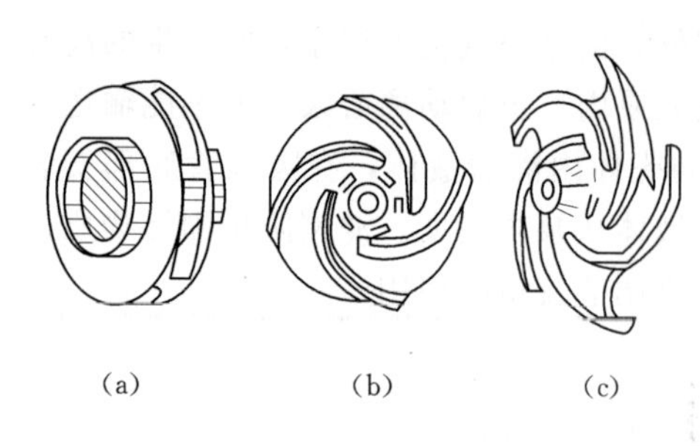

图 7-5　离心泵叶轮
(a) 封闭式；(b) 半开式；(c) 敞开式

(b) 所示。只有叶片而没有盖板的叶轮称为敞开式叶轮，如图 7-5 (c) 所示。半开式和敞开式叶轮叶片较少，一般仅有 2～5 片，多用于输送含有固体、纤维状、悬浮物的污水泵中。

2. 泵轴

泵轴、叶轮与其他转动部分合称转子，应经过静平衡或动平衡校核，以免运转时挠度太大，导致振动和引起金属磨损。水泵固定部分，泵壳与其他固定部分合称定子。对于水泵转子振动的限制，特别由于填料函起着轴承作用而减少了泵轴的跨度，对于小泵来说，临界转速问题是不必加以考虑的。

泵轴是用来带动叶轮旋转的，它的材料要求有足够的抗扭强度和刚度，常用碳素钢和不锈钢制成。泵轴挠度不超过允许值，运行转速不能接近产生共振的临界转速。泵轴一端用键、叶轮螺母和外舌止退垫圈固定叶轮，另一端装联轴器或皮带轮。为了防止填料与泵轴直接摩擦以及轴的锈蚀，多数泵轴在轴与水的接触部分装有钢制或铜制的轴套，轴套锈蚀后可以更换。

泵轴可以是横轴、竖轴或斜轴，装有横轴的泵叫做卧式泵，装有竖轴的泵叫做立式泵，水泵也有装斜轴的，叫做斜式泵。

3. 泵壳

泵壳由泵盖和泵体组成。泵体包括泵的吸水口、蜗壳形流道和泵的出水口。泵的吸水口连接一段渐缩的锥形管，它的作用是把水以最小的损失均匀地引向叶轮。在吸水口法兰上制有安装真空表的螺孔。蜗壳形流道断面沿着流出方向不断增大，它除了汇流作用外，还可使其中的流体速度基本不变，以减少由于流速变化而产生的能量损失。泵体的出水口连接一段扩散的锥形管，流体随着断面的增大，速度逐渐减小，压力逐渐增加，将部分动能转化为压能。在泵体出水法兰上，制有安装压力表的螺孔。另外，在泵体顶部设有放气或注水的螺孔，以便在水泵启动前用来抽真空或灌水。在泵体底部设有放水孔，当泵停止使用时，泵内的水由此放空，以防锈蚀和冬季冻胀破坏。泵体和泵盖一般用铸铁制成，把所有固定部分联成一体。离心泵的泵壳有蜗壳式和导叶式两种型式，前者的外形如蜗壳，内部有螺旋道，后者是具有导叶的固定环。我国制造的中小型的单级离心泵一律采用蜗壳式（图 7-6）。

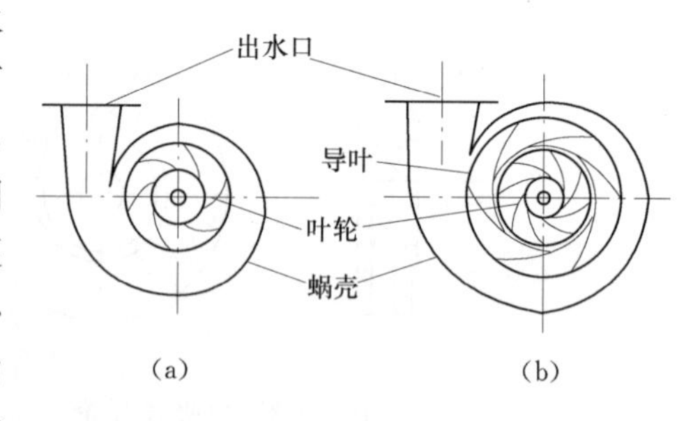

图 7-6　离心泵泵壳构造图

4. 轴封装置

泵轴穿出泵壳时，在泵轴与泵壳之间存在着间隙，出口侧间隙处的压力大于大气压，泵壳内的高压水有可能通过此间隙向外泄露；进口侧间隙处的压力小于大气压，大气有可能通过此间隙进入水泵，从而降低了水泵的吸水性能。因此必须在此设置密封装置——轴

封装置。目前应用较多的有填料密封（图 7-7、图 7-9）和机械密封（图 7-8）。

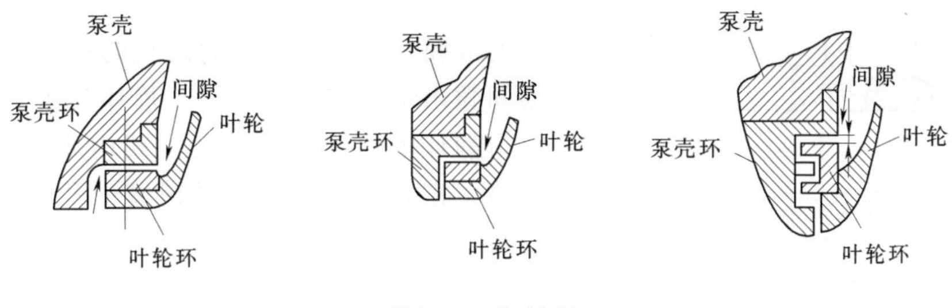

图 7-7 密封环

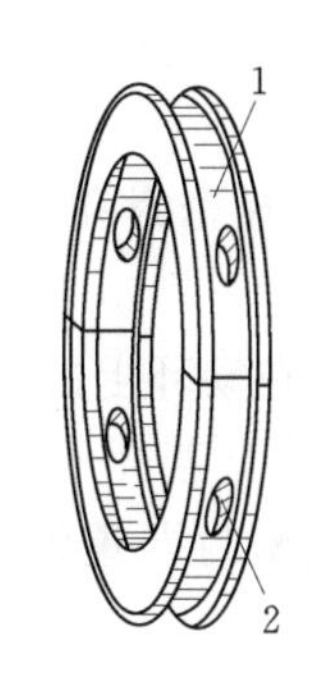

图 7-8 水封环

1—环圈空间；2—水孔

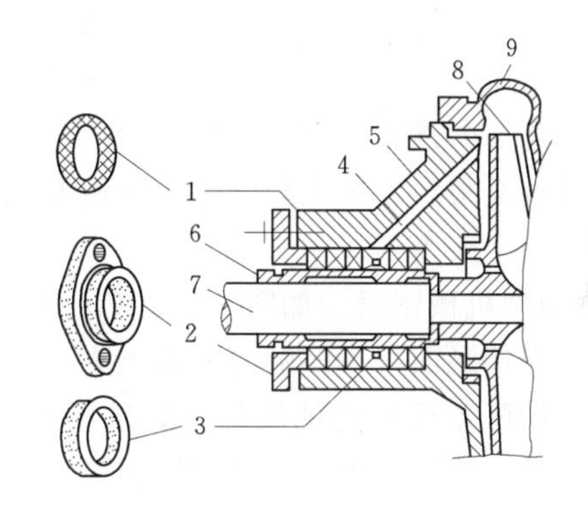

图 7-9 离心泵填料密封图

1—填料；2—填料压盖；3—水封环；4—水封管；5—泵盖；6—轴套；7—泵轴；8—叶轮；9—泵壳

（1）填料密封。填料密封在离心泵中应用广泛，它的形式很多，图 7-8 是较为常见的压盖型的盒，它主要由填料、水封管、水封环和压盖等部件组成。

填料又称为盘根，在轴封装置中起着阻水或阻气的作用。常用的填料是浸油、浸石墨的石棉绳填料。随着工业的发展，出现了各种耐高温、耐磨损耐强腐蚀的填料，如碳素纤维、不锈钢纤维、合成树脂纤维编织的填料等。为了提高密封效果，填料绳一般做成矩形断面。填料用压盖压紧。它对填料的压紧程度可用压盖上的螺栓调节。压得过紧机械损失过大，机械效率过低；甚至造成“抱轴”现象，产生严重的发热和磨损。压得过松，漏水量过大，容积效率过低，或降低吸水性能，达不到密封效果。一般以水封管料，通常由青铜或碳钢制成。

填料密封构造内水能够通过填料缝隙呈滴状渗出为宜。泵壳内的高压水由水封管经水封环中的小孔流入轴和填料之间的间隙，起着冷却和润滑的作用，该环磨损后可以更换。密封环应采用结构简单、运行可靠的材料。但填料的寿命较短，对于有毒、有腐蚀性及贵重的液体，不能保证不泄露，例如热电厂的锅炉给水泵、输送高压高温水的循环泵，若泵轴的转速较高，填料密封使水泵很难正常运行。

（2）机械密封。机械密封又称为端面密封，主要由动环 5、静环 6、压紧元件（弹簧 2）、密封元件（密封圈 4、7）等组成（图 7-10）。动环利用密封腔内液体的压力和

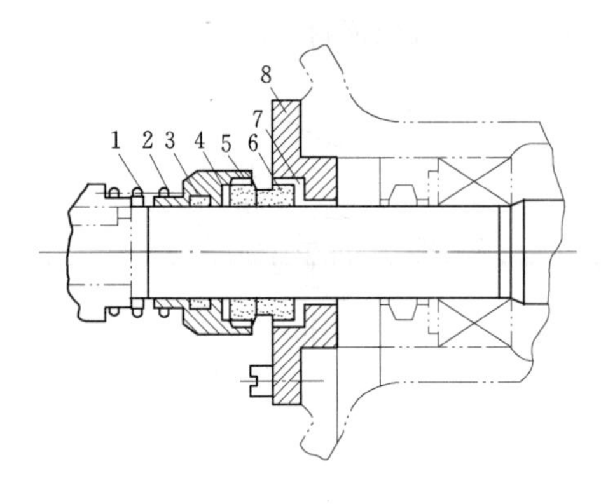

图 7-10 机械密封构造图

1—弹簧；2—弹簧座；3—O形胶圈；4—动环座；5—动环；6—静环；7—静环座；8—密封座

压紧元件的压力，使其端面贴合在静环的端面上，在两环端面上产生一定的压差，保持一层极薄的液膜，从而达到密封之目的；动环与轴之间的间隙由动环密封圈密封；静环与压盖之间的间隙由静环密封圈密封；这样就构成了三道密封，封堵了密封腔内液体向外泄露的所有可能路径。密封元件还与弹簧共同起到缓冲补偿的作用。以免泵在运行中轴的振动直接传递到密封端面上，防止由于密封端面不能紧密贴合而造成渗漏量增加，避免过大的轴向荷载使密封端面的严重磨损所导致的密封失效。确保密封元件正常工作。

密封元件种类很多，现主要介绍非平衡型机械密封、平衡型机械密封和完全平衡型机械密封三种（图 7-11）。

1）非平衡型机械密封。如图 7-11（a）所示，密封介质作用在动环上的有效面积 B，大于动静环端面接触面积 A。端面上的压力取决于密封介质的压力，若介质的压力增加，则两端面之间的压差成正比地增加。如果压差过大，可能会造成密封严重泄露，寿命缩短，故非平衡型只能作为中低压的机械密封。

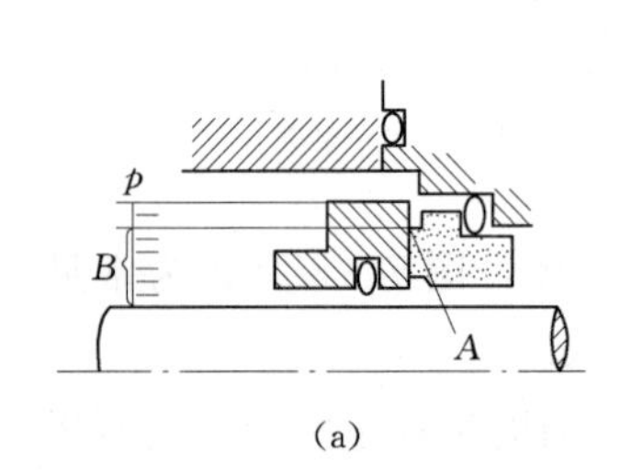

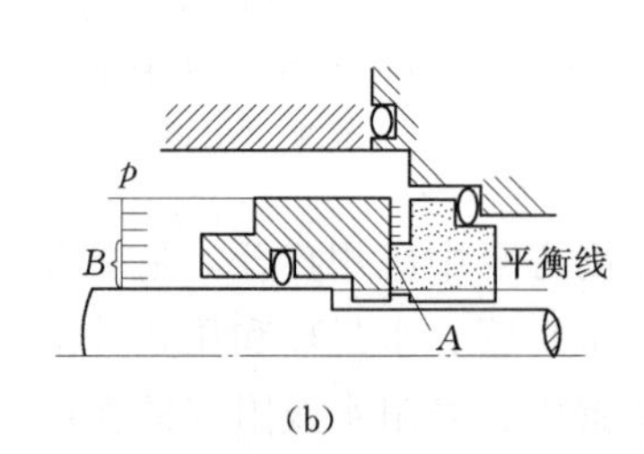

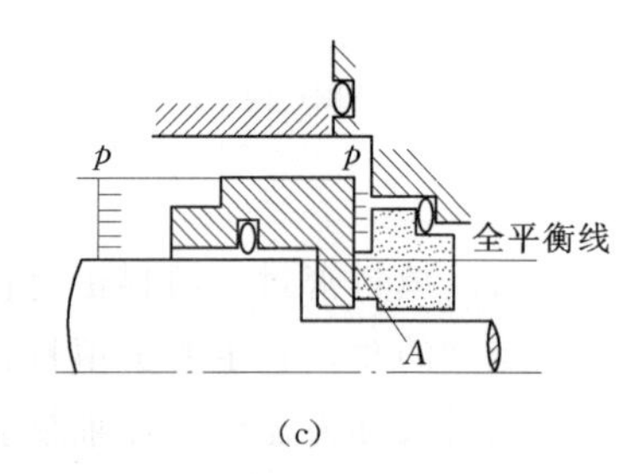

图 7-11 平衡型与非平衡型机械密封

（a）$B>A$ 非平衡型；（b）平衡型；（c）$B=0$ 完全平衡型

2）平衡型机械密封。如图 7-11（b）所示，密封介质作用在动环上的有效面积 B 小于动静环端面接触面积 A。若介质的压力增加，则两端面之间的压差缓慢地增加。介质压力的高低对于两端面之间的压差影响很小，故平衡型可作为高压下的机械密封。

3）完全平衡型机械密封。如图 7-11（c）所示，密封介质作用在动环上的有效面积 B 等于动静环端面接触面积 A。若介质的压力增加，则两端面之间的压差基本保持不变。介质压力的高低对于两端面之间的压差没有影响，故完全平衡型一般作为高压下的机械密封。

5. 减漏环

叶轮进口的外圆与泵壳内壁的接缝存在一个转动接缝，它正是高低压的交界面，并具有相对运动的部位，很容易发生泄露，为了减少泵壳内的高压水向叶轮进口的回流量，在水泵的构造上一般采用两种方式减漏（图 7-12）：

（1）减小接缝间隙。接缝间隙一般不超过0.1～0.5mm。

（2）增加泄露通道阻力。

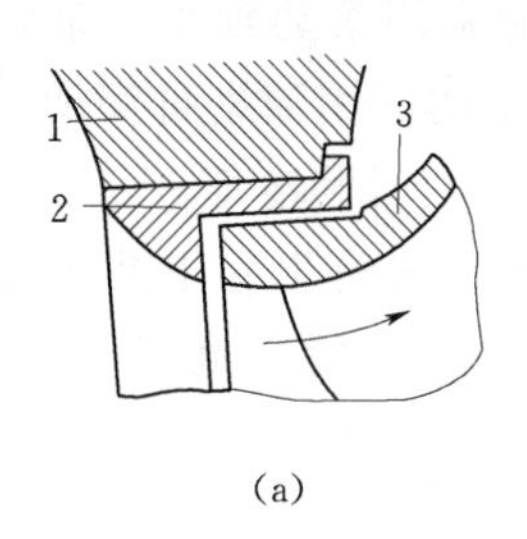

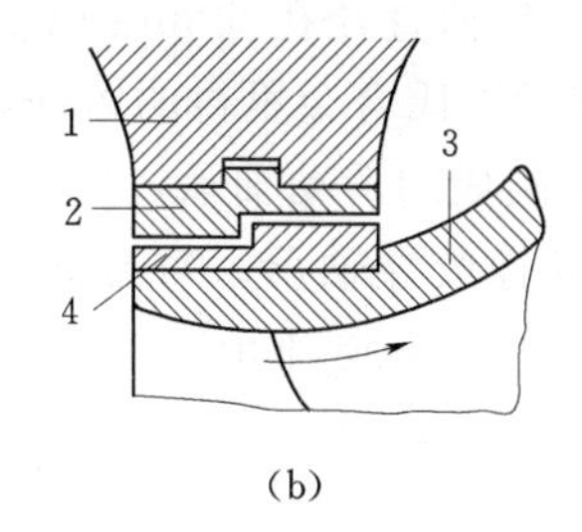

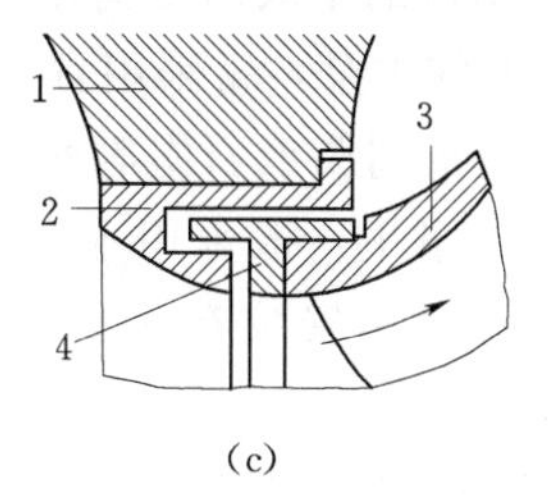

图7-12 减漏环

（a）单环形；（b）双环形；（c）双环迷宫形

1—泵壳；2—镶在泵壳上的减漏环；3—叶轮；4—镶在叶轮上的减漏环

由于加工、安装以及轴向力的存在等原因，在接缝间隙处很容易发生叶轮与泵壳之间的摩擦现象，为了延长叶轮和泵壳的寿命，通常在泵壳上镶嵌一个金属口环——减漏环。其接缝面可做成多齿形，以增加回流阻力，增强减漏效果，提高容积效率。图7-12所示三种不同形式的减漏环，其中图7-12（c）为双环迷宫形减漏环，其水流回流阻力很大，减漏效果很好，但其构造复杂。

减漏环的另一个作用是用来减少摩擦损失，故也称为承磨环或口环。当减漏环与叶轮或泵壳之间的间隙过大时，可更换减漏环，不至于报废叶轮和泵壳。

6. 轴承

轴承用以支承转动部件的重量以及承受泵运行时的轴向力和径向力，并减小轴转动时的摩擦力。离心泵和混流泵的轴承有滚动轴承与滑动轴承两类，滚动轴承根据所能承受的荷载大小可分为滚柱轴承和滚珠轴承。滚珠轴承的工作性能较好，但是当滚珠的圆周速度增高时，工作性能变坏。当水泵运转时，如果滚珠破碎，水泵转子也会损坏，故只能适用于荷载较小的场合，见图7-13、图7-14。

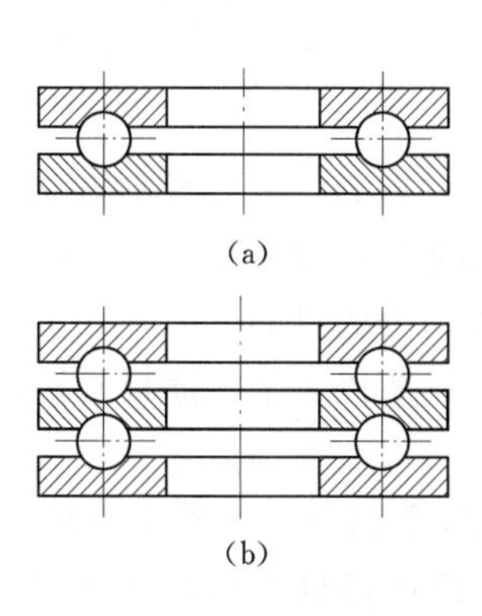

图7-13 止推轴承图

（a）单排滚珠；（b）双排滚珠

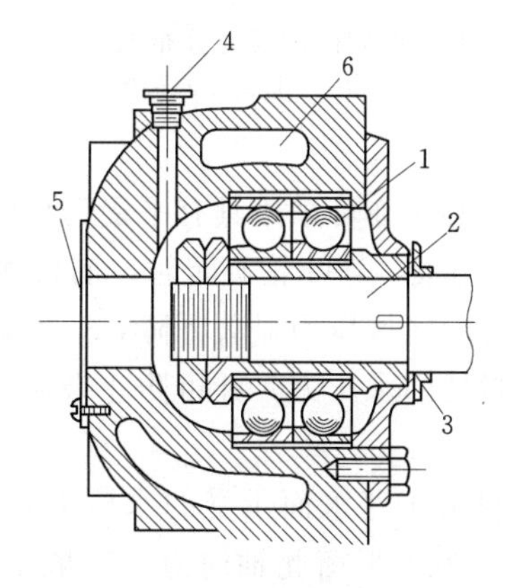

图7-14 轴承座构造图

1—双列滚珠轴承；2—泵轴；3—阻漏油橡皮圈；

4—油杯孔；5—封板；6—冷却水套

根据荷载特性可分为只能承受径向荷载的径向轴承、只能承受轴向荷载的止推轴承以及同时承受径向和轴向荷载的径向止推轴承。

我国制造的单级离心清水泵，泵轴直径在60mm以下的采用滚动轴承，泵轴直径在75mm以上的水泵，常采用青铜或带巴氏合金里衬的铸铁制造的，用油进行润滑。也有采用橡胶或合成树脂或石墨等非金属制成的滑动轴承，用水进行润滑和冷却。

在轴流泵中一般采用水润滑的橡胶导轴承。每台立式轴流泵有上、下两个橡胶导轴承。下橡胶轴承安装在水面以下，上橡胶轴承一般高出水面，所以起动之前要加水润滑。

7. 轴向力平衡装置

单吸式离心泵在运行时，由于叶轮形状不对称、作用在叶轮两侧的压力不相等，如图7-15所示。在叶轮上产生了一个指向吸入侧的轴向力。此力会使叶轮和轴发生窜动、叶轮与密封环发生摩擦，造成零件损坏。因此，必须设法平衡或消除轴向力。单级单吸离心泵可采用平衡孔平衡轴向力。在叶轮后盖板靠近轴孔处的四周钻几个平衡孔，并在相应位置的泵盖上加装密封环，此环的直径可与叶轮入口处密封环的直径相等。压力水经过泵盖上密封环的间隙，再经平衡孔，流向叶轮吸入口，使叶轮两侧的压力大致平衡，如图7-16所示。这种方法构造简单，但是开了平衡孔后，有回流损失，使水泵的效率有所降低。

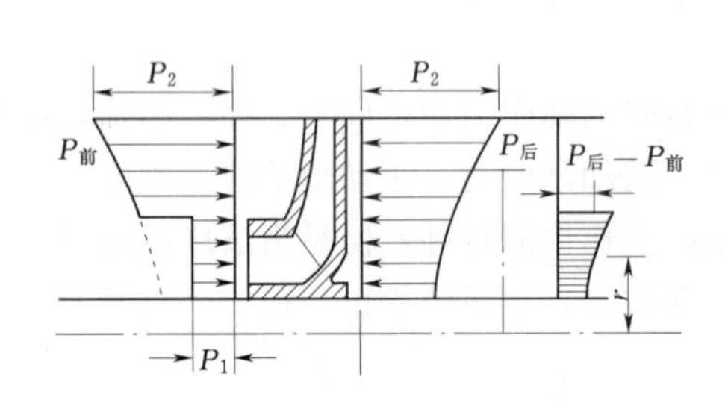

图7-15　叶轮前后两侧压力分布图
$P_前$—叶轮进水侧压力；$P_后$—叶轮出水侧压力

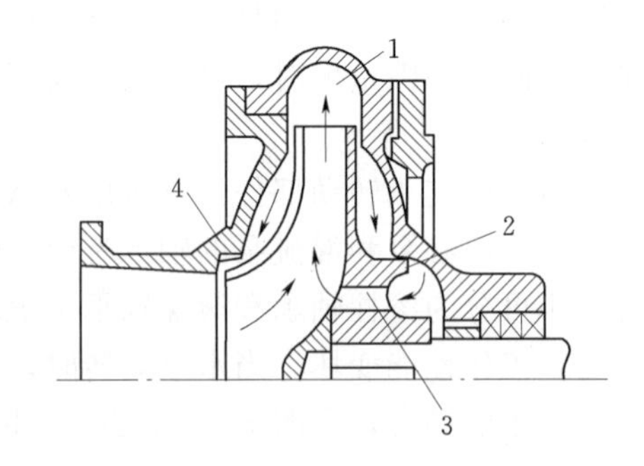

图7-16　平衡孔图
1—排出压力；2—加装的减漏环；
3—平衡孔；4—泵壳上的减漏环

单级单吸离心泵亦可采用具有平衡筋板的叶轮来平衡轴向力。在叶轮后盖板上加4～6条径向的平衡筋板，当叶轮旋转时，筋板强迫叶轮后面的液流加快转动，从而使叶轮背面靠近泵轴附近的区域压力显著下降，达到减小或平衡轴向力的目的。另外，平衡筋板还能减小轴端密封处的水压力，并可防止杂质进入轴端密封，所以，平衡筋板常被用在输送杂质的泵上。

单吸式叶轮由于背水面承受的水压力较进水侧大，这个轴向力随着泵的增大和扬程的增高而增大。为了平衡此轴向力，一般采用在靠近叶轮进口处的后轮盖上开4～6个小孔，这样便可减少叶轮进水面和背水面的压力差，从而降低水压对叶轮的轴向推力。但是由于叶轮背面的压力水经过平衡孔流向压力低的进水侧后，会降低叶轮的工作效率，所以，现在对小型低扬程泵所产生的轴向推力不大，均不开平衡孔，其轴向推力

完全由轴承承担。

单级单吸离心泵的特点是流量小、扬程较低、构造简单、维修方便、体积小、重量轻、成本低。主要用于较低扬程小流量的平原和圩垸地区小型灌区。

7.4 叶片泵的基本性能参数

叶片泵的性能是用性能曲线表示的，而性能曲线又是用性能参数之间的关系来表达的。因此，在研究叶片泵性能前，首先必须对性能参数的意义有一个正确的理解。叶片泵的性能参数主要有流量、扬程、功率、效率、转速、允许吸上真空高度或允许汽蚀余量等。

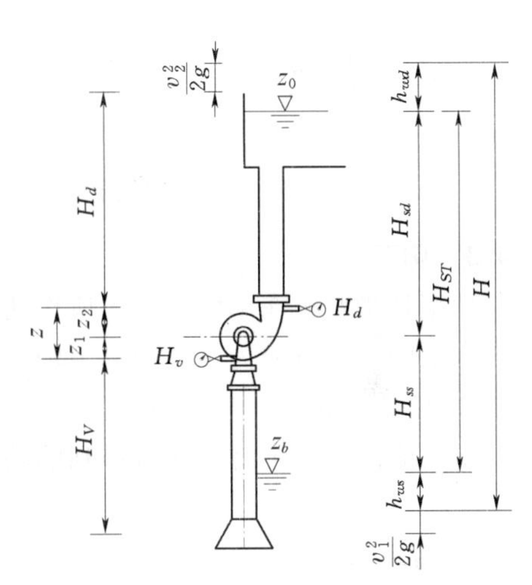

图 7-17 卧式水泵的扬程

7.4.1 流量

单位时间内水泵所抽提的流体体积，符号 Q，其常用单位有 L/s、m^3/s 和 m^3/h 等。各单位间的关系是 $1m^3/s=1000L/s=3600m^3/h$。

7.4.2 扬程

1. 扬程的定义

扬程是指单位重量流体从水泵进口到出口能量增量，用符号 H 表示，常用单位是 m。

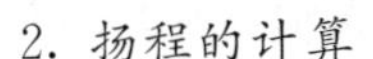

2. 扬程的计算

（1）实验室或现场测定时扬程的计算。

1）离心泵及其他卧式水泵的扬程（图 7-17）

$$H=(z_2-z_1)+0.1020\times(H_d+H_v)+\frac{v_2^2-v_1^2}{2g} \tag{7-1}$$

式中 H_v，H_d——真空表，压力表的读数，kPa；

v_1，v_2——进、出水管的断面平均流速，m/s；

g——重力加速度，m/s^2。

2）立式轴流泵的扬程（图 7-18）。其计算公式可简化为

$$H=z_2+H_d+\frac{v_2^2}{2g} \tag{7-2}$$

（2）设计泵站时扬程的计算

$$H=H_{ST}+h_w+\frac{v_2^2-v_1^2}{2g}=(z_u-z_b)+h_w+\frac{v_2^2-v_1^2}{2g}\approx H_{ST}+h_w \tag{7-3}$$

式中 H_{ST}——实际扬程（有效扬程、净扬程、提水高度），m；

h_w——损失扬程（水头损失），m；

z_u、z_b——设计上、下水位，m。

水泵扬程，低于泵轴线取负值，高于泵轴线取正值。卧式水泵在负值吸水情况下的扬程如图 7-19 所示。

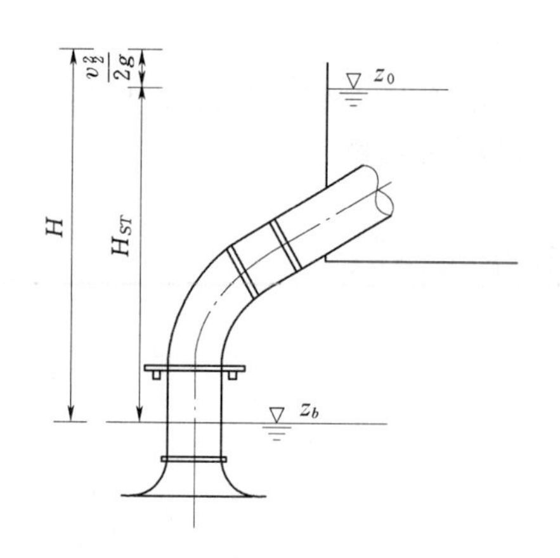

图 7-18　立式轴流泵的扬程

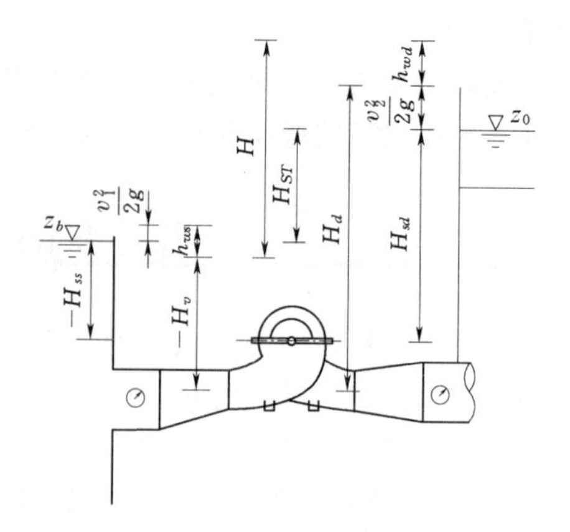

图 7-19　卧式水泵在负值吸水情况下的扬程

7.4.3　功率

功率是指水泵在单位时间内所作功的大小，常用单位是 kW。

水泵的功率可分为有效功率、轴功率和配套功率。

1. 有效功率

指水流流经水泵时实际所得到的功率，用符号 P_u 表示。

$$P_u=\gamma QH \tag{7-4}$$

2. 轴功率

指泵的输入功率，系指动力机传给泵轴的输入功率，用符号 P 来表示，水泵运行时，不可避免地有各种损失，要消耗一部分功率。水泵的轴功率的计算公式为

$$P=\frac{\gamma QH}{\eta} \tag{7-5}$$

式中　η——水泵的效率，%。

3. 配套功率

指水泵所要求的动力机的输出功率

$$P_p=k\frac{\gamma QH}{\eta\eta_d} \tag{7-6}$$

式中　k——备用系数，见表 7-1、表 7-2；

η_d——传动设备的效率，%。

表 7-1　电动机功率备用系数表

功　率 (kW)	<1	1～2	2～5	5～10	10～50	50～100	>100
备用系数 k	2.5～2.0	2.0～1.5	1.5～1.2	1.2～1.15	1.15～1.1	1.1～1.05	1.05

表 7-2　柴油机功率备用系数表

功　率 (kW)	<2	2～5	5～50	50～100	>100
备用系数 k	1.7～1.5	1.5～1.3	1.15～1.1	1.08～1.05	1.05

7.4.4 效率

水泵的效率指水泵对于其输入功率的利用程度。水泵内的损失主要有三种——机械损失、容积损失和水力损失。这些损失的大小可分别用机械效率、容积效率和水力效率来表达。

1. 机械损失和机械效率

叶轮在泵体内的水中旋转时，固定部件（轴封、轴承）与转动部件（泵轴）之间、固定部件（叶轮前后盖板外表面和盖板轮圈的圆柱表面）与水流之间产生摩擦。这些机械摩擦引起的能量损失称为机械损失，传给泵轴的轴功率，克服了机械损失之后，传给水的功率称为水功率

$$P_w = \gamma Q_t H_t \tag{7-7}$$

其中
$$H_t = H + \Delta H$$

式中 Q_t——水泵的理论流量，即通过叶轮的全部流量；

H_t——水泵的理论扬程，m；

H——实际扬程，m；

ΔH——损失扬程，m。

机械损失的大小用机械效率表示为

$$\eta_m = \frac{P_w}{P} \tag{7-8}$$

2. 容积损失和容积效率

水流流经叶轮之后，有一小部分高压水经过泵体内间隙（如密封环）和轴向力平衡装置（如平衡孔、平衡盘）回流到叶轮的进口或泄漏泵外，因而损失一部分能量，这部分损失称为容积损失。所消耗的功率为

$$\Delta P = \gamma q H_t \tag{7-9}$$

功率 P_w 减去 ΔP，剩余的功率为

$$P' = P_w - \Delta P = \gamma Q H_t \tag{7-10}$$

容积损失的大小用容积效率表示

$$\eta_v = \frac{\gamma Q H}{\gamma Q_t H_t} = \frac{Q}{Q_t} = \frac{Q}{Q+q} \tag{7-11}$$

3. 水力损失和水力效率

水流流经水泵的吸水室、叶轮、压水室时，因水力阻力引起摩擦、冲击等损失，消耗了一部分能量，这部分损失称为水力损失。其大小为

$$\eta_w = \frac{P_u}{P'} = \frac{\gamma Q H}{\gamma Q H_t} = \frac{H}{H_t} = \frac{H}{H+\Delta H} \tag{7-12}$$

综上所述，泵效率的公式，可变换成下列形式

$$\eta = \frac{P_u}{P} = \frac{P_w}{P}\frac{P'}{P_w}\frac{P_u}{P'} = \eta_m \eta_v \eta_w \tag{7-13}$$

由式（7－13）可见，水泵的效率是三大效率（容积效率、水力效率、机械效率）的乘积。要提高水泵的效率，必须尽量减小水泵内的各种损失，特别是水力损失。提高水泵的效率意义很大，除了从设计、制造等方面加以改善外，使用单位要注意合理选型，正确

运行，并加强对水泵的维护和检修，使水泵经常在高效率状态下工作，从而达到经济运行之目的。

7.4.5 转速

转速是指泵轴单位时间内旋转的圈数，用符号 n 表示，单位是 r/min。中、小型水泵常用的转速有 2900r/min、1450r/min、970r/min、730r/min、485r/min 等。一般口径小的泵转速高，口径大的泵转速低。转速是影响水泵性能的一个重要参数，当转速变化时，水泵的其他性能参数都相应地发生变化。

7.4.6 允许吸上高度或允许汽蚀余量

1. 允许吸上真空高度

表示离心型泵（含离心泵和蜗壳式混流泵）吸上高度的安全理论上限。符号 $[H_s]$，单位是 m。

2. 允许汽蚀余量

也称为允许汽蚀裕量，表示水力机械低压侧（水泵进口侧）单位重量水体所具有的超过该温度下水体汽化压强的安全理论下限，符号 $[h_v]$，单位是 m。

3. 允许吸上高度与允许汽蚀余量的关系

$$[h_v]=10.29-[H_s]+\frac{v_1^2}{2g} \tag{7-14}$$

式中 v_1——水泵进口断面的平均流速，m/s。

7.5 叶片泵的基本方程

7.5.1 水流在叶片中的运动

如图 7-20 所示，当叶轮旋转时，叶槽中每一水流质点对叶轮作相对运动，而叶轮本身又作旋转运动即牵连运动。水流质点对于不动的泵壳或地球的运动为绝对运动，它应是相对运动与牵连运动的合成。设质点的绝对速度为$\vec{c}$，就等于相对速度$\vec{w}$与圆周速度为$\vec{u}$（即叶轮的牵连速度）的矢量和，即

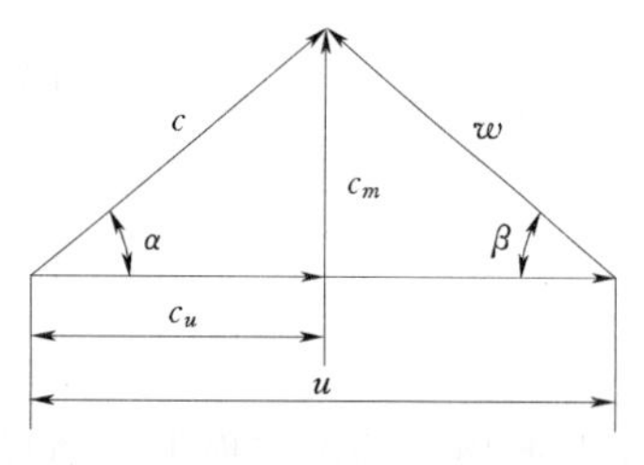

图 7-20 速度三角形

$$\vec{c}=\vec{w}+\vec{u} \tag{7-15}$$

上述关系可以用速度平行四边形来表示，如图 7-21 所示，为了简便，通常用速度三角形代替速度平行四边形，如图 7-20 所示。图中 α 是绝对速度与圆周速度的夹角。c_u 和 c_m 分别表示绝对速度 c 的圆周分速和轴面（即通过该点和轴线所组成的一个平面）分速。在离心泵中，c_m 就是径向分速度，在轴流泵中就是轴向分速度。

7.5.2 速度三角形

1. 进口速度三角形

如图 7-21 所示，速度三角形适用于叶槽中任何一点，但我们最关心的是叶轮进口（边缘）和出口（边缘）处的速度三角形，分别称为进口（边缘）速度三角形和出口（边缘）速度三角形，并用下标“1”和“2”来表示。其中相对速度$\vec{w}$的方向与叶片相切。由

于大多数水泵（包括轴流泵和单吸式离心泵）均具有喇叭形或圆锥形的渐缩进水道的构造型式，这就使得叶轮进口速度三角形中的绝对速度$\vec{c}_1$ 的方向垂直于圆周速度 $\vec{u}_1$，因此，$\alpha_1=\frac{\pi}{2}$。也即 $c_{m1}=0$。唯有在少数水泵中，例如双吸式离心泵具有半螺旋形的进水道，这种进水道在叶轮进口处扭转了水流，因此，$\alpha_1<\frac{\pi}{2}$，有 $c_{m1}\neq0$。

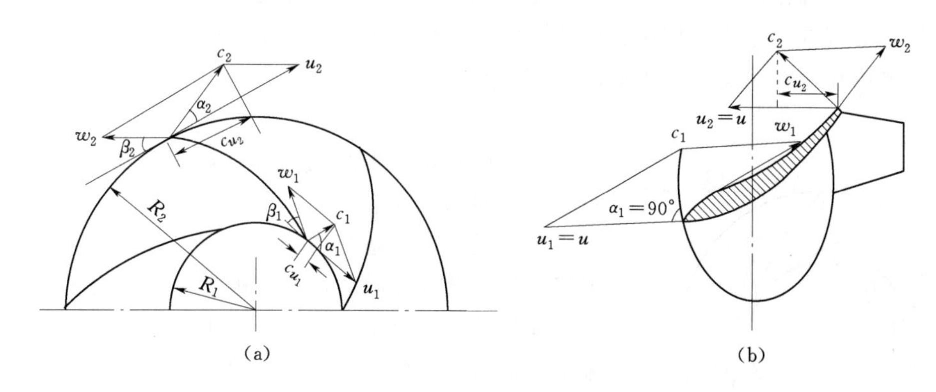

图 7-21　叶轮进出口速度三角形

（a）离心泵；（b）轴流泵

（1）进口圆周速度。只要知道叶轮选口直径 D_1 及叶轮转速 n，则进口圆周速度计算公式为

$$u_1=\frac{\pi D_1 n}{60} \tag{7-16}$$

（2）进口绝对速度的轴面分速

$$c_{m1}=\frac{Q_t}{\pi D_1 b_1 \psi_1} \tag{7-17}$$

（3）进口绝对速度的圆周分速

$$C_{US}=U_1-C_{m1}\cot\beta_1=U_1-\frac{Q_t\cot\beta_1}{\pi D_1 b_1 \psi_1} \tag{7-18}$$

式中　b_1——叶轮进口处的叶槽宽度，可根据经验给定，m；

ψ_1——叶轮进口处的叶片排挤系数，其大小需按叶轮具体尺寸通过公式计算得出，在叶轮尺寸未知的情况下进行初步估算 $\psi_1\approx0.75\sim0.88$，小泵取小值，大泵取大值。

2. 出口速度三角形

（1）出口圆周速度。同理出口圆周速度的计算公式为

$$u_2=\frac{\pi D_2 n}{60} \tag{7-19}$$

（2）出口绝对速度的轴面分速

$$c_{m2}=\frac{Q_t}{\pi D_2 b_2 \psi_2} \tag{7-20}$$

式中　b_2——叶轮出口处的叶槽宽度，可根据经验给定，m；

ψ_2——叶轮出口处的叶片排挤系数 $\psi_2=0.85\sim0.95$，小泵取小值，大泵取大值。

（3）出口绝对速度的轴面分速

$$c_{u2}=u_2-c_{m2}\cot\beta_2=u_2-\frac{Q_t}{\pi D_2 b_2 \psi_2}\cot\beta_2 \tag{7-21}$$

7.5.3 叶片泵的基本方程

反映叶片泵理论扬程与水流运动状态变化关系的方程式称为叶片泵的基本方程式，又称理论扬程方程式。它广泛应用在叶片泵的水力设计中，并且是表征叶片泵工作过程的关系式。叶槽内作用在水流上的力如图 7-22 所示。

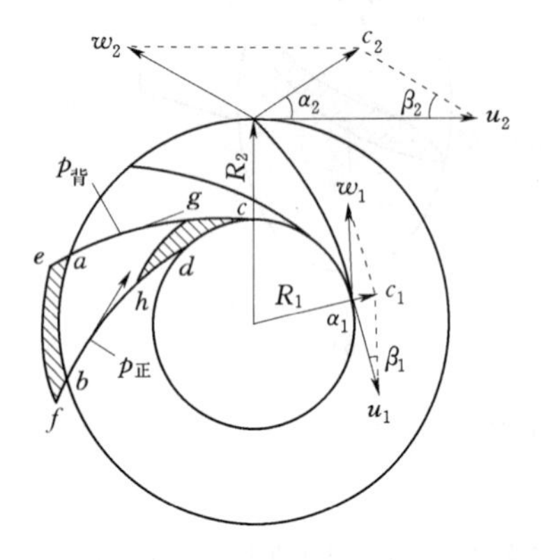

图 7-22 叶槽内作用在水流上的力

1. 基本假设

（1）设水流是理想的液体。即不考虑液体的黏性，也就是忽略水头损失。

（2）设水流流态是均匀一致的。也就是认为叶片无限多，每个叶片无限薄，水流被夹在两个无限靠近的叶片之间流动，总流是由无数个微小的流束所组成，所有流束的形状与叶槽形状完全一致。

（3）设水流运动是恒定流。此假设在正常运行（叶轮转速不变）时，与实际情况基本符合。

2. 基本方程

$$H_t=\frac{u_2 c_{u2}-u_1 c_{u1}}{g} \tag{7-22}$$

对于大多数叶片泵而言，为了提高总扬程和改善水泵的吸水条件，设计时通常使 $\alpha_1=90°$，即 $c_{u1}=0$，化简得

$$H_t=\frac{u_2 c_{u2}}{g} \tag{7-23}$$

7.5.4 基本方程式的分析

（1）从基本方程式可以看出，泵的理论扬程仅与流体在叶轮进出口处的速度三角形有关，而与流体在叶槽中的流动情况无关。所以，基本方程式不但适用于离心泵，也适用轴流泵和混流泵，故称为叶片泵基本方程式。

（2）基本方程式在推导过程中，流体的容重 γ 并没起作用而被消掉，因此，该方程可适用于各种流体。这表明，离心泵的理论扬程与流体的容重无关，其解释理由是：流体在一定转速下所受的离心力与流体的质量，也就是与它的性质有关，但流体受离心力作用而获得的扬程，相当于离心力所造成的压强除以流体的容重，这样容重对扬程的影响便消除了。虽然同一台水泵抽取不同流体的值相等，但其单位不同，扬程的单位是该流体的米柱高，所以，实际上扬程也是不同的。这就是离心泵起动前为什么要抽气充水的原因。

然而，当输送不同容重的液体时，水泵所消耗的功率将是不同的。流体容重越大，水泵消耗的功率也越大。因此，当输送液体的 γ 不同，而理论扬程 H_r 是同种流体的液柱高度，原动机所须供给的功率消耗是完全不相同的。用同一台泵输送水或空气，所产生的扬程数值相同。但空气柱折合为水柱，相当微小。所以，离心泵在起动前必须充水排气，否则无法把进水建筑物内的水吸入泵内。

（3）单位重量流体从叶轮进口到出口势能的增量，称为势扬程 H_{pe}，即

$$H_{pe}=\frac{u_2^2-u_1^2}{2g}+\frac{w_1^2-w_2^2}{2g} \tag{7-24}$$

单位重量流体从叶轮进口到出口动能的增量，称为动扬程 H_{ke}，即

$$H_{ke}=\frac{c_2^2-c_1^2}{2g} \tag{7-25}$$

因此，理论扬程是由势扬程和动扬程所组成，即

$$H_t=H_{pe}+H_{ke} \tag{7-26}$$

可见，水泵的扬程是由两部分能量所组成的，一部分为势扬程 H_{pe}，另一部分为动扬程 H_{ke}，它在流出叶轮时，以单位动能的形式出现。在实际应用中，由于动能转化为压能过程中，伴有能量损失，使泵的效率降低。因此，动扬程在水泵总扬程中所占的百分比愈小，泵壳内部的水力损失就愈小，水泵的效率就愈提高。总是希望势扬程大些，动扬程小些。从图 7-23 可看出，离心泵叶轮叶片出口角 β_2 不小于 90°时，出口绝对速度 c_2 值大，同时叶槽曲折。因此，为了使势扬程在理论扬程中占有较大的比例，实践中对离心泵叶轮的叶片几乎都采用向后弯曲的形式，也就是 $\beta_2<90°$，一般条件下 $\beta_2=15°\sim40°$，很少超过 40°。

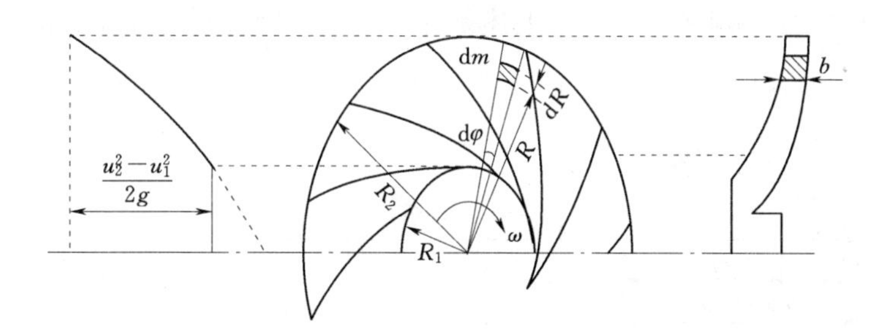

图 7-23　叶轮内离心力引起压强水头增量图

单位重量流体在叶轮中运动时所获得的压能增值，是由两部分能量所组成的：

第一部分是$\frac{u_2^2-u_1^2}{2g}$，它虽然是以流速水头差的形式来表示，但实际上是离心力对单位重量流体所作之功。它使流体在经过泵的叶轮时，压能增加。

第二部分虽然也是流速水头差的形式，但实际上是叶槽内水流相对速度下降所转化的压能增值。因为叶轮进口面积较小，速度 w_1 就大；出口面积较大，速度 w_2 就小，因此，由于叶槽断面扩张而产生的压力增高，也可用水柱高度来表示

$$H_{pe2}=\frac{w_1^2-w_2^2}{2g} \tag{7-27}$$

所以

$$H_{pe}=H_{pe1}+H_{pe2} \tag{7-28}$$

（4）对于轴流泵，叶片进出口圆周速度相同。即 $u_1=u_2$，所以

$$H_t=\frac{w_1^2-w_2^2}{2g}+\frac{c_2^2-c_1^2}{2g} \tag{7-29}$$

由式（7-29）可知，轴流泵的势扬程受到一定的限制，所以它的扬程远低于离心泵。

为了使流体通过叶轮时获得扬程，必须使 $w_1>w_2$，因此，叶片进口角 β_1 必须小于叶片出口角 β_2，同时为了提高水泵效率，叶片应有良好的翼型。

轴流泵工作时，由于叶轮的旋转，在离泵轴距离不等的剖面上，有不同的速度三角形。如果用半径 r_1 及 r_2 的两个圆柱面横剖泵的叶片，成为内外两个叶片剖。通常 $\alpha_1=90°$，则两个剖面的理论扬程分别为

$$\left.\begin{aligned}H_{ti}&=\frac{u_{2i}c_{u2i}}{g}\\H_{to}&=\frac{u_{2o}c_{u2o}}{g}\end{aligned}\right\}\tag{7-30}$$

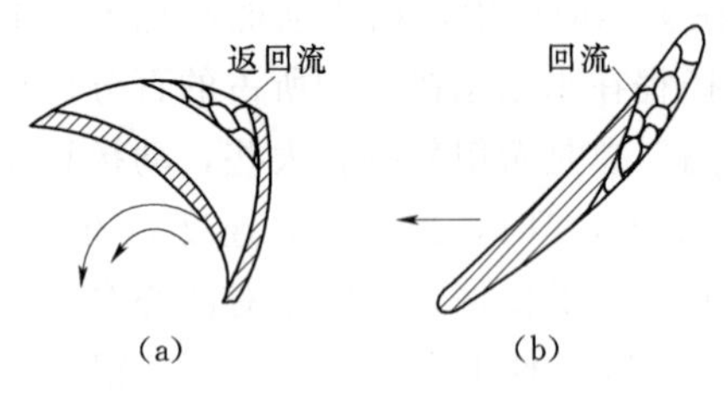

图 7-24　叶轮内水流的脱壁现象
(a) 离心泵；(b) 轴流泵

当叶轮以等角速度 ω 转动时，$u_{2i}=\omega r_1$，$u_{2o}=\omega r_2$。由于两个剖面的半径不同，所以 $u_{2o}>u_{2i}$。设计轴流泵时，要求在设计工况下，叶片内外两个剖面产生的扬程必须相等，否则会造成流向混杂，如图 7-24 所示，影响泵的性能。为此，必须使 $c_{u2i}>c_{u2o}$。从图 7-25 中可以看出，当 $\beta_{2i}>\beta_{2o}$，即叶片内剖面的安装角度大于叶片外的安装角时，才能满足上述条件。所以，轴流泵的叶片呈扭曲状。

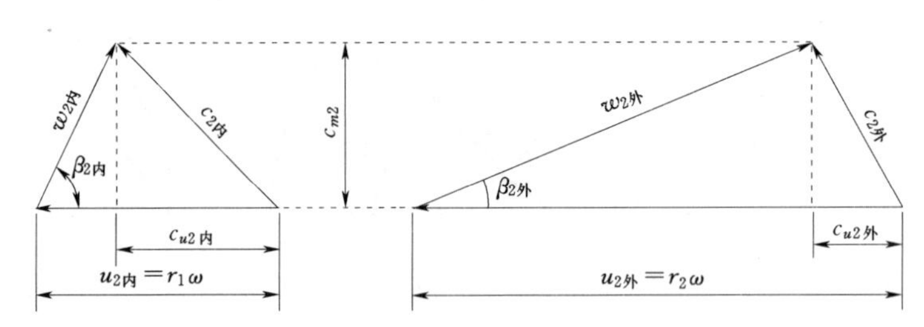

图 7-25　内外剖面出口速度三角形

(5) 叶片泵的基本方程式把扬程、流量、转速等主要性能参数联系起来，例如，当水泵站进水建筑物出现旋涡时，会使水泵的性能参数发生变化。

若进水建筑物中旋涡的方向与水泵叶轮转向相反，使相对运动加剧，在流量不变的条件下，使 $\alpha_1>90°$，则 $c'_{u1}<0$，水泵理论扬程将变为

$$H_t=\frac{u_2c_{u2}-(-u_1c'_{u1})}{g}=\frac{u_2c_{u2}+u_1c'_{u1}}{g}\tag{7-31}$$

由此可见，水泵的理论扬程将增加，水泵的轴功率也相应增加，可能使动力机超载。

同理，若旋涡旋转方向与叶轮转向相同，使相对运动削弱，流量不变的条件下，$\alpha_1<90°$，$c'_{u1}>0$。因而水泵的理论扬程将减小，水泵的轴功率也相应减小，这样不能充分发挥机组效益（图 7-26）。

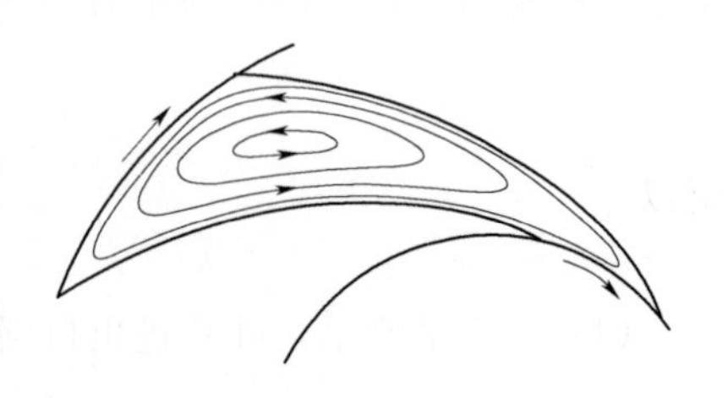
图 7-26　叶轮流道内相对轴向旋涡图

如果旋涡不稳定，或时生时灭，时有时无，或时

弱时强，还会引起机组的震动，影响机组的使用寿命。

7.5.5 有限叶片数的理论扬程

基本方程式是叶片为无限多时的理论扬程

$$H_t=\frac{u_2\ c_{u2\infty}-u_1\ c_{u1\infty}}{g} \tag{7-32}$$

式中 ∞——叶片无限多时的参数。

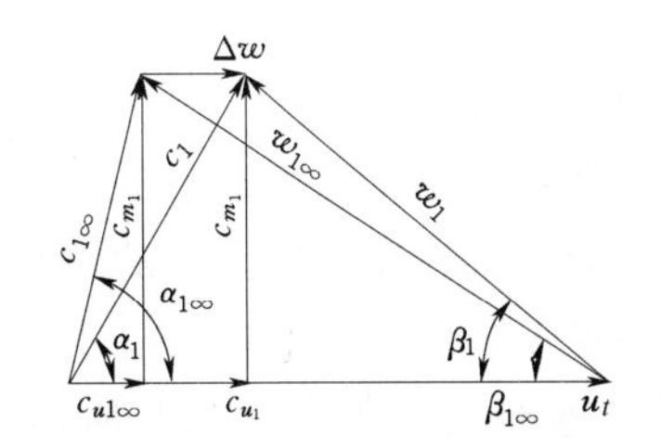

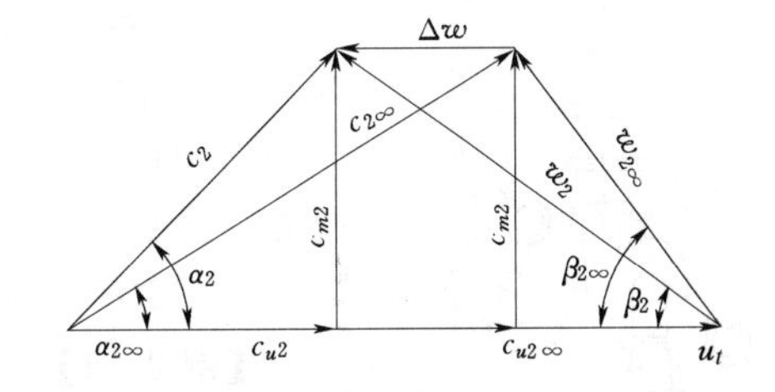

图 7-27 有限叶片剖面出口速度三角形图

实际上叶片数都是有限的。在有限叶片数叶轮流道中（图 7-27），由于水流惯性的影响，水流的相对运动，除均匀流外，还有与叶轮旋转方向相反的轴向旋涡运动，有限叶片数的理论扬程 H_t，小于无限叶片数的理论扬程 H_{tp} 的计算公式为

$$H_t=\frac{H_{tp}}{1+p} \tag{7-33}$$

其中

$$p=2\ \frac{\phi}{Z}\frac{r_2^2}{r_2^2-r_1^2} \tag{7-34}$$

$$\phi=(0.65\sim0.85)\left(1+\frac{\beta_2}{60}\right) \tag{7-35}$$

式中 p——修正系数，可用普夫莱德雷尔经验公式计算；

ϕ——经验系数；

β_2——叶片出口处牵连速度与相对速度之间的夹角，(°)；

Z——叶轮的叶片数；

r_1，r_2——叶轮进、出口半径，mm。

7.6 离心泵装置的总扬程

离心泵基本方程式揭示了决定水泵本身扬程的一些内在因素。然而，在水泵实际应用必然要与管路系统以及许多外界条件（如江河水位、水塔高度、管网压力等）联系在一起的，形成一个系统才能完成输送水的任务。我们把水泵配上动力机、管路以及一切附件后的系统称为“水泵装置”。

水泵装置的工作扬程就是指水泵站工程已经建成，正在运行的水泵的扬程（图 7-28）

$$H=\Delta Z+\frac{p_d+p_v}{\gamma}+\frac{v_2^2-v_1^2}{2g}=H_d+H_v+\frac{v_2^2-v_1^2}{2g}+\Delta Z\approx H_d+H_v$$

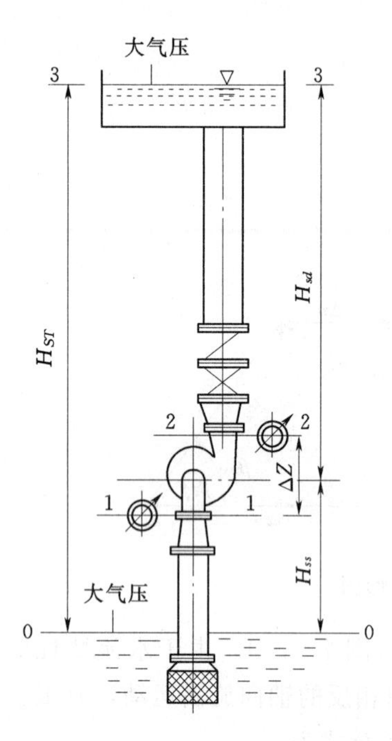

图 7-28 离心泵装置总扬程图

式中 p_v——真空表读数，MPa；

p_d——压力表读数，MPa。

因此，可以把正在运行中的水泵装置的真空表和压力表的读数相加，就可得该水泵的工作扬程。

水泵装置的设计扬程是指在进行泵站工程设计时，根据工程师现场条件计算所得到的水泵扬程。其值为：

$$H=H_{ss}+H_{sd}+\sum h_s+\sum h_d=H_{ST}+\sum h$$

式中 H_{ST}——水泵的静扬程；

H_{ss}，H_{sd}——水泵的吸水、压水高度；

$\sum h_s$，$\sum h_d$——水泵装置吸水、压水管路中的水头损失；

$\sum h$——水泵装置吸、压水管路中的总水头损失。

【例 7-1】 岸边取水泵房，如图 7-29 所示，已知下列数据，求水泵扬程。

水泵流量 $Q=120\text{L/s}$，吸水管路 $L_1=20\text{m}$，压吸水管路 $L_2=300\text{m}$（铸铁管），吸水管径 $D_s=350\text{m}$，压水管径 $D_d=300\text{m}$，吸水井水面标高 58.0m，泵轴标高 60.0m，水厂混合池水面标高 90.0m。吸水进口采用无底阀的滤水网，90°弯头一个，$DN350\times300$ 渐缩管一个。

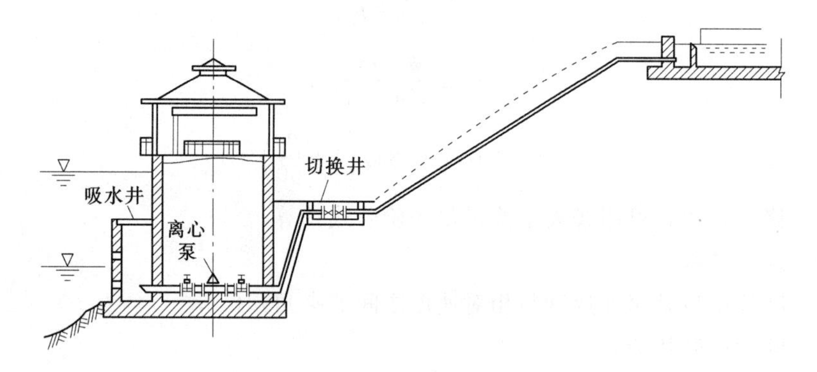

图 7-29 岸边取水泵房

解：水泵的静扬程：$H_{ST}=90-58=32(\text{m})$。

吸水管路中沿程损失：$h_1=i\times l$（i 可查给水排水设计手册），$h_1=0.0065\times20=0.13(\text{m})$。

$DN=350\text{mm}$ 时，管中流速 $v_1=1.25\text{m/s}$。

$DN=300\text{mm}$ 时，管中流速 $v_2=1.70\text{m/s}$。

吸水管路中局部损失 h_2

$$h_L=10.29n^2\frac{L}{D^{5.33}}Q$$

$$h_j=\sum\zeta\frac{v^2}{2g}=(\zeta_{网}+\zeta_{90^\circ})\frac{v^2}{2g}$$

故：

$$h_2=(2+0.59)\frac{(1.25)^2}{2g}+0.17\frac{(1.7)^2}{2g}=0.231(\text{m})$$

因此，吸水管中总水头损失

$$\sum h_s = 0.13 + 0.231 = 0.361\ (\text{m})$$

压水管中总水头损失

$$\sum h_d = 1.1 \times 0.148 \times 300 = 4.88\ (\text{m})$$

因此，水泵扬程

$$H = H_{ST} + \sum h_s + \sum h_d = 32 + 0.361 + 4.88 = 37.24\ (\text{m})$$

7.7 离心泵的特性曲线

离心泵压头 H、轴功率 N 及效率 η 均随流量 Q 而变，它们之间的关系可用泵的特性曲线或离心泵工作性能曲线表示。在离心泵出厂前由泵的制造厂测定出 $Q—H$、$Q—N$、$Q—\eta$ 等曲线，列入产品样本或说明书中，供使用部门选泵和操作时参考。如图 7-30 所示某离心泵的性能曲线。各种型号的离心泵都有其本身独有的特性曲线，且不受管路特性的影响。但它们都具有一些共同的规律：

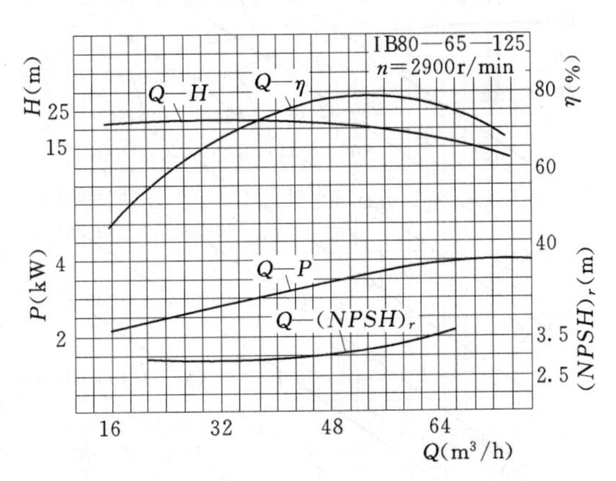

图 7-30　IB80—65—125 型离心泵性能曲线

$Q—H$ 曲线表示泵的流量 Q 和压头 H 的关系。离心泵的压头在较大流量范围内是随流量增大而减小的。不同型号的离心泵，$Q—H$ 曲线的形状有所不同。如有的曲线较平坦，适用于压头变化不大而流量变化较大的场合；有的曲线比较陡峭，适用于压头变化范围大而不允许流量变化太大的场合。

$Q—N$ 曲线表示泵的流量 Q 和轴功率 N 的关系，N 随 Q 的增大而增大。显然，当 $Q=0$ 时，泵轴消耗的功率最小。因此，启动离心泵时，为了减小启动功率，应将出口阀关闭。

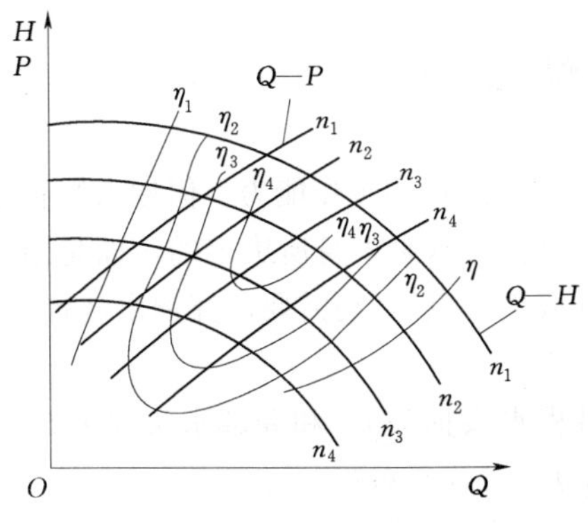

图 7-31　离心泵的通用性能曲线

$Q—\eta$ 曲线表示泵的流量 Q 和效率 η 的关系。开始 η 随 Q 的增大而增大，达到最大值后，又随 Q 的增大而下降。该曲线最大值相当于效率最高点。泵在该点所对应的压头和流量下操作，其效率最高。所以该点为离心泵的设计点。

离心泵流量与允许吸上真空度曲线是一条下降的曲线。而离心泵流量与空蚀裕量（H_{SV} 或 Δh）曲线是一条上升的曲线。

离心泵的通用性能曲线：水泵在不同转速下的性能曲线用同一个比例尺，绘在同一坐标内而得到

的性能曲线，如图 7－31 所示。

$H=KQ^2$ 相似工况抛物线或等效率线。

离心泵的综合性能图：把一种或多种泵型不同规格的一系列泵的 $Q—H$ 性能曲线工作范围段综合绘入一张对数坐标图内，即成为水泵的综合性能曲线图（水泵的系列型谱图）。

图 7－32 中每个注有型号和转速的四边形，代表一种泵在其叶轮外径允许车削范围内的 $Q—H$，用单线者表示叶轮外径未经车削，图中有三条线者，则表示该泵还有两种叶轮外径的规格。

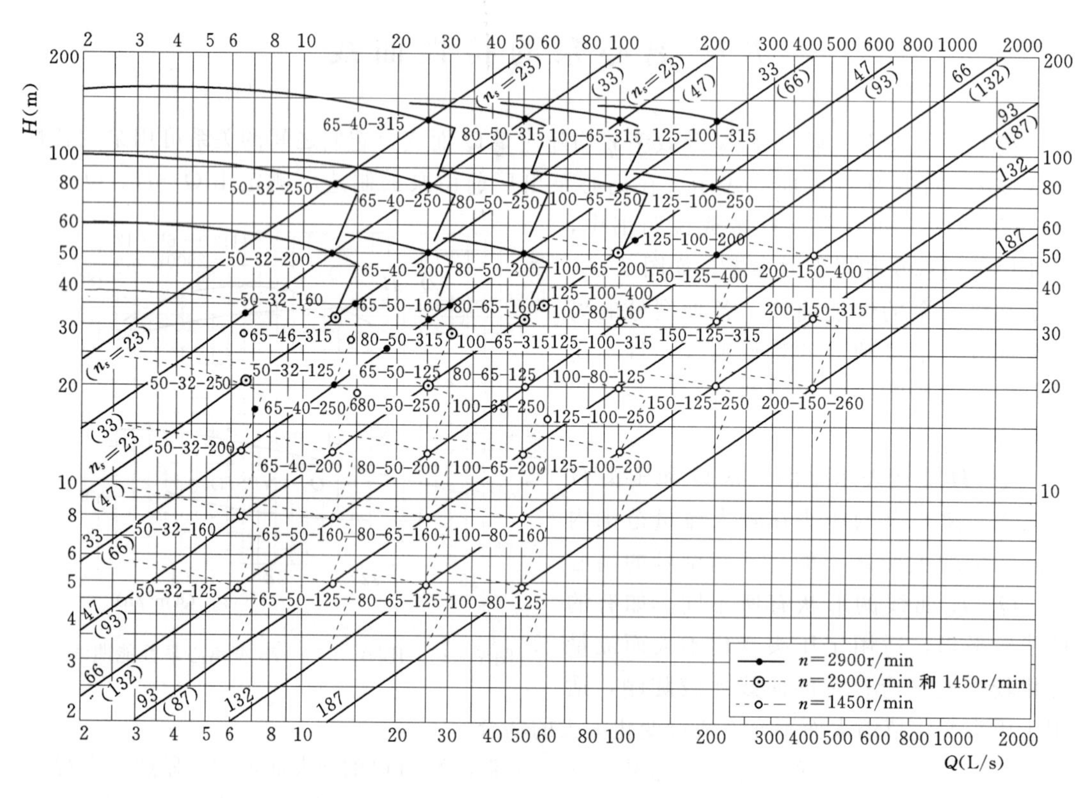

图 7－32　BA 型泵的综合性能图

7.8　抽水装置特性曲线

前面我们讨论了叶片泵的性能曲线，它反映了水泵本身潜在的工作能力。但抽水装置在实际运行时，究竟是处于性能曲线上哪一点工作，不是完全由水泵本身所决定的，而是由水泵和抽水装置共同决定的。若确定水泵的实际工况点（或工作点），还需要研究抽水装置。

7.8.1 水头损失曲线

流体在管路中流动存在着水头损失 h_w，它包括沿程水头损失 h_f 和局部水头损失 h_j

$$h_w=\sum(h_f+h_j)=\sum(S_f+S_j)Q^2=\sum(S)Q^2$$

式中　S_f，S_j——管道沿程、局部阻力参数，s^2/m^5。

由此式可知，水头损失与流量的平方成正比，它是一条通过坐标原点的二次抛物线，称为管路损失曲线或水头损失曲线，以 $Q—h_w$ 表示，如图 7-33 所示。

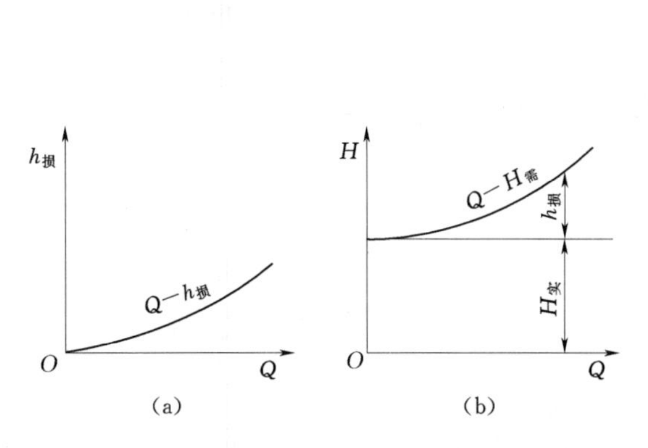

图 7-33　管路损失特性曲线和抽水装置特性曲线

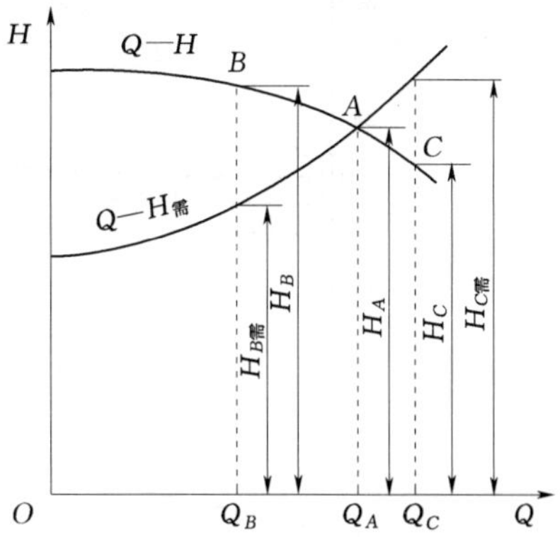

图 7-34　叶片泵工作点的确定

7.8.2　管路特性曲线

$$H_r = H_{ST} + h_w = H_{ST} + SQ^2 \tag{7-36}$$

式中　H_r——需要扬程，m。

曲线的形状、位置取决于抽水装置、液体性质和流动阻力。为了确定水泵装置的工况点，将上述管路损失曲线与静扬程联系起来考虑，即按式（7-36）绘制出的曲线，称为管路特性曲线（或称为抽水装置特性曲线，也称为管路系统特性曲线），如图 7-34 所示。该曲线上任意点表示水泵输送流量为 Q，提升净扬程为 H_{ST} 时，管路中损失的能量为 $h_w = SQ^2$，流量不同时，管路中损失的能量值不同，抽水装置所需的扬程也不相同。

7.9　离心泵装置的运行工况

7.9.1　单泵运行时工况点的确定

叶片泵扬程性能曲线 $Q—H$ 随着流量的增大而下降，抽水装置特性曲线 $Q—H_v$ 随着流量的增大而上升。将 $Q—H$ 曲线和 $Q—H_v$ 曲线画在同一个 Q、H 坐标内，则两条曲线的交点 A（Q_A，H_A），即为水泵的工况点，如图 7-35 所示。A 点表明，水泵所能提供的扬程 H 与抽水装置所需要的扬程 H_r 相等。A 点是流量扬程的供需平衡点，即矛盾的统一。

从图 7-35 可以看出，若水泵在 B 点工作，则水泵供给的扬程大于需要的扬程，即 $H_B > H_{rB}$，供需失去平衡，多余的能量就会使管道中的流速增大，从而使流量增加，一直增至 Q_A 为止；相反，如果水泵在 C 点工作，则 $H_c < H_{rc}$。由于能量不足，管中流速降低，流量随着减少，直减至 Q_A 为止。

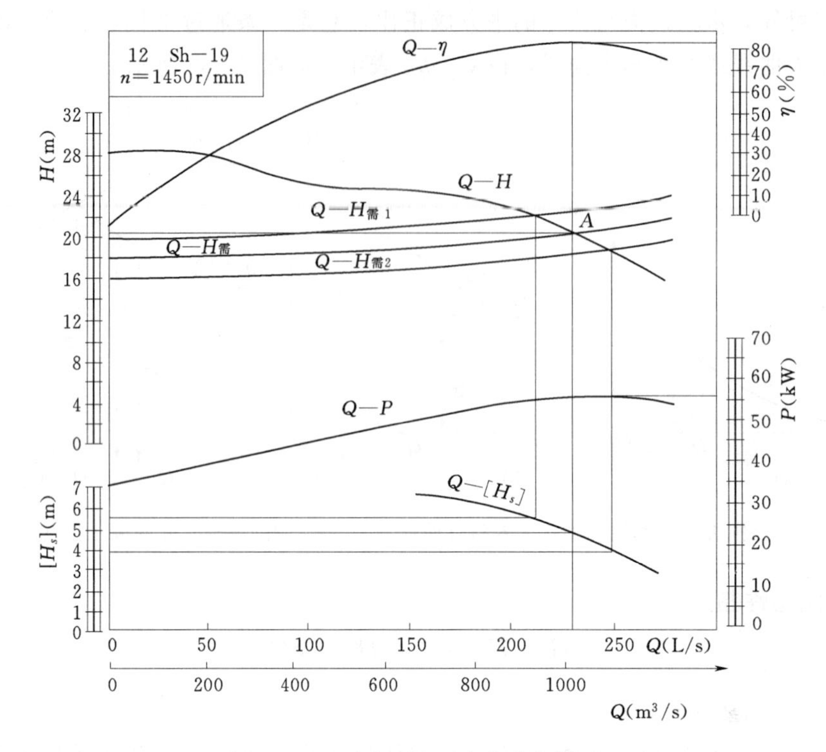

图 7-35　叶片泵工况点的确定例图

7.9.2　正常运行时水泵工况点确定

水泵的工况点是水泵的扬程性能曲线和抽水装置特性曲线的交点，水泵的扬程性能曲线可以从机械产品目录、设计手册或水泵的性能图（包括实验性能曲线、通用性能曲线）等直接查得，也可根据水泵的性能表，利用水泵扬程方程，求得扬程式性能曲线的系数，从而绘制出水泵的扬程性能曲线。

而抽水装置特性曲线是根据抽水装置的管道材料及其布置、设计上下水位，求出其抽水装置阻力参数，假设一个流量，计算对应的抽水装置所需要的扬程，从而绘制出抽水装置特性曲线。

水泵的联合运行包括正常运行、调节泵与非调节的联合运行以及非常工况下的运行三类。

正常运行包括相同和不同型号水泵的并联、相同和不同型号水泵的串联、相同型号水泵的串并联转换运行、一台水泵向高低不同的出水构筑物供水、高位构筑物与水泵联合向低位构筑物供水、多台水泵向高低不同的出水构筑物供水等7种情况。

调节泵与非调节的联合运行包括变径调节水泵的工况点、变径调节水泵和非调节泵的联合运行、变速调节水泵的工况点、变速调节水泵和非调节泵的联合运行、变角调节水泵的工况点、变角调节水泵和非调节泵的联合运行等6种情况。

非常工况下的运行包括串联和并联，它们又都包括全部失去动力和部分失去动力等4种情况。

7.9.3　并联时工况点的确定

在泵站中，出水管路较长，进行技术经济比较后，可采用几台（一般 2～4 台）水泵合用一条出水管。几台水泵向一条公共出水管供水，称为水泵的并联运行。从水泵出水接管末端（水泵出口）到并联点的管段称为压力支管，并联点以后的管段称为压力并管，而水泵之前的管道称为吸水管。

1. 不同型号泵的并联

不同型号水泵并联的工况点，就是把单泵的扬程性能曲线横向叠加，总的扬程性能曲线与抽水装置特性曲线的交点 A（图 7－36 给出了两台不同型号泵的并联工况点），过该点作水平线与各泵的扬程性能曲线的交点，就是各泵的工况点

$$\left.\begin{aligned}Q_A&=Q_B+Q_C\\H_A&=H_B+H_C\end{aligned}\right\}\qquad(7-37)$$

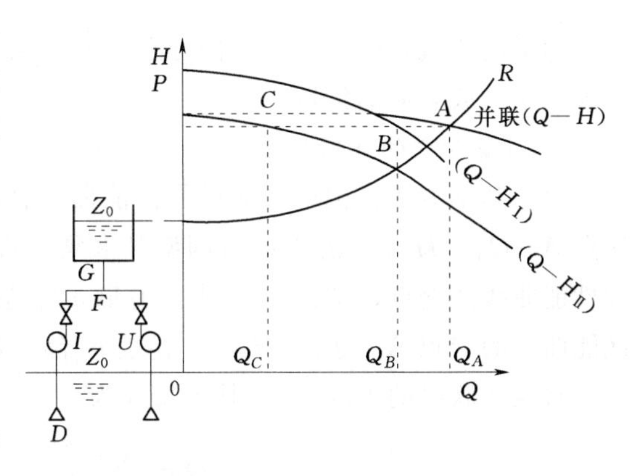

图 7－36　不同型号泵的并联

多台水泵在进口有共同的单位总能量 E_1，在出口（即 M 点）也有共同的 E_M，根据水泵扬程的定义，在并联点 F 具有共同的压力 P_F，也就意味着各个水泵具有共同的扬程。因为它们的提水高度相同，而压力并管的水头损失也相同，故它们的吸水管及压力支管的损失扬程之和也相等

$$\left.\begin{aligned}(S_{1i}+S_{1b})Q_1^2&=(S_{2i}+S_{2b})Q_2^2\\&=\cdots\\&=(S_{ji}+S_{jb})Q_j^2\\&=\cdots\\&=(S_{mi}+S_{mb})Q_m^2\end{aligned}\right\}\qquad(7-38)$$

式中　第一个下标——水泵的序号；

第二个下标 i，b——吸水管，压力支管；

m——并联水泵的台数。

由式（7－38）可得

$$\left.\begin{aligned}&\frac{S_{1i}+S_{1b}}{S_{2i}+S_{2b}}=\left(\frac{Q_1}{Q_2}\right)^2\\&\cdots\\&\frac{S_{1i}+S_{1b}}{S_{ji}+S_{jb}}=\left(\frac{Q_1}{Q_j}\right)^2\\&\cdots\\&\frac{S_{1i}+S_{12}}{S_{mi}+S_{mb}}=\left(\frac{Q_1}{Qm}\right)^2\end{aligned}\right\}\qquad(7-39)$$

根据管路系统的布置和管道的材料，可以计算出各个管道的阻力参数 S_{j1}、S_{j2}，计算

出各个吸水管及压力支管的流量比，再根据 $H_r = H_{ST} + SQ^2$，便可绘制出抽水装置特性曲线，找出它与单泵的扬程性能曲线的交点就是多台水泵并联时，该泵的工况 A_1（Q_{1A}，H_{1A}），通过该点做水平线，与其他泵的扬程性能曲线的交点，就是各个水泵的工况点 A_1（Q_{1A}，H_{1A}），A_2（Q_{2A}，H_{2A}），…，A_m（Q_{mA}，H_{mA}）。

$$\left.\begin{aligned} &Q = \sum_{j=1}^{m} Q_j \\ &H_{mA} = H_{1A} = H_{2A} = \cdots = H_{iA} = \cdots = H_A \end{aligned}\right\}$$

为了便于流量的调节，大部分泵站要求用大泵和小泵相互配合，一般是两大一小，或一大一小，或它们的倍数。

2. 同型号泵的并联

（1）基本方法。把单泵的扬程性能曲线横向放大到 m 倍，它与抽水装置特性曲线的交点 A（Q_A，H_A），就是 m 台同型号水泵并联的工况点，过该点作水平线，与水泵的扬程性能曲线的交点，就是 m 台水泵并联的单泵工况点，过该点作水平线，与水泵的扬程性能曲线的交点 A_1(Q_{A1}，H_{A1})，就是 m 台水泵的并联的单泵工况点（图 7-37 为两台同型号水泵并联时的工况点），其关系式为

$$\left.\begin{aligned} &Q = \sum_{j=1}^{m} Q_j \\ &H = H_j \quad j = 1,2,\cdots,m \end{aligned}\right\} \tag{7-40}$$

（2）简化法。不难推出

$$h_w = \sum(SQ^2) = S_i Q_i^2 + S_b Q_b^2 + S_p Q_p^2 = S_i Q_1^2 + S_b Q_1^2 + S_p (mQ_1)^2$$

即

$$h_w = (S_i + S_b + m^2 S_p) Q_1^2 = SQ_1^2 \tag{7-41}$$

$$S = S_i + S_b + m^2 S_p$$

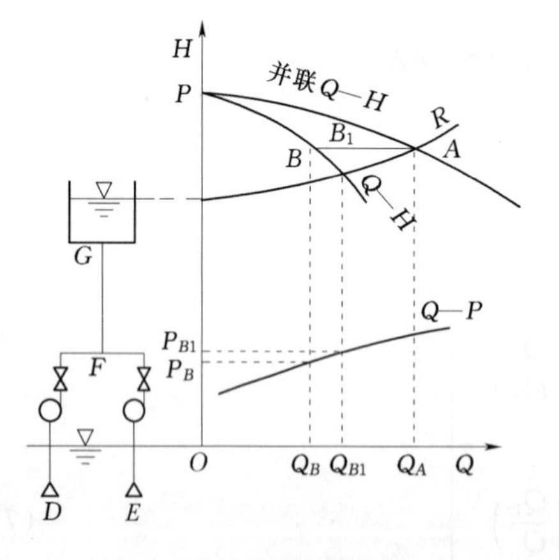

图 7-37　同型号泵的并联

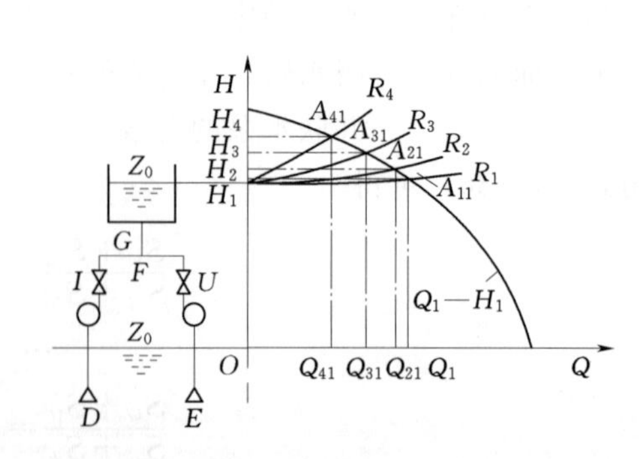

图 7-38　多台同型号泵并联

绘制出管路系统特性曲线，找出它与水泵的扬程性能曲线的交点就是 m 台同型号泵并联时，单泵的工况点 A_1(Q_{A1}，H_{A1})，图 7-38 给出两台、三台、四台同型号泵并联运行和单泵运行四种情况下，单泵工况点确定的简化法示意图，由图 7-38 可知

$$\left.\begin{array}{l}H_A=H_1\\Q_A=mQ_1\end{array}\right\}\tag{7-42}$$

这样，我们就可以无须像以前那样，把单泵的扬程性能曲线放大 m 倍了，而直接应用单泵的扬程性能曲线就可以了。这样既减少了绘图的工作量，又减少了绘图所造成的累计误差。

如果水泵的吸水管和压力支管都较短，它们的局部水头损失可以忽略不计，实际上，并联管路一般都比较长，大都按长管计算，故上述公式就可简化为

$$h_w=(S_{f1}+S_{f2}+m^2S_{f3})Q_1^2\approx S_fQ_1^2\tag{7-43}$$

$$S=S_{f1}+S_{f2}+m^2S_{f3}\tag{7-44}$$

根据式（7－42）、式（7－43），便可绘制出抽水装置特性曲线，找出它与水泵的扬程性能曲线的交点就是 m 台同型号泵并联时，该单泵的工况点 $A(Q_A，H_A)$。

3. 说明

（1）并联的目的是为了减少压力管道的根数，降低管道的材料用量和安装费，减少占地面积，降低征地费用，从而降低整个工程投资。

（2）虽然并联的目的在于增加流量，但随着并联台数的增加，虽然总流量随着台数的增加而增加，但是单泵流量却减少，水泵的利用率逐渐降低，从图 7－37 不难看出

$$\left.\begin{array}{l}Q_m>\cdots>Q_i>\cdots>Q_2>Q_1\\Q_{m1}<\cdots<Q_{i1}<\cdots<Q_{21}<Q_{11}\end{array}\right\}\tag{7-45}$$

式中　Q_m，Q_{m1}——m 台水泵并联时总流量，单泵流量，m^3/s。

（3）随着并联台数的增加，水泵的效率一般也下降，故并联的台数不能太多，不能超过 5 台，不宜超过 3 台。避免水泵在高效率区外运行，以防引起水泵的空蚀、动力机的超载或欠载。

（4）对于城市（镇）给水泵站，在任何不利情况下，供水保证率不应低于 75%，一般要求要有两根压力并管，两根压力并管之间最好用连接管相互连通，以平衡水压和提高泵站的供水保证率。

7.9.4　串联时工况点的确定

1. 不同型号泵的串联

$$h_w=\sum_{i=1}^{z}(SQ^2)=(S_1+S_2+\cdots+S_i+\cdots+S_z)Q^2=SQ^2\tag{7-46}$$

式中　S_i——第 i 级泵站的阻力参数，s^2/m^5；

　　　z——串联的级数。

由于只有第一级水泵才有真正的吸水管而且较短，而串联时实质上的压力管道比较长，故吸水管的局部水头损失可以忽略不计，一般均按长管计算，因此式（7－46）就可简化为

$$h_w=h_f=(S_{f1}+S_{f2}+\cdots+S_{fi}+\cdots+S_{fz})Q^2=S_fQ^2$$

式中　S_{fi}——第 i 级水泵的沿程阻力参数，s^2/m^5。

把水泵的扬程性能曲线纵向叠加，与抽水装置特性曲线的交点，就是 z 台水泵串联的工况点，$A(Q_{As},H_{As})$，通过该点做铅垂线，与单泵的扬程性能曲线的交点（图 7-39 中的 B，C），就是各个水泵的工况点

$$\left.\begin{array}{l}Q_A=Q_B=Q_C\\H_A=H_B+H_C\end{array}\right\} \tag{7-47}$$

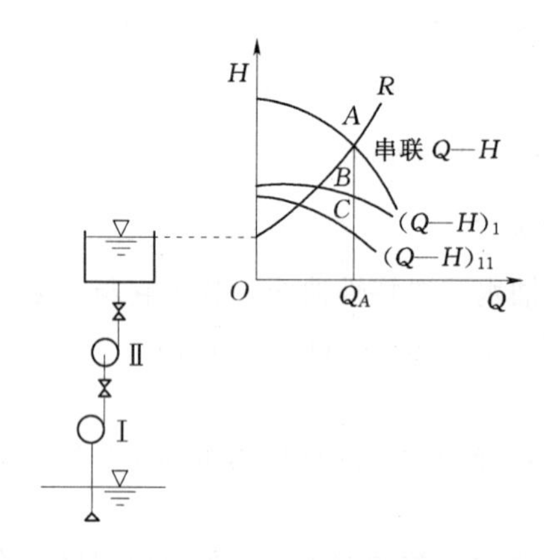

图 7-39 不同型号泵的串联

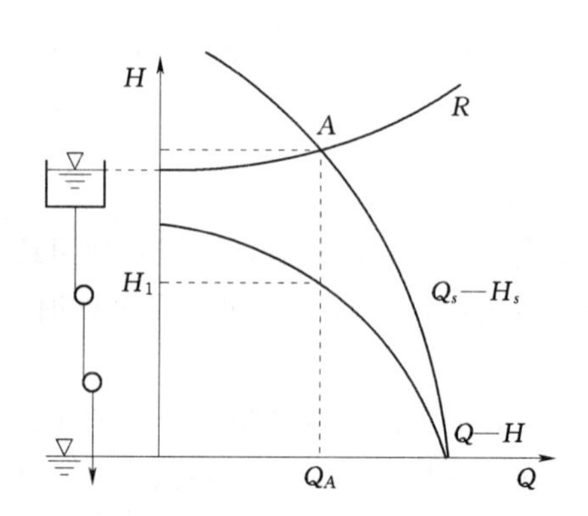

图 7-40 同型号泵的串联

2. 同型号泵的串联

如果不仅水泵型号相同，各水泵的抽水装置也基本相同，把单泵的扬程性能曲线纵向放大到 z 倍，与抽水装置特性曲线的交点，就是 z 台同型号水泵串联的工况点，过该点作铅垂线，与水泵扬程性能曲线的交点，就是 z 台同型号水泵串联的工况点（图 7-40 给出了两台同型号水泵串联时的工况点）。则

$$h_w=(zS_{fi})Q^2=S_fQ^2 \tag{7-48}$$

不难推出

$$\left.\begin{array}{l}H_A=zH_1\\Q_A=Q_1\end{array}\right\} \tag{7-49}$$

3. 说明

（1）水泵的串联应与梯级泵站区别开来，水泵的串联是指上下级水泵之间没有无压构筑物，前一级水泵的压力管道就是后一级水泵的吸水管，上下级之间直接用管道相连；而梯级泵站则是指上下级泵站之间有无压构筑物把管道隔开。

（2）串联的目的是为了增加扬程，水泵的扬程本身就比较高，故第一级水泵处及附近的压力管道的压力都比较大，所以，除非中间无台地，不便于泵站布置时，尽量不要采用串联，迫不得已时串联的级数不能过多，一般为两级，极少采用三级串联。

（3）如果串联的水泵型号不同，要求大泵在下，小泵在上，不能倒置。

（4）无论是水泵的串联，还是梯级泵站，都要求上下级泵站或水泵之间都必须流量匹配，尽量减少弃水，如果中间没有分水，要求它们的台数应当相等，或成倍数关系。有分水时，按流量比例设定各级台数。

7.9.5　两台同型号泵的串并联转换运行

把单泵的扬程性能曲线 $Q—H$ 分别纵、横向放大一倍，得到两台同型号泵串、并联运行的扬程性能曲线 $Q_s—H_s$、$Q_P—H_P$；找出它们的交点 K_0 其左上方为串联区，右下方为并联区。绘出抽水装置特性曲线 R，若位于 K 点的左上方，则采用串联的运行方式；若位于 K 点的右下方，则采用并联的运行方式。在串联区不仅扬程高，而且流量大；并联区并联不仅比串联的流量大，而且扬程也高（图 7－41）。表 7－3 给出了两台同型号泵的串并联转换运行方式。

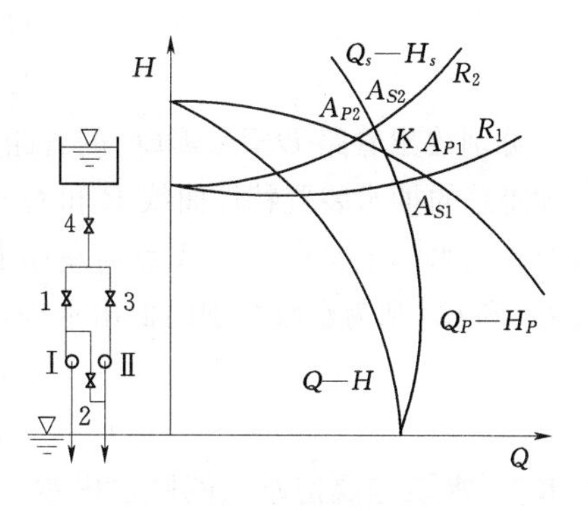

图 7－41　两台同型号泵的串并联转换运行

表 7－3　　两台同型号泵的串并联转换运行方式表

闸阀＼闸阀开关方式＼运行方式	Ⅰ号泵单独运行	Ⅱ号泵单独运行	并联运行	串联运行
1	开	关	开	关
2	关	关	关	开
3	关	开	开	开
4	开	开	开	开

7.9.6　一台水泵向高低出水建筑物供水时工况点的确定

为了节约能源，在山丘区的灌溉泵站及城市的分区供水的给水泵站中，可同时向高低不同的出水构筑物供水。水泵在此情况下运行，其工况点的确定方法，如图 7－42 所示。

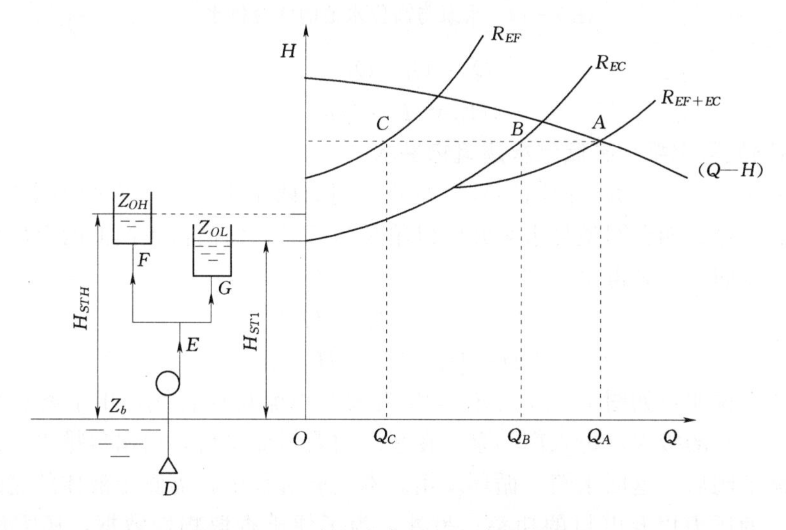

图 7－42　水泵向高低出水建筑物供水

若速度水头忽略不计，则

$$\left.\begin{aligned}H_{r1}&=H_{ST1}+h_{wDEF}\\H_{r2}&=H_{ST2}+h_{wDEG}\end{aligned}\right\}$$

分别绘出管路 DEF、DEG 的管路系统特性曲线 R_{DEF}、R_{DEG}。这两条管路特性曲线横向叠加得总的抽水装置特性曲线 R 和 $Q—H$ 曲线相交于 A 点，即为一台水泵同时向高低出水构筑物供水的工况点。从 A 点向左作水平线，与 R_{DBG}、R_{DBF} 曲线分别相交于 B、C 两点，所得 Q_B 和 Q_C 则为水泵分别向低出水构筑物和高出水构筑物供水的流量，其关系为

$$\left.\begin{aligned}Q_A&=Q_B+Q_C\\H_A&=H_B=H_C\end{aligned}\right\}\tag{7-50}$$

7.9.7 水泵与高位水池的联合供水

把高位水池的供水曲线 $Q_H—H_H$，与单泵的扬程性能曲线 $Q_1—H_1$ 横向叠加，得到水泵与高位水池联合运行的供水曲线 $Q—H$，它与低位水池的需水曲线 $RQ_D—H_D$ 的交点，就是水泵与高位水池的联合供水的工况点（图 7-43）。

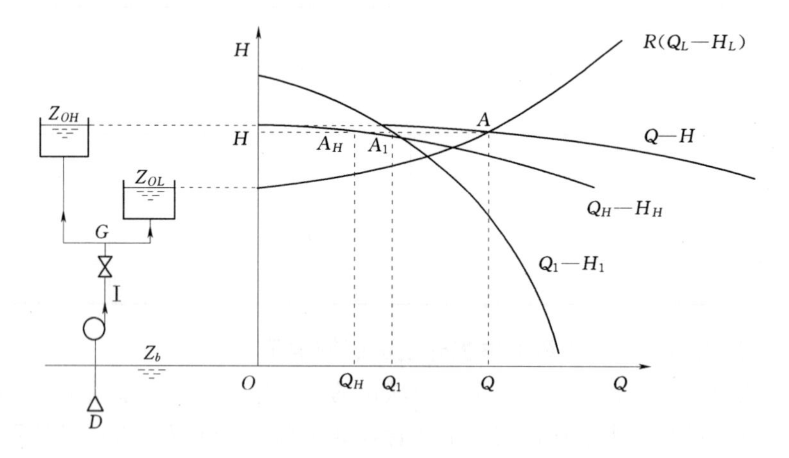

图 7-43 水泵与高位水池的联合供水

$$\left.\begin{aligned}Q_D&=Q_1+Q_H\\H_D&=H_1=H_H\end{aligned}\right\}\tag{7-51}$$

7.9.8 多台同型号水泵向高低出水建筑物供水

如图 7-44 所示，左侧为两同型号向高低不同的两个出水池供水的抽水装置示意图，右侧为两台、三台、四台同型号水泵并联以单泵运行时，向高低不同的两个出水池供水的工况点确定示意图。不难得出

$$\left.\begin{aligned}Q_m&=mQ_1=Q_H+Q_L\\H&=H_1=H_H=H_L\end{aligned}\right\}$$

实验：流程说明：如图 7-45 所示 No8 为大孔板流量计管线，用于离心泵实验。水箱内的清水，自泵的吸入口进入离心泵，在泵壳内获得能量后，由出口排出，流经孔板流量计和流量调节阀后，返回水箱，循环使用。本实验过程中，需测定液体的流量、离心泵进口和出口处的压力以及电机的功率；另外，为了便于查取物性数据，还需测量水的温度。流量的测定，使用图 7-45 中的大孔板与压力传感器共同完成，压差在仪表柜上的“水流量”表上读取。

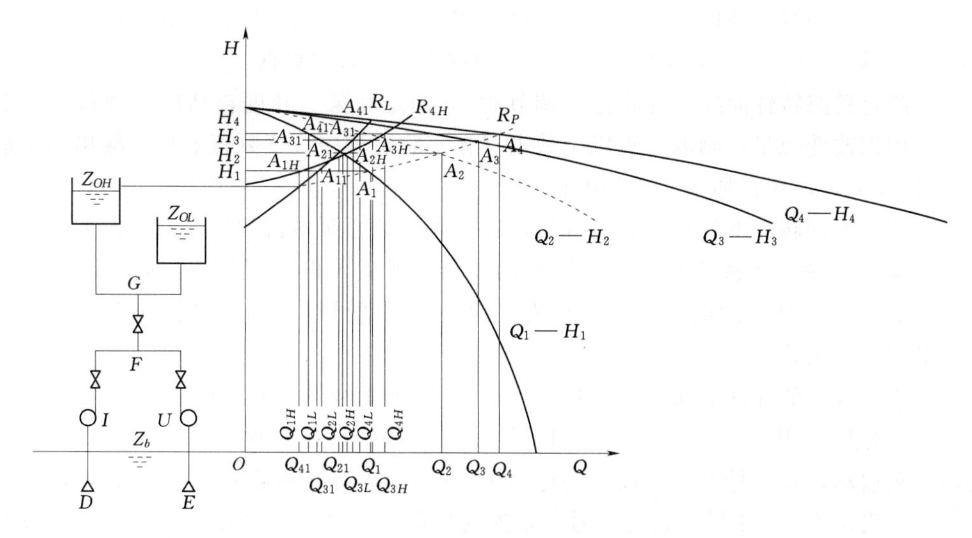

图 7-44　多台同型号水泵向高低出水建筑物供水

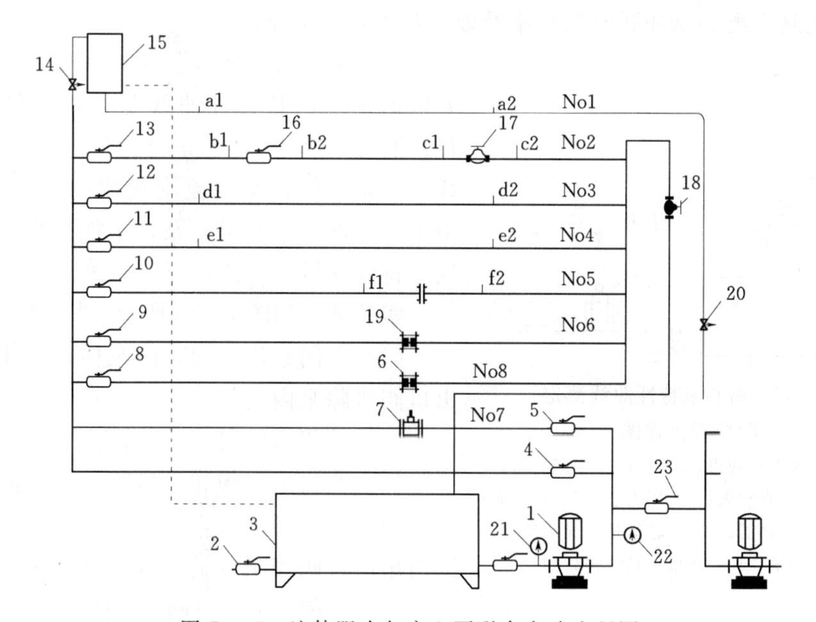

图 7-45　流体阻力与离心泵联合实验流程图

1—离心泵；2—水箱放净阀；3—水箱；4、5—切换阀；6—大孔板流量计；7—涡轮流量计；8、9、10、11、12、13—管路开关阀；14—高位槽上水阀；15—高位槽；16—球阀；17—截止阀；18—流量调节阀；19—小孔板流量计；20—层流管流量调节阀；21—真空表；22—压力表；23—两台泵连通阀

操作说明：

(1) 先熟悉流程中的仪器设备及与其配套的电器开关，并检查水箱内的水位，然后按下“离心泵”按钮，开启离心泵。

(2) 系统排气，打开管路切换阀 8，关闭其他管路切换阀，打开流量调节阀 18，排净系统中的气体。打开面板中水流量倒 U 形压差计下的排气阀，排净测压系统中的气体。

（3）测定离心泵特性曲线，在恒定转速下用流量调节阀18调节流量进行实验，测取10组以上数据。为了保证实验的完整性，应测取零流量时的数据。

（4）测定管路特性曲线，先将流量调节阀18固定在某一开度，利用变频器改变电机的频率，用以改变流量，测取8组以上数据（在实验过程中，变频仪的最大输出频率最好不要超过50Hz，以免损坏离心泵和电机）。

（5）测定不同转速下的离心泵扬程线，首先固定离心泵电机频率，通过调节流量调节阀18，测定该转速下的离心泵扬程与流量的关系。然后，再改变频率，通过调节流量调节阀18，测定此转速下的离心泵扬程与流量的关系。就可以得到不同转速下离心泵的扬程随流量的变化关系。

（6）进行双泵的并联的实验时（1号、2号并联走2号设备的流程，3号、4号并联走4号设备的流程），其方法与测量单泵的特性曲线相似，只是流程上有所差异。首先，将两台离心泵启动，将1号或3号设备的球阀4、5关闭，打开离心泵连通阀2、3，使1号设备与2号设备连通（3号设备与4号设备连通）调节2号或4号设备上的流量调节阀进行实验。其他操作方法与单台泵相同。此实验只能测定离心泵并联时的扬程与流量的关系，而不能测定离心泵并联时轴功率及效率与流量的关系。

离心泵的特性曲线是选择和使用离心泵的重要依据之一，其特性曲线是在恒定转速下扬程 H、轴功率 N 及效率 η 与流量 V 之间的关系曲线，它是流体在泵内流动规律的外部表现形式。由于泵内部流动情况复杂，不能用数学方法计算这一特性曲线，只能依靠实验测定。

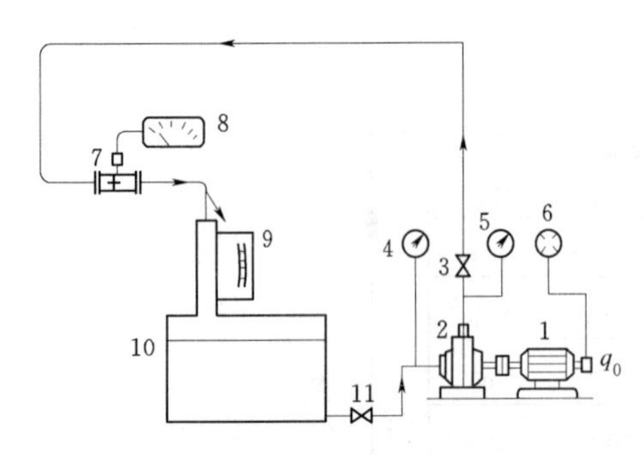

图7-46　离心泵特性曲线测定实验装置流程图

1—马达—天平测功机；2—BA-6型离心泵；3—出口阀；4—真空表；5—压力表；6—转速表；7—涡轮流量变送器；8—涡轮流量计显示仪表；9—计量槽；10—水槽；11—进口阀

实验装置如图7-46所示，其实验步骤如下：

（1）关闭泵进口阀，向泵体内注水，并打开出口阀排除泵内空气。

（2）关闭出口阀，开启电源开关，使泵运转。

（3）开启出口阀和进口阀，使泵正常运转。

（4）开启测试仪表电源，在泵的最大流量范围内用出口阀控制流量，取10组数据。

（5）关闭泵的出口阀，关闭电源开关、停车。

7.10　水泵工况点的调节

叶片泵的工况点是由水泵性能曲线和抽水装置特性曲线的交点来决定的，在选择和使用水泵时，水泵工况点的性能参数往往会偏离最高效率点，不符合实际需要，以致引起工作效率降低、动力机严重超载或负荷不足、水泵的出水量过大或过小、扬程过高或过低、产生汽蚀等，这时就必须通过改变水泵性能曲线或抽水装置特性曲线的方法，移动工况点，使之符合要求。这种方法称为水泵工况点的调节。常用的调节方法有变速调节、变径调节、变角调节、变调调节和分流调节等5种。

7.10.1 变速调节

改变水泵的转速，可以改变水泵的性能，从而达到调节水泵工况点的目的，这种调节方法称变速调节。

改变水泵转速的方法有两种，一种是采用可变速的动力机，另一种是采用可变速的传动设备。内燃机的转速可以根据所带负荷的大小自动调节；电动机变速的方法主要有变频、变阻、变压、变容调节等。

7.10.1.1 转速确定

改变水泵的转速，可使水泵性能曲线改变，达到调节水泵工况点的目的。最常遇到的情况是已有转速为 n 的 $Q—H$ 线，但所需的工况点 A_1（Q_{A1}，H_{A1}）并不位于该曲线上（图 7－47）。

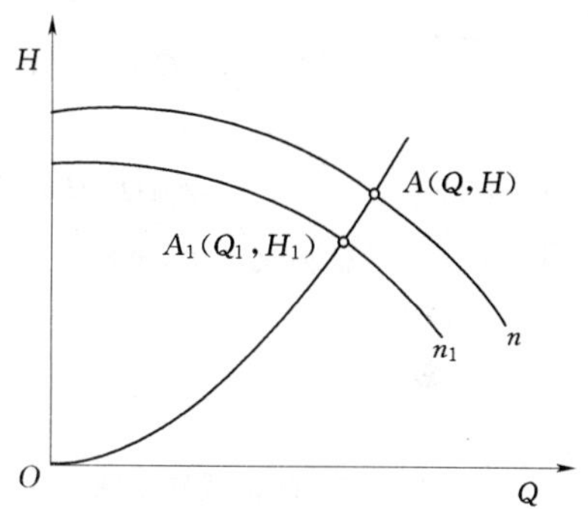

图 7－47 变速前后的 Q—H 曲线和相似工况抛物线

为了使水泵能在新的工况点工作，必须求出所需的转速 n_1。把 Q_A 与 H_A 值代入相似工况抛物线式 $H=KQ^2$，求出 K 值

$$K=\frac{H_1}{Q_1^2} \tag{7-52}$$

然后按式（7－52）画出相似工况抛物线，它与原有的 $Q—H$ 曲线相交于 A 点，并据此查出点 A（Q_A，H_A）的坐标 Q_A 与 H_A，点 A 与点 A_1 的工况相似，应用比例律公式，即可求出 n_1 值

$$n_1=\frac{Q_1}{Q}n \tag{7-53}$$

或

$$n_1=n\sqrt{\frac{H_1}{H}} \tag{7-54}$$

必须指出，提高转速不仅可能引起过载和空蚀，而且会增加水泵零件中的应力，因此，不能任意提高转速。为了变速调节，需要采用可以变速的动力机或可以变速的传动设备。

7.10.1.2 进出水建筑物的水位发生变化时的能量确定

当进出水建筑物的水位发生变化时，利用水泵扬程方程式中的水头常数 H_0，可以用数解法求出转速 n_1 值。当水泵转速从 n 增大或减小为 n_2 时，可以认为水泵的 $Q—H$ 曲线向上或向下移动了一个距离 $\Delta H=H'_{ST}-H_{ST}$（图 7－48），因此，可在 $Q=0$ 时的两条 $Q—H$ 曲线上的 A 与 A_1 两点，运用比例律公式得到

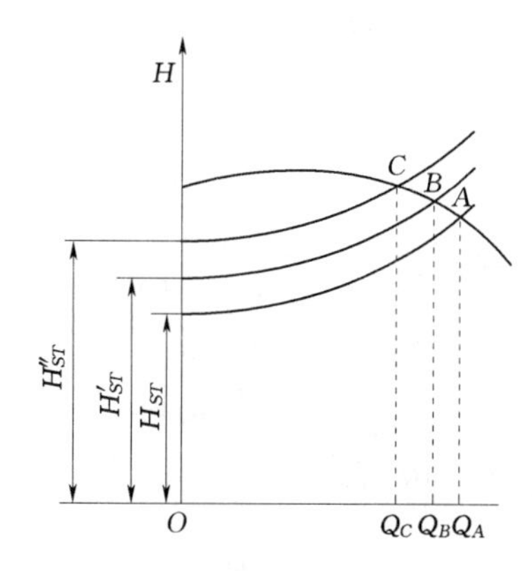

图 7－48 水位变化时的工况点

$$\frac{H_0+\Delta H}{H_0}=\left(\frac{n_1}{n}\right)^2 \tag{7-55}$$

当进出水建筑物的水位发生变化时，数解法还可以用来确定变速后的工况点。需要扬程方程根据 $H_r=H_{ST}+SQ^2$ 计算。而变速后的水泵扬程，可列出为

$$H=(H_0+\Delta H)+S_0Q^2 \tag{7-56}$$

则算出工作流量

$$Q=\sqrt{\frac{H_0-H_{ST}}{S_0+S}}\frac{n_1}{n} \tag{7-57}$$

7.10.1.3　性能曲线的转绘

1．扬程性能曲线的转绘

比例律在泵站设计与运行中的应用，最常遇到的情形有两种：

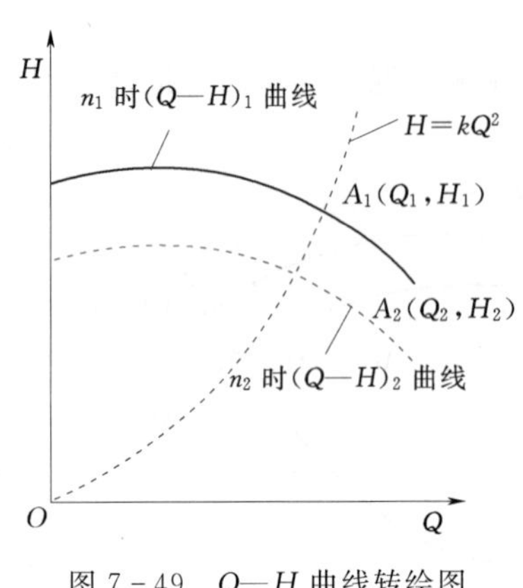

图 7－49　Q—H 曲线转绘图

（1）已知水泵转速为 n_1 时的（Q—H）$_1$ 曲线如图 7－49 所示，但所需的工况点，并不在该特性曲线上，而在坐标点 $A_2(Q_2, H_2)$处。如果需要水泵在 A_2 点工作，其转速 n_2 应是多少。

（2）已知水泵 n_1 时的（Q—H）$_1$ 曲线，试用比例律转绘转速为 n_2 时的（Q—H）$_2$ 曲线。

应用比例律的前提是工况相似。采用图解法求转速 n_1 值时，必须在转速 n 的（Q—H）$_1$ 曲线上，找出与 $A_2(Q_2, H_2)$点工况相似的 $A_1(Q_1, H_1)$点，其坐标为下面采用"相似工况抛物线"方法来求 A_1 点。

消去其转速后可得

$$\frac{H_1}{H_2}=\left(\frac{Q_1}{Q_2}\right)^2 \tag{7-58}$$

即

$$\frac{H_1}{Q_1^2}=\frac{H_2}{Q_2^2}=K \tag{7-59}$$

$$H=KQ^2 \tag{7-60}$$

由式（7－60）可看出，凡是符合比例律关系的工况点，均分布在一条以坐标原点为顶点的二次抛物线上。此抛物线称为相似工况抛物线（也称等效率曲线）。

将 A_2 点的坐标值（Q_2，H_2）代入式（7－60），可求出 K 值，再按式（7－60），写出与 A_2 点工况相似的普遍式 $H=KQ^2$。则此方程式即代表一条与 A_2 点工况相似的抛物线（K 为常数）。它和转速为 n_1 的（Q—H）$_1$ 曲线相交于点，此 A_1 点就是所要求的与 A_2 点工况相似的点。把 A_1 点和 A_2 点的坐标值(Q_1, H_1)和(Q_2, H_2)代入式（7－59），可得

$$n_2=\frac{Q_2}{Q_1}n_1 \tag{7-61}$$

求出转速 n_2 后，再利用比例律，可翻画出 n_2 时的（Q—H）$_2$ 曲线。此时，式（7－61）中 n_1 和 n_2 均为已知值。利用迭代法，在 n_1 的（Q—H）$_1$ 曲线上任意取 $a(Q_a, H_a)$点、$b(Q_b, H_b)$点及 $c(Q_c, H_c)$点……代入式（7－59），得出相应的 $a'(Q_a, H_a)'$点、$b'(Q_b, H_b)'$点及 $c'(Q_c, H_c)'$点……。(一般 6～7 点为好)，用光滑曲线连接可得出（Q—H）$_2$ 曲线，如图 7－50 虚线所示。此曲

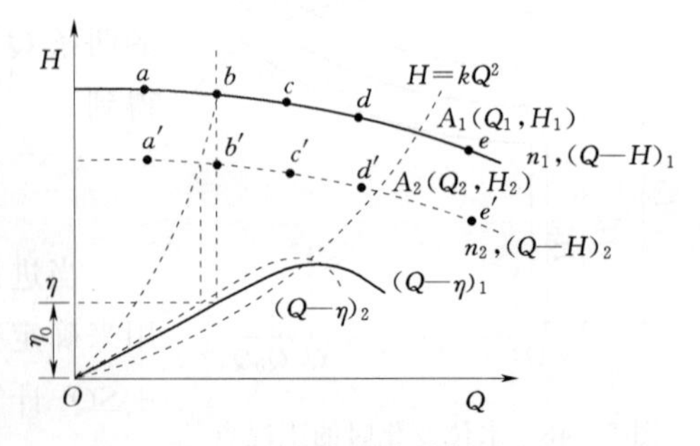

图 7－50　效率曲线转绘图

线即为图解法求得的转速为 n_2 时的 $(Q—H)_2$ 曲线。

采用同样的方法，可以转绘出变径调节的扬程性能曲线，只是把比例律换作车削定径，把变速前后的转速 n、n_1 对应地换作车削前后的叶轮直径 D_2、D_2' 而已，故略。而变角调节不同叶片安装角下的扬程性能曲线，一般由实验取得。

2. 效率性能曲线的转绘

转绘扬程性能曲线后，根据比例律，对应的各点效率相等，由额定转速下的效率性能曲线，就可以绘制出其他不同转速下的效率性能曲线，在高效区任意假设一效率，作水平线，找出与各个效率性能曲线的交点，过这些点分别作铅垂线，并找与其对应的扬程性能曲线的交点，把它们依次相连，就得到所假设效率值的等效率曲线，同样方法可得出其他效率值的等效率曲线，这就是变速调节下的等效率曲线的转绘。

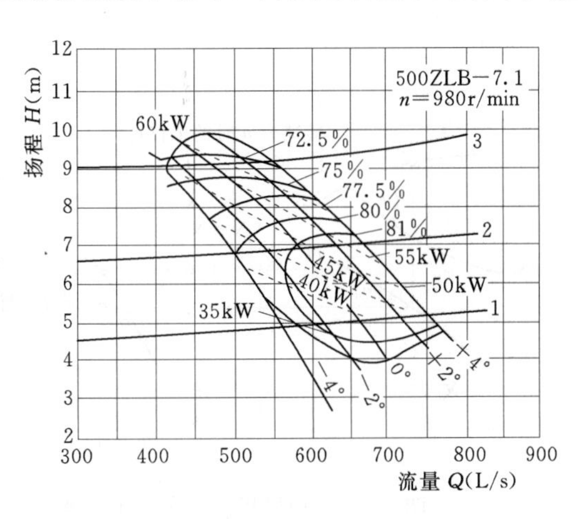

图 7-51　轴流泵通用性能曲线

同理，可转绘出变径调节、变角调节，如图 7-51 所示的等效率曲线。

3. 功率性能曲线的转绘

根据 $\frac{P_1}{P_2}=\left(\frac{n_1}{n_2}\right)^3$ 采用等效曲线转绘的方法，可以转绘出变速、变径和变角调节的等功曲线。转绘前后的扬程、等功率、等效率曲线组成了通用性能曲线。

7.10.1.4　内燃机水泵机组的转速调节

图 7-52 为一台柴油机的速度特性曲线。如果在这张图中绘上这台柴油机所拖带的水泵在变速时的功率曲线，那么两种曲线的交点就是机组的工况点（图 7-52 中的 a、b 点）。

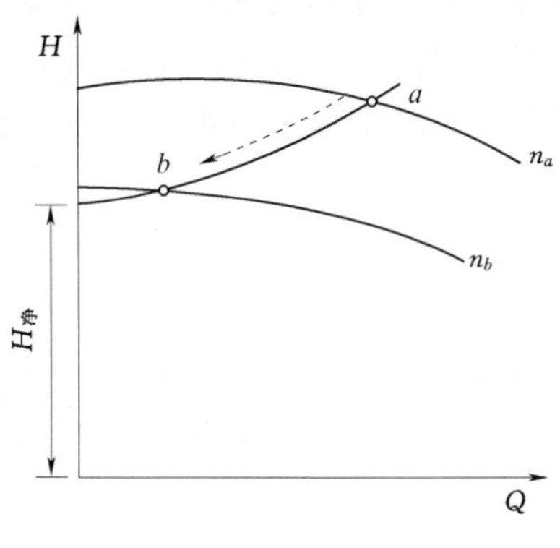

图 7-52　转速下降时离心泵工况点的移动图

柴油机通常具有全程式调速器，它能根据负荷控制供油量，维持一定的转速。在这种情况下，柴油机的某一部分特性曲线在一定的转速下和水泵变速功率曲线相交（a 点）。如果把转速定得太低，就会使柴油机负载不足（b 点），耗油率太高。

此外，从图 7-52 可以看出，如果 H_{ST}/H 较大，则转速太低时离心泵出水很少，甚至停止出水。这时必须提高柴油机的转速，以改变机组和水泵的工况点，获得较有利的运行状况。如果柴油机的转速原来定得适当，但后来 H_{ST} 有较大变化，以致水泵工况点离开设计点较远，这时也可以通过调节柴油机转速，来改变水泵工作状况。从图 7-52 可以看出，在相当宽的转速变化范围内，柴油机耗油率的变化是不大的。

若内燃机具有两极式调速器，则这种调速器只能控制最高和最低转速，在中间转速范围内，需用手动来改变内燃机的速度特性曲线，达到调速之目的。对于给定的机组来说，在管路特性曲线不变（即水泵变速功率曲线不变）的情况下，两极式的手动调速原理和全程式完全相同。但是，在中间转速范围内，当管路特性曲线发生改变时，水泵变速功率曲线也改变，由于调速器不发生作用，速度特性曲线不变，机组工况点移动，机组转速发生变化，如图 7-53 所示。

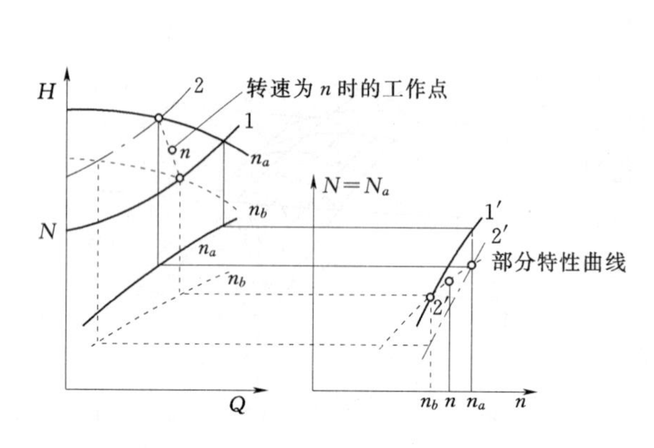

图 7-53 内燃机离心泵机组变速运行时工况点的移动图

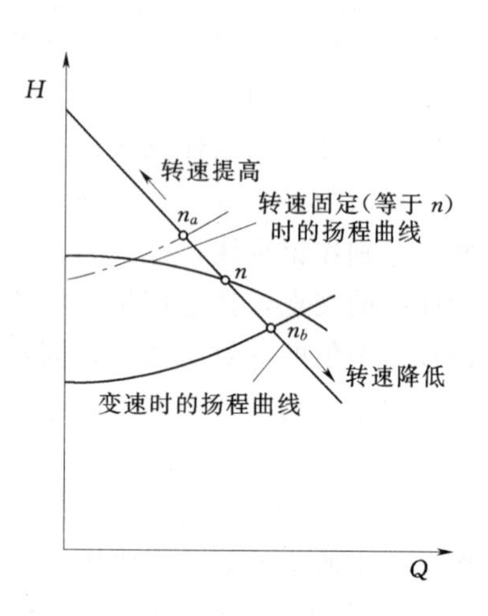

图 7-54 内燃机离心泵机组变速运转时工况点的移动图

对于离心泵来说，在同一转速下，当水泵工况点向左移时，水泵功率变小；当工况点向右移时，水泵功率变大；轴流泵的情况相反。对于离心泵当管路水头曲线上升、工况点左移时，机组自动加速，到机、泵功率平衡为止；当管路特性曲线下降、工况点向右移时，机组自动减速，也到机、泵功率平衡为止。轴流泵的变化相反。所以，离心泵在变速运转时的扬程曲线比转速恒定时陡峻（图 7-54），而轴流泵在变速运转时的扬程曲线则比转速恒定的平缓。和定速运转比起来，变速运转能使水泵保持比较有利的工作状况，特别是对于 H_{ST}/H 值较大的离心泵来说，变速运转能够有效地防止水泵出水太少或停止抽水。

综上所述，内燃机的手动调速，操作简便，也比较经济，很适用于水泵工作状况的变速调节。但是手动调速需要配备测量水泵工作参数（流量、扬程）的仪表，并且要求抽水机手掌握调节方法，一时不易推广。具有全程式调速器的内燃机抽水机组能够通过自动调速在一定程度上调节水泵的工作状况。因此，怎样配套这种机组，以达到比较有利的变速调节，值得进一步研究和探讨。

7.10.2 变径调节

将离心泵或混流泵叶轮外径车削，可以改变水泵的性能，从而调节水泵的工况点，扩大水泵的使用范围，这种调节方法称变径调节，又称车削调节或切削调节。车削调节在水泵的生产制造中已大量应用。为了扩大水泵的使用范围，我国制造的单级单吸悬臂式离心泵与双吸式离心泵，除了标准直径的叶轮外，大多还有叶轮车小的一种或两种变型（A、B）。必要时使用单位也可以自行车削叶轮，达到调节水泵工况点的目的。

联立式（7－58）～式（7－60），该式对车削的叶轮可写成

$$\left.\begin{aligned}\frac{Q'}{Q}&=\frac{D_2'}{D_2}\\ \frac{H'}{H}&=\left(\frac{D_2'}{D_2}\right)^2\\ \frac{P'}{P}&=\left(\frac{D_2'}{D_2}\right)^3\end{aligned}\right\}\tag{7-62}$$

由车削换算公式（7－58）可推导出相似工况抛物线方程 $H=KQ^2$。

这个方程式所表示的是顶点在坐标原点的二次抛物线。凡满足切割定律的任何工况点，都分布在这条抛物线上，通常称此线为车削抛物线或称为相似工况抛物线或称为等效率曲线。注意到这些类似点，不但可以帮助记忆，而且使我们能够采用类似变速换算的方法，来解决车削调节的换算问题。

车削换算公式来自相似理论，但车削前后的叶轮和工况并不保持相似，车削后实测性能与按车削定律换算的性能并不完全相同，车削后最高效率点的数值和流量均减少。为了修正误差，实际车削量 ΔD_2 的计算公式为

$$\Delta D_2=k(D_2-D_2')\tag{7-63}$$

式中　k——车削系数，k 值与比转数有关。

国产低比转数泵可根据水泵样本中给出的性能参数和实际车削量反算出来。也可用式（7－64）计算

$$k=(0.8145\sim1.2013)-0.1545\,\frac{n_s}{100}\tag{7-64}$$

水泵叶轮的车削量应有一定限度，否则原设计的构造被破坏，使水泵效率降低太多。叶轮的车削限度与其比转数有关。一般比转数低的叶轮，允许车削量较大。比转数高的叶轮，允许车削量较小。车削调节通常只适用于比转数不超过450的叶片泵。对于轴流泵来说，车小叶轮就需要换泵壳或者在泵壳内壁加衬里，这是不合算的。叶片泵叶轮的允许车削量如表7－4所列。

表7－4　　叶片泵叶轮的允许车削量

比转数	<60	60	120	200	250	350	450	>450
允许车削量（%）	20	15	11	9	7	6	4	0

叶轮车削时，对不同类型的叶轮，应采用不同的方式，如图7－55所示。低比转数离心泵叶轮的车削量，在前后两盖板和叶片上都是相等的，中、高比转数离心泵叶轮，后盖板的车削量大于前盖板。混流泵叶轮在前盖板的外缘处车削得多，而在轮毂处则很少车削或不车削，计算时用有效平均直径代替外缘直径

$$\overline{D}_2=\sqrt{\frac{D_{20}+D_{2h}}{2}}\tag{7-65}$$

离心泵叶轮叶片的出口端因车削而变厚，若在叶片背面出口部分的一定长度范围内进行修锉，会使性能得到改善，如图7－56所示。切削抛物线求叶轮切削量如图7－57所示。

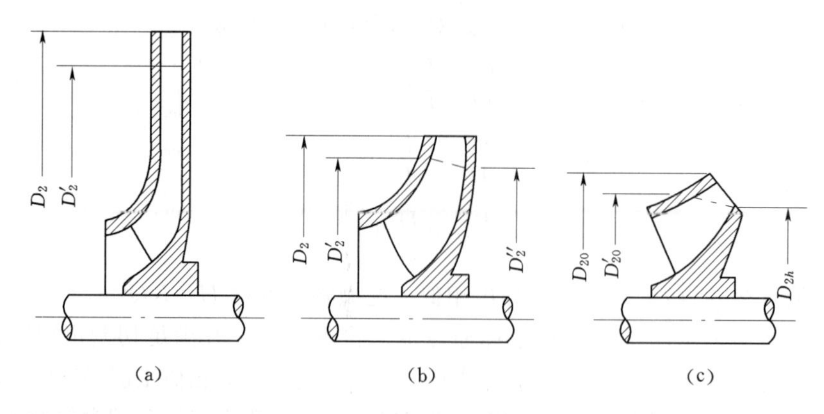

图 7-55　叶轮的车削方式图

(a) 低比转数离心泵；(b) 中、高比转数离心泵；(c) 混流泵

叶轮被车削后不能恢复原有的尺寸和性能，这是车削调节不如变速调节的地方。但是，离心泵的叶轮被车削后，进水侧的构造不变，所以，空蚀性能曲线(Q—$[H_s]$)不变，这是车削调节优越于变速调节的地方。由于具有这个优点，车削调节在某些场合，特别适用于防止或减轻空蚀，例如对于中、高比转数离心泵，采用车削调节，有时可以有效地防止空蚀，在很大程度上减小功率的消耗。但对于大型离心泵来说，车削调节所引起的效率下降不容忽视，如果能够改用更换叶轮的方法，就可以在相似工况下使水泵效率几乎保持同一水平，这对大型离心泵站具有重大的经济意义。

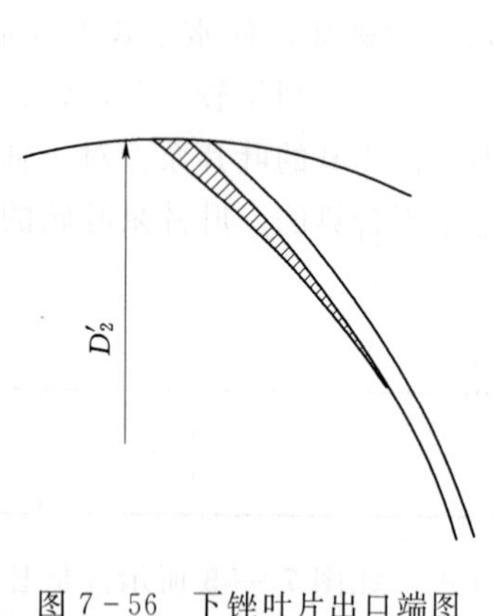

图 7-56　下锉叶片出口端图

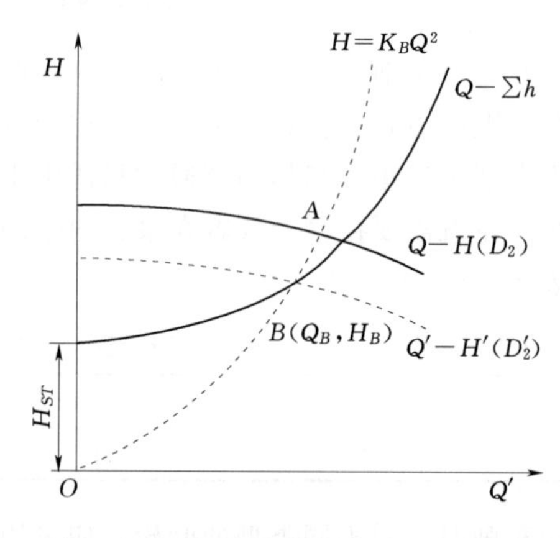

图 7-57　切削抛物线求叶轮切削量

7.11　离心泵的吸水性能

离心泵的正常工作，是建立在对水泵吸水条件正确选择的基础上，所谓正确的吸水条件，就是在抽水过程中，泵内不产生空蚀情况下的最大吸水高度。

7.11.1　压力变化

图 7-58 为离心泵管路安装示意图。水泵运行中，由于叶轮的高速旋转，在其入口处

造成了真空，水自吸水管端流入叶轮的进口。吸水池水面大气压与叶轮进口处的绝对压力之差，转化成位置头、速度头，并克服各项水头损失。图（7－58）中，绘出了水从吸水管经泵壳流入叶轮的绝对压力线；以吸水管轴线为相对压力的零线，则管轴线与压力线之间的高差表示了真空值的大小。绝对压力沿水流减少，到进入叶轮后，在叶片背面（即背水面）靠近吸水口压力达到最低值，$P_K=P_{min}$。接着，水流在叶轮受到由叶片传来的机械能，压力才迅速上升。

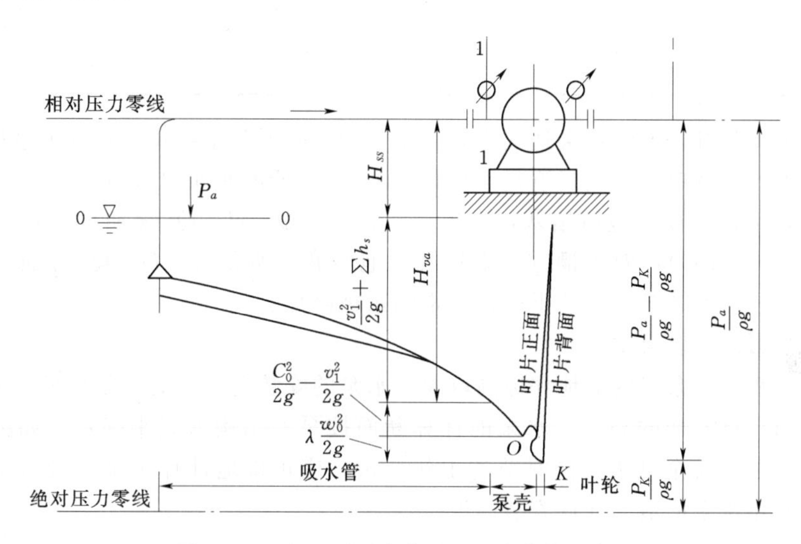

图7－58 离心泵吸水装置及压力变化示意图

吸水池水面上的压头 $P_{a/r}$ 和泵壳内最低压头 $P_{K/r}$ 之差用来支付：把液体提升 H_{ss} 高度；克服吸水管中水头损失 $\sum h_s$；产生流速水头砂 $v_1^2/2g$、流速水头差值 $(C_0^2-V_1^2)/2G$ 和供应叶片背面 K 点压力下降值 $\lambda W_0^2/2g$（该值由水泵的构造和工况决定的，一般不小于3m）。

其公式表达为

$$P_{a/r}-P_{K/r}=(H_{ss}+v_1^2/2g+\sum h_s)+(C_0^2-v_1^2)/2g+\lambda W_0^2/2g \qquad (7-66)$$

式中 $P_{a/r}$——吸水池水面大气压，mH_2O；

H_{ss}——吸水地形高度，m；

$P_{K/r}$——叶轮背面靠近吸水口压力达到最低值的 K 点的绝对压力，mH_2O；

v_1——吸水管中流速，m/s；

$\sum h_s$——吸水管水头损失，m；

C_0——0—0断面上的流速，m/s；

λ——空化系数；

W_0——0—0断面上的相对速度，m/s。

7.11.2 空化和空蚀

水泵中最低压力 P_K 如果降低到被抽液体工作温度下的饱和蒸汽压力（即气化压力）P_{va} 时，泵壳内即发生空化和空蚀现象。

首先水大量汽化，气泡随水流带入叶轮中压力升高的区域时，气泡突然被四周水压压破，水流因惯性以高速冲向气泡中心，在气泡闭合区内产生强烈的局部水锤现象，其瞬间的局部压力，可以达到几十兆帕，此时可以听到气泡冲破时炸裂的噪声，这种现象称为空化现象。

表 7－5　　水温与饱和蒸汽压力（$h_{va}=P_{va}/r$）

水　温（℃）	0	5	10	20	30	40
饱和蒸汽压力（m）	0.0	0.09	0.12	0.24	0.43	0.75
水温（℃）	50	60	70	80	90	100
饱和蒸汽压力（m）	1.25	2.02	3.17	4.82	7.14	10.33

离心泵发生空蚀现象时，会造成水泵流量、扬程降低甚至停止出水及水泵报废。不同类型的水泵发生空蚀时产生的影响是不同的，对 n_s 较低的水泵（如 $n_s<100$），因水泵叶片流槽狭长，很容易被气泡所堵塞，在出现空蚀后，$Q—H$、$Q—\eta$ 曲线迅速降落，对 n_s 较高的水泵（$n_s>150$），因流槽宽，不易被气泡堵塞，所以 $Q—H$，$Q—\eta$ 曲线先是逐渐下降，过了一段时间才开始突然下落，正常输水被破坏。

7.11.3　水泵最大安装高度

如图 7－59 所示泵房内的地坪标高取决于水泵的安装高度，通常是指吸水池测压管水面主水泵进口计算断面的高差，水泵的计算断面按泵的结构形式来确定，如图 7－60 所示。为了保证泵站安全供水，同时节省土建造价，应正确地计算水泵的最大允许安装高度，合理地利用水泵的最大允许安装高度。

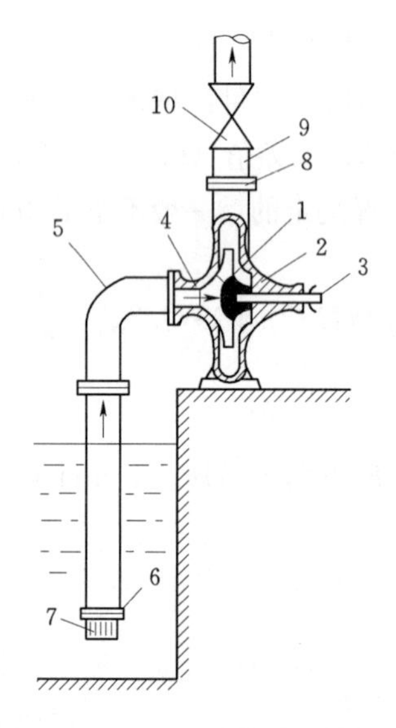

图 7－59　离心泵装置简图

1—叶轮；2—泵壳；3—泵轴；4—吸入口；
5—吸入管；6—单项底阀；7—滤网；
8—排出口；9—排出管；10—调节阀

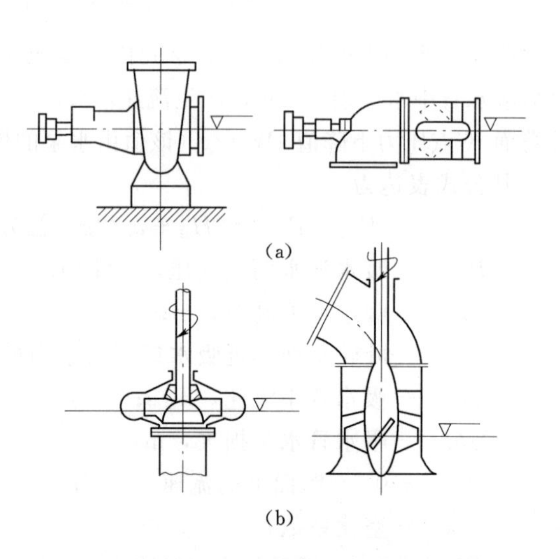

图 7－60　水泵进口计算断面

（a）卧式泵；（b）立式泵

水泵的最大安装高度计算

$$H_{as}=H_s-v^2/2g-\sum h_s \qquad (7-67)$$

式中 H_{as}——水泵的最大允许安装高度，m；

H_s——修正后的水泵允许吸上真空高度，m；

v——吸水管的流速，m/s；

g——重力加速度；

$\sum h_s$——吸水管的水头损失，m。

对于水泵样本中所给定的允许吸上真空高度 H_s，是在标准状况下（大气压 10.33mH_2O，水温 20℃），由专门的汽蚀试验求得的，当水泵安装实际地点的大气压和所抽升的液体的度不符合标准状况时，应对水泵厂所给定的 H_s。值进行修正，即

$$H_s' = H_s - (10.33 - h_s) - (h_{va} - 0.24)$$

式中 H_s——水泵铭牌或样本中给定的允许吸上真空高度，mH_2O；

H_s'——修正后的水泵允许吸上真空高度，mH_2O；

h_{va}——安装地点的大气压，mH_2O；海拔高度与大气压的关系见表 7-6。

表 7-6　海拔高度与大气压（$P_{a/r}$）关系

海拔 (m)	−600	0	100	200	300	400	500	600	700
大气压 $P_{a/r}$(mmH_2O)	11.3	10.33	10.2	10.1	10.0	9.8	9.7	9.6	9.5
海拔 (m)	800	900	1000	1500	2000	3000	4000	5000	6000
大气压 $P_{a/r}$(mmH_2O)	9.4	9.3	9.2	8.6	8.4	7.3	6.3	5.5	

7.11.4 空蚀余量与空蚀的防止

1. 空蚀余量

离心泵的吸水性能通常用允许吸上真空高度 H_s 来衡量，H_s 值越大，说明水泵的吸水性能越好，抗空蚀性能越好。对于轴流泵、热水锅炉给水泵等，叶轮常需安在最低水面下，其安装高度通常是负值，对于这类水泵常用"空蚀余量"来衡量它们的吸水性能。

$$\Delta h_a = h_a - h_{va} - \sum h_s \pm H_{ss} \tag{7-68}$$

式中 Δh_a——总空蚀余量，m；

h_a——吸水井表面的大气压力，m；

h_{va}——该水温下的汽化压力，m；

$\sum h_s$——吸水管的水头损失之和，m；

H_{ss}——水泵吸水地形高度，即安装高度，m，水泵为抽吸式工作，H_{ss} 前取"－"号，水泵为自灌式工作，H_{ss} 前取"＋"号。

应用空蚀余量时，应注意以下几点。

(1) 允许空蚀余量 H_{sv} 是将临界气蚀余量适当加大以保证水泵运行时不发生空蚀的空蚀余量，要使水泵在运行中不发生空蚀，水泵进口的空蚀余量 Δh_a 数应该不小于相应流量下的允许空蚀余量 H_{sv}。

(2) 允许空蚀余量 H_{sv}。不必修正，这是因为空蚀余量的基准面是水泵泵轴（立式泵为叶轮中心线），所以不用修正海拔高度影响；而空蚀余量定义式中已经包括饱和蒸汽压，所以也不用修正温度影响。

（3）用允许吸上真空高度 H_s，还是用允许空蚀余量 H_{sv} 来衡量水泵的吸水性能，应根据水泵类型，本着使用方便的原则确定，一般由水泵厂家在样本中给出。使用者使用哪一个参数计算 H_{ss}，取决于水泵样本给定的参数资料。

2. 空蚀的防止

水泵样本中所提供的空蚀余量是“必要的空蚀余量”，为防止水泵发生空蚀现象，在水泵站实际计算时，应控制其实际空蚀余量比水泵厂要求的“必要的空蚀余量”大 0.4～0.6mH_2O。

在具体设计时，可以从如下几个方面考虑。

（1）选定合适的安装高度 H_{ss}。考虑到水泵长期使用后性能会下降，在设计时要把计算出来的安装高度 H_{ss} 调低一些，以适应长期使用后，水泵允许吸水真空高度 H_s 的降低。

（2）管路布置时尽可能减小管路水头损失 $\sum h_s$，使得水泵进口处设计空蚀余量尽可能大一些。

（3）水泵吸水性能的校核，应用最不利工况进行计算，以确保水泵吸水条件。

（4）当所抽的水是热水时，应尽量采用自灌式，使泵轴在水面以下。

（5）水泵叶轮应选用硬度大、光洁度好的材料。硬度大可抗空蚀；光洁度好，可减少气泡在叶轮金属壁面上的黏附，减小空蚀的危害。

（6）若出现空蚀现象，可采取减小流量的措施，提高实际空蚀余量，防止发生空蚀。

7.12　离心泵的使用、维护及改造

7.12.1　离心泵的使用

（1）开机前的准备。水泵开机前，操作人员要进行必要的检查工作，以确保水泵的安全运行。

1）用手慢慢转动联轴器或带轮，观察水泵转动是否灵活、平稳，泵内有无杂物碰撞声，轴承运转是否正常，带松紧是否合适等。如有异常，应进行必要的检修或调整。

2）检查所有螺栓、螺钉是否松动，必要时进行紧固。

3）检查水泵转向是否正确。正常工作前可先开车检查，如转向相反，应及时停车。若以电机为动力，则任意换接两相接线的位置；如果是以柴油机为动力，则应检查带的接法是否正确。

4）需灌引水的水泵，应灌引水。在灌引水时，用手转动联轴器或带轮，以排出叶轮内的空气。

5）离心泵应关闭闸阀起动，以减小起动负荷。起动后应及时打开闸阀。

（2）使用中的检查。水泵在运行过程中要经常进行检查，操作人员要严守岗位，发现问题及时处理。

1）检查各种仪表工作是否正常。如电流表、电压表、真空表、压力表等。若发现读数不正常或指针剧烈跳动，应及时查明原因，予以解决。

2）检查填料松紧度。一般情况下，填料的松紧度以每分钟能渗水 12～35 滴为宜。滴水太少，容易引起填料发热、变硬，加快泵轴和轴套的磨损。滴水太多说明填料过松，易

使空气进入泵内，降低水泵的容积效率，甚至造成不出水。填料的松紧度可通过填料压盖螺钉来调节。

3）经常检查轴承温度是否正常。一般情况下轴承温度不应超过60℃。通常以用手试感觉不烫为宜。轴承温度过高说明工作不正常，应及时停机检查。否则可能烧坏轴瓦、断轴或因热胀咬死。

4）随时注意是否有异响、异常振动、出水减少等情况，一旦发现异常应立即停车检查，及时排除故障。

5）当进水池水位下降后，应随时注意进水管口淹没深度是否够用，防止进水口附近产生旋涡；经常清理拦污栅和进水池中的漂浮物，以防堵塞进水口。停车前应先关闭出水管上的闸阀，以防发生倒流，损坏机器。

7.12.2 离心泵的维护与改造

（1）轴承的维护。对于装有滑动轴承的新泵，运行100h左右就应更换润滑油；以后每工作300～500h换油一次。在使用较少的情况下，每半年也必须更换润滑油。滚动轴承一般每工作1200～1500h应补充一次润滑油，每年彻底换油一次。

（2）每次停车后均应及时擦拭泵体及管路上的油渍，保持机具清洁。在排灌季节结束后，要进行一次小修，将泵内及水管内的水放尽，以防发生锈蚀或冻损。累积运行2000h以上进行一次大修。

（3）当水泵运行工况点处于低效区时，在不适宜更换新泵和叶轮切削的情况下，采用非标叶轮法对水泵进行改造，可达到改善水泵运行工况和提高水泵运行效率的作用。

（4）离心泵在抽送液体的过程中，须要消耗一定的能量。在离心泵的实际使用过程中，常常由于各种原因，部分离心泵实际运行工况点偏离高效区，造成离心泵能耗过高和运行状态不理想的情况。为改善这一现象，需对离心泵进行必要的技术改造，在满足供水系统需要的水量、扬程的前提下，进一步提高离心泵的运行效率。

项 目 小 结

1. 离心泵的工作原理

根据叶轮出水的水流方向，叶片式水泵分为离心泵、轴流泵、混流泵；离心泵应用最广泛；离心泵的工作原理。

2. 离心泵的主要零件

叶轮、单吸式叶轮、双吸式叶轮、封闭式叶轮、敞开式叶轮、半敞开式叶轮；泵轴；泵壳；泵座；填料盒；减漏环；轴承座；联轴器。

3. 叶片泵的基本性能参数

叶片泵工作参数的意义、计算方法。

4. 离心泵的基本方程式

叶片泵基本方程的意义。

5. 离心泵装置的总扬程

水泵扬程公式 $H=H_d+H_V$ 和 $H=H_{ST}+\sum h$。

6. 离心泵的特性曲线

叶片泵性能曲线的实用意义以及特点；绘制试验性能曲线和实际工程使用的性能曲线。

7. 离心泵装置定速运行

图解法确定离心泵装置的工况点，水泵串联关联等特殊情况下工作点的确定方法，用抛物线法求水泵特性曲线方程。

8. 离心泵装置调速运行工况

图解法确定离心泵装置调速运行的特性曲线，确定离心泵装置的调速运行工况点。

9. 离心泵装置换轮运行工况

图解法确定离心泵装置换轮运行的特性曲线。

10. 离心泵并联及串联运行工况

用作图法确定同水位的两台水泵并联工作工况点；用作图法确定不同型号两台水泵相同水位并联工作；两台同型号的水泵并联运行其中一台为调速泵，另一台为定速泵，确定工况点；已知调速后两台水泵的总供水量 Q_p，求调速泵的转速 n_1 值。了解水泵串联运行。

11. 离心泵吸水性能

水泵最大安装高度计算，对允许吸上真空高度 H_s 的修正。

12. 离心泵机组的使用及维护

启动前的准备工作、水泵的启动程序、水泵的停车程序。

复习思考题

7-1　离心泵的工作原理是什么？

7-2　离心泵由哪些部件组成？

7-3　离心泵的基本性能参数有哪几个？

7-4　什么是泵的性能曲线？

7-5　什么是叶片泵汽蚀？泵内汽蚀的主要原因是什么？有哪些危害？

7-6　离心泵装置的总扬程怎么确定？

7-7　试讨论叶片泵基本方程式的物理意义。

7-8　正常运行时水泵工况点怎么确定？

7-9　水泵最大安装高度是什么？

7-10　变速调节是什么？改变水泵转速的方法有哪些？

习　题

7-1　已知某离心泵铭牌参数为 $Q=360\text{L/s}$，$[H_s]=4.3\text{m}$，若将其安装在海拔1000m的地方，抽送40℃的温水，试计算其在相应流量下的允许吸上真空高度 $[H_s]'$。（海拔1000m时，$h_a=9.2\text{m}$，水温40℃时，$h_{va}=0.75\text{m}$）

7－2　某离心泵装置的流量为 468m^3/h，进水口直径为 250mm，真空表读数 58.7kPa，压力表读数为 22563kPa，真空表测压点与压力表轴心间垂直距离为 30cm，试计算该泵的扬程。

7－3　一台轴流泵，已知其流量为 360m^3/h，扬程为 6.5m，额定转速为 1450r/min，试计算其比转速。

7－4　某提水泵站一台 12sh—9 型离心泵装置，高效区范围附近的性能参数如题 7－4 表所示，进水池水位为 102m，出水池水位为 122m，进水管阻力参数为 62.21s^2/m^5，求水泵的工作参数。

题 7－4 表

流量 Q (L/S)	150	175	200	225	250	275
扬程 H (m)	24.3	23.8	22.5	21.0	18.8	15.8
功率 P (kW)	52	53	54.2	54.9	55	54.8
效率 η (%)	68.8	77.1	81.5	84.4	83.8	77.8

7－5　在沿海地区某灌溉泵站，选用 14HB－40 型水泵，其铭牌参数如下：流量 780m^3/h，扬程 6.0m，转速 9.80r/min，允许吸上真空高度 6.0m，效率 84%。设计中使用直径为 450mm 的铸铁管作进水管，长度为 11m，选用无底阀滤网 $\zeta=0.2$、45 度弯头 $\zeta=0.42$、偏心减缩接管 $\zeta=0.17$ 等附件各 1 个。试计算该泵的安装高度。

项目八　给排水中常见的其他水泵

项目提要： 轴流泵、混流泵、射流泵、往复泵的构造和工作原理。

8.1 轴　　流　　泵

轴流泵是叶片式泵的一种。它输送液体不像离心泵那样沿径向流动，而是沿泵轴方向流动的，所以称为轴流泵。又因为它的叶片是螺旋形的，很像飞机和轮船上的螺旋桨，所以有的又称为螺旋桨泵。

8.1.1　轴流泵的种类

轴流泵根据泵轴安装位置可分为立式、斜式和卧式三种。它们之间仅泵体形式不同，内部结构基本相同。我国生产较多的是立式轴流泵。

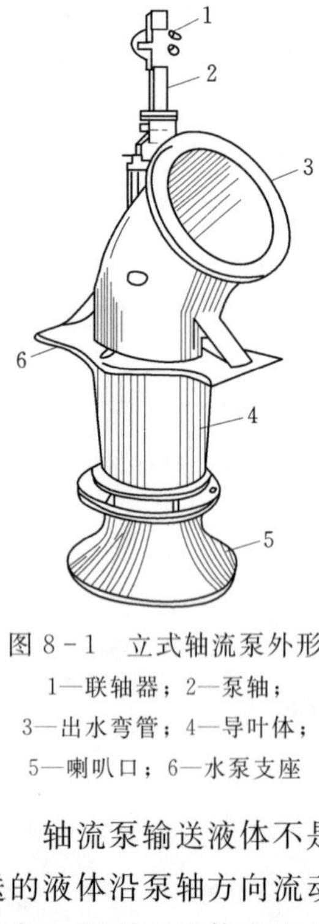

立式轴流泵主要由泵体、叶轮、导叶装置和进出口管等组成。泵体形状呈圆筒形，叶轮固定在泵轴上，泵轴在泵体内有两个轴承支承，泵轴借顶部联轴器与电动机传动轴相连接（图 8－1）。

叶轮一般由 2～6 片弯曲叶片组成，形状和电风扇叶片相似，有扭曲。叶片的结构有固定的和螺旋角可以调节的两种。可调节叶片又有半调节式和全调节式的两种。半调节式的叶片是可拆装的，改变角度需把叶片松开用手工调节；全调节式的是通过一套专门的随动机构自动改变叶片的角度。大型轴流泵的叶片大多为全调节式的。

导叶装置外形呈圆锥形或圆柱形，一般装有 6～10 个导叶片。导叶装置的作用是使从叶轮出来的液体流经导叶片所构成的流道后增加压力，提高泵的效率。

进口管为喇叭形的，出口管通常为 60°或 90°的弯管，其作用是改变液体流出的方向。

图 8－1　立式轴流泵外形
1—联轴器；2—泵轴；
3—出水弯管；4—导叶体；
5—喇叭口；6—水泵支座

8.1.2　轴流泵的工作原理

轴流泵输送液体不是依靠叶轮对液体的离心力，而是利用旋转叶轮叶片的推力使被输送的液体沿泵轴方向流动。当泵轴由电动机带动旋转后，由于叶片与泵轴轴线有一定的螺旋角，所以对液体产生推力（或升力），将液体推出，从而沿排出管排出。这和电风扇运行的原理相似，靠近风扇叶片前方的空气被叶片推向前面，使空气流动。当液体被推出后，原来位置便形成局部真空，外面的液体在大气压的作用下，将沿进口管被吸入叶轮中。只要叶轮不断旋转，泵便能不断地吸入和排出液体。

8.1.3 轴流泵的特点

1. 轴流泵的优点

(1) 流量大、结构简单、重量轻、外形尺寸小，形体为管状，占地面积小。

(2) 立式轴流泵工作时叶轮全部浸没在水中，起动时不必灌泵，操作简单方便。

(3) 对调节式轴流泵，当工作条件变化时，只要改变叶片角度，仍然可保持在较高效率下工作。

2. 轴流泵的缺点

轴流泵的主要缺点是扬程太低，因此应用范围受到限制。

由于轴流泵是低扬程大流量的泵，故通常用于农业大面积灌溉和排涝、城市排水、输送需要冷却水量很大的热电站循环水，以及船坞升降水位等。

8.2 混 流 泵

混流泵是依靠离心力和轴向推力的混合作用来输送液体的，所以称为混流泵（图 8-2）。

8.2.1 混流泵工作原理

从工作原理来说，当原动机带动叶轮旋转后，对液体的作用既有离心力又有轴向推力，是离心泵和轴流泵的综合。因此它是介于离心泵和轴流泵之间的一种泵。混流泵的比转速高于离心泵，低于轴流泵，一般在 300～500 之间。它的扬程比轴流泵高，但比离心泵低；流量比轴流泵小，比离心泵大。

混流泵主要用于农业排灌，另外还用于城市排水，可作为热电站循环水泵之用。

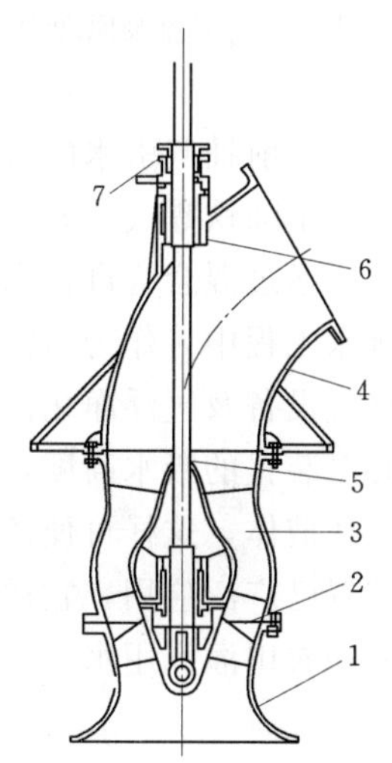

图 8-2 立式导叶式混流泵结构图

1—进水喇叭；2—叶轮；3—导叶体；4—出水弯管；5—泵轴；6—橡胶轴承；7—填料函

8.2.2 混流泵的种类及结构

混流泵有蜗壳式混流泵和导叶式混流泵两种。

蜗壳式混流泵主要由泵体、泵盖、叶轮、泵轴、轴承体和轴封装置等组成。导叶式混流泵有的斜流泵。

导叶式混流泵与蜗壳式不同之处在于导叶式混流泵站在泵体内设有几个通常为扭曲叶片式空间导叶装置，液体从叶轮出来经过导叶后便沿轴向流动。泵体外形为圆筒状，但看去像鼓着大肚子，有点像轴流泵。这种泵一般有卧式和立式两种，内部结构基本相同。大口径的大多做成立式的。小口径立式导叶式混流泵外形很像离心式浅井泵，这种泵结构简单、便于移动，适用于农田排灌，故称它为混流式农排泵。

8.3 射 流 泵

图 8-3 为射流泵的工作原理。工作流体 Q_o 从喷嘴高速喷出时，在喉管入口处因周围的空气被射流卷走而形成真空，被输送的流体 Q_S 即被吸入。两股流体在喉管中混合并进

行动量交换，使被输送流体的动能增加，最后通过扩散管将大部分动能转换为压力能。1852年，英国的D. 汤普森首先使用射流泵作为实验仪器来抽除水和空气。20世纪30年代起，射流泵开始迅速发展。按照工作流体的种类射流泵可以分为液体射流泵和气体射流泵，其中水射流泵和蒸汽射流泵最为常用。射流泵主要用于输送液体、气体和固体物，它还能与离心泵组成供水用的深井射流泵装置，由设置在地面上的离心泵供给沉在井下的射流泵以工作流体来抽吸井水。射流泥浆泵用于河道疏浚、水下开挖和井下排泥。射流泵没有运动的工作元件，结构简单，工作可靠，无泄漏，也不需要专门人员看管，因此很适合在水下和危险的特殊场合使用。此外，它还能利用带压的废水、废汽（气）作为工作流体，从而节约能源。射流泵虽然效率较低，一般不超过30%，但新发展的多股射流泵、多级射流泵和脉冲射流泵等传递能量的效率已有所提高。

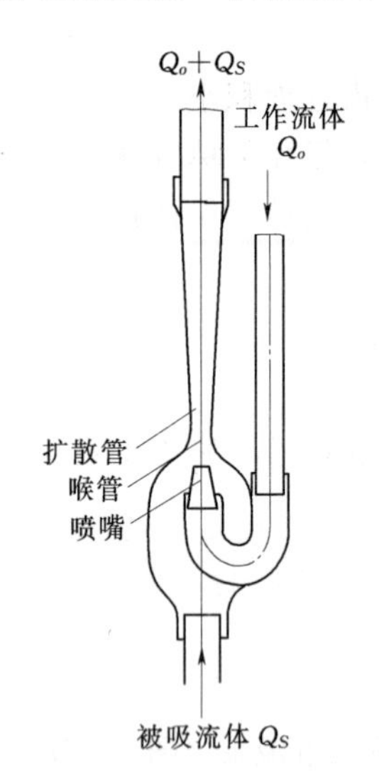

图8-3　射流泵原理图

射流泵的在给排水工程中有广泛的应用，用做离心泵的抽气引水装置，在离心泵泵壳顶部接一射流泵，当水泵启动前，可用外接给水管的高压水，通过射流泵来抽吸泵体内空气，达到离心泵启动前抽气引水的目的。在水厂中利用射流泵来抽吸液氯和矾液，俗称“水老鼠”。在地下水除铁曝气的充氧工艺中，利用射流泵作为带气、充气装置，射流泵抽吸的始终是空气，通过混合管进行水气混合，以达到充氧目的。这种水、气射流泵一般称为加气阀，在排水工程中，作为污泥消化池中搅拌和混合污泥用泵。近年来，用射流泵作为生物处理的曝气设备及气浮净化法的加气水设备发展异常迅速。射流泵与离心泵联合工作可以增加离心泵装置的吸水高度，在离心泵的吸水管末端装置射流泵，利用离心泵压出的压力水作为工作液体，这样可使离心泵从深达30m、40m的井中提升液体。目前，这种联合工作的装置已广泛应用，它适用于地下水位较深的地区或牧区解决人民生活用水、畜牧用水和小面积农田灌溉用水。在土方工程施工中，用于井点来降低基坑的地下水位等。

8.4　往　复　泵

往复泵阀是和往复泵泵体成为一体的重要部件，它并不是管线用阀门，它有吸入阀和排出阀两组。工作时，当活塞挤压液体，排出阀打开，此时吸人阀自动关闭；反之，当活塞退出空间吸入液体时，吸入阀打开，排出阀自动关闭。

阀是由阀座、阀（阀板）、阀弹簧、升程限制器、阀导杆等组成。吸入阀和排出阀的零件排列顺序不同。靠泵阀上下的压差，缸里压力低于缸外时，吸入阀便自动开启，排出阀自动关闭，反之缸里压力高于缸外时，则排出阀自动开启，吸入阀自动关闭。但有时泵阀的动作和活塞的动作并不同步，阀会稍落后于活塞，这就是所谓滞后问题。该关的未及时关，该开的未及时开，造成流体从阀流出或流入，这就是容积效率问题。为了减少滞后，就必须采用弹簧施加辅助的力，使之加快关闭。弹簧只是起辅助作用，主要还是靠阀内外的压差进行开启和关闭。又由于阀经常上下运动，阀体经常受到撞击，为缓和撞击

力，也需要弹簧给予缓冲作用，所以弹簧是泵阀中的重要元件之一。阀体和阀座是实现密闭的关键，如何达到耐磨是阀体和阀座设计制造中的一个难题。升程限制器是限制阀片升高位移的装置。

1. 往复泵的部件和工作原理

主要部件（图 8－4）：泵缸、活塞，活塞杆及吸入阀、排出阀。

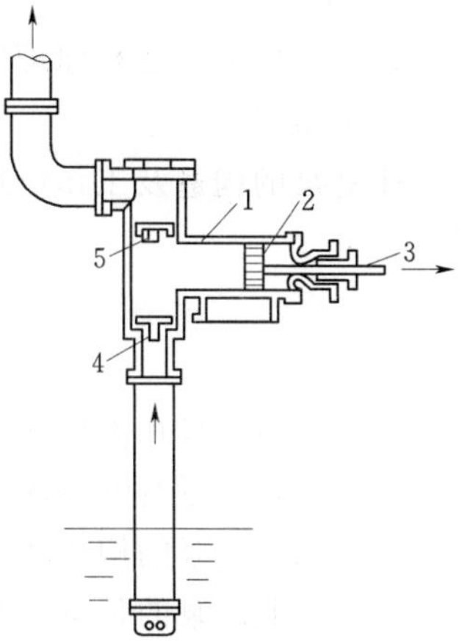

工作原理：活塞自左向右移动时，泵缸内形成负压，则贮槽内液体经吸入阀进入泵缸内。当活塞自右向左移动时，缸内液体受挤压，压力增大，由排出阀排出。

活塞往复一次，各吸入和排出一次液体，称为一个工作循环；这种泵称为单动泵。

若活塞往返一次，各吸入和排出两次液体，称为双动泵。

图 8－4　往复泵装置简图
1—泵缸；2—活塞；3—活塞杆；4—吸入阀；5—排出阀

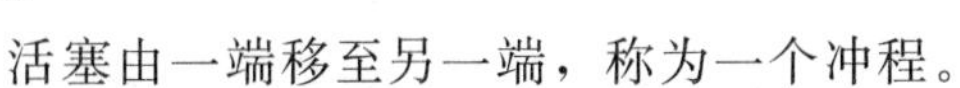

活塞由一端移至另一端，称为一个冲程。

2. 往复泵的安装高度和流量调节

往复泵启动时不需灌入液体，因往复泵有自吸能力，但其吸上真空高度亦随泵安装地区的大气压力、液体的性质和温度而变化，故往复泵的安装高度也有一定限制。

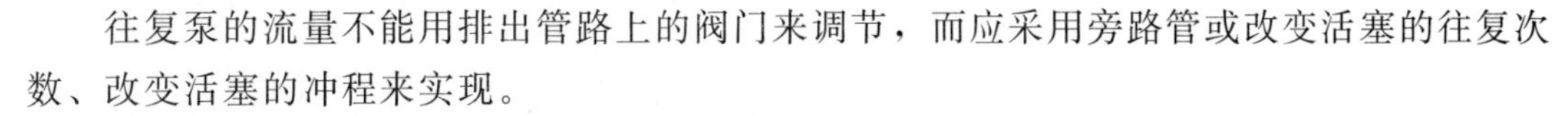

往复泵的流量不能用排出管路上的阀门来调节，而应采用旁路管或改变活塞的往复次数、改变活塞的冲程来实现。

往复泵启动前必须将排出管路中的阀门打开。

往复泵的活塞由连杆曲轴与原动机相连。原动机可用电机，亦可用蒸汽机。

往复泵适用于高压头、小流量、高黏度液体的输送，但不宜于输送腐蚀性液体。有时由蒸汽机直接带动，输送易燃、易爆的液体。

3. 往复泵的流量和压头

往复泵的流量与压头无关，与泵缸尺寸、活塞冲程及往复次数有关。单动泵的理论流量为

$$Q_T = A_{sn}$$

往复泵的实际流量比理论流量小，且随着压头的增高而减小，这是因为漏失所致。

往复泵的压头与泵的流量及泵的几何尺寸无关，而由泵的机械强度、原动机的功率等因素决定。

项 目 小 结

1. 轴流泵及混流泵

轴流泵、混流泵的特点、工作原理及其应用。

2. 射流泵

射流泵构造；工作原理射流泵的优点及应用。

3. 往复泵

往复泵的构造及工作原理。

复习思考题

8－1　射流泵在给排水工程中有哪些应用?

8－2　轴流泵有哪些优缺点?

8－3　往复泵的构造和工作原理是什么?

8－4　混流泵的种类及结构是什么?

项目九 给 水 泵 站

项目提要：给水泵站的分类与特点；水泵站的基本构造形式和选泵的主要依据；水泵设计流量和设计扬程；选用水泵机组；水泵机组布置；水泵吸压水管路的布置基本要求；防护泵站水锤和消除泵站噪音；泵房起重设备。

9.1 给水泵站的基本介绍

水泵、管道及电机（简称泵、管、机）三者构成了泵站中的主要工艺设施。为了掌握泵站设计与管理技术，对于泵站中的选泵依据、选泵要点、水泵机组布置、基础安装要求、吸压水管管径确定、闸阀布置与管道安装要求以及电机电器设备的选用等方面的知识，是必须有深入的了解与掌握的。除此以外，对于保证泵、管、机正常运行与维护所必需的辅助设施，诸如：计量、无水、起重、排水、通风、减噪、采光、交通以及水锤消除等方面的设备与措施的选用也必须有基本的了解与掌握。

9.2 给水泵站的分类与特点

9.2.1 给水泵站的分类

1. 按泵房在给水系统中的作用分类

按其在给水系统中的作用可分为水源井泵站、取水泵站、供水泵站、加压泵站、调节泵站和循环泵站。

2. 按水泵类型分类

按水泵类型常可分为卧式泵泵站、立式泵泵站和深井泵站。

3. 按泵站外形分类

按外形常可分为矩形泵站、圆形泵站和半圆形泵站。

4. 按水泵层设置位置与地面相对标高分类

按机组与地面相对标高关系可分为地上式泵站、半地下式泵站、地下式和水下式泵站。

5. 按水泵吸水条件分类

按水泵的吸水条件可分为自灌式泵站和非自灌式泵站。

6. 按操作条件及方式分类

按操作条件及方式可分为人工手动控制、半自动化、全自动化和遥控泵站等。

9.2.2　给水泵站的特点

1. 水源井泵站

水源井泵站为地下水的水源泵站，包括管（深）泵站、大深井泵站、QJ深井泵站（当井群采取虹吸集水时）、潜水泵（井）室泵站。

2. 取水泵站

取水泵站又称进水泵站、一级泵站。一般是从水源取水，将水送到净水构筑物，往往和取水构筑物合建在一起。取水泵站可与进水间、出水闸门井合建或分建。取水泵站具有靠江临水的特点，河道的水文、水运、地质以及航道的变化等都会直接影响到取水泵站本身的埋深、结构型式以及工程造价等。泵房高度很大，一般采用圆形钢筋混凝土结构。其工艺流程如图9-1所示。

在地表水水源中，取水泵站一般由吸水井、泵房及闸阀井（又称闸阀切换井）三部分组成。我国西南及中南地区以及丘陵地区的河道，水位涨落悬殊，设计最大洪水位与设计最枯水位相差常达10～20m之间。为保证泵站能在最枯水位抽水、在最高洪水位时避免被淹进水，整个泵房的高度常常很大，这是一般山区河道取水泵站的共同特点。对于这一类泵房，一般采用圆形钢筋混凝土结构。这类泵房平面面积的大小，对于整个泵站的工程造价影响甚大，所以在取水泵房的设计中，机组及各辅助设施的布置，应尽可能地充分利用泵房内的面积，泵机组及电动闸阀的控制可以集中在泵房顶层集中管理，底层尽可能做到无人值班，仅定期下去抽查。

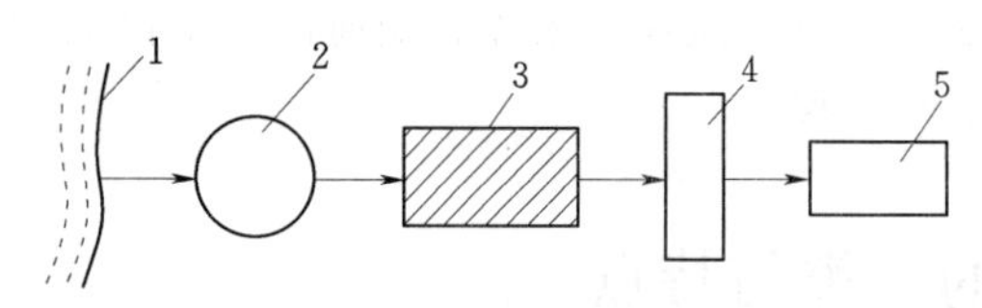

图9-1　地表水取水泵站工艺流程
1—水源；2—吸水井；3—取水泵房；
4—闸阀井（切换井）；5—净化厂

在现代的城市给水工程中，由于城市水源的污染、市政规划的限制等诸多因素的影响，水源取水点的选择常常是远离市区，取水泵站是远距离输水的工程设施。因此，对于水锤的防护问题、泵站的节电问题、泵站的监控问题以及远距离沿线管道的检修问题等都是必须注意的。

对于采用地下水作为生活饮用水水源而水质又符合饮用水卫生标准时，取井水的泵站可直接将水送到用户。在工业企业中，有时同一泵站内可能安装有将水输送给净水构筑物的泵，又有直接将水输送给某些车间的泵。

3. 送水泵站（二级泵站）

送水泵站在水厂中也称为二级泵站。其工艺流程如图9-2所示。通常是建在水厂内，它抽送的是清水，所以又称为清水泵站。由净化构筑物处理后的出厂水，由清水池流入吸水井，送水泵站中的泵从吸水井中吸水，通过输水十字管将水输往管网。送水泵站的供水情况直接受用户用水情况的影响，其出流量与水压在一天内各个时段中是不断变化的。送水泵站的吸水井既有利于泵吸水管道布置，又有利于清水池的维修。吸水井形状取决于吸水管道的布置要求，送水泵房一般都呈长方形，吸水

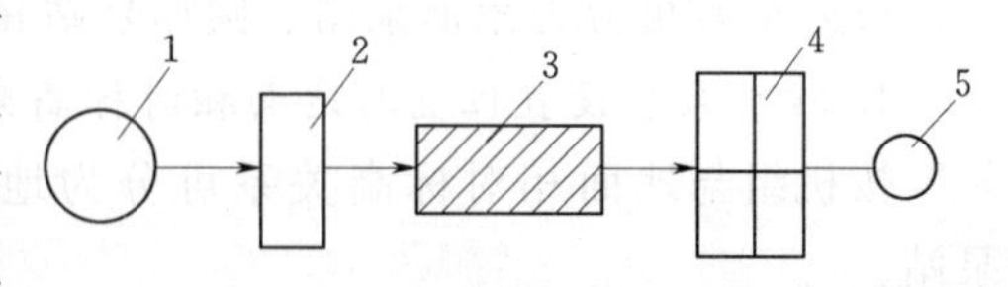

图9-2　送水泵站工艺流程
1—清水池；2—吸水井；3—送水泵站；
4—管网；5—高地水池（水塔）

井一般也为长方形。吸水井形式有分建式和合建式两种。送水泵站吸水水位变化范围小，泵站埋深较浅。一般可建成地面式或半地下式。

为了适应管网中用户水量和水压的变化，必须设置各种不同型号和台数的水泵机组，导致泵站建设面积增大，运行管理复杂。因此，水泵的调速运行在送水泵站中尤其显得重要。

设计取水泵房时，在土建结构方面应考虑到河岸的稳定性，在泵房筒体的抗浮、抗裂、防倾覆、防滑坡等方面均应有详细的计算。在施工过程中，应考虑争取在河道枯水位时施工。在泵房投产后，在运行管理方面必须很好地使用通风、采光、起重、排水以及水锤防护等设施。泵房内机组的配置，可以近远期相结合考虑。

4. 加压泵站

加压泵站又称增压泵站、中途泵站，是指设于输水管线或配水管网上直接从管道抽水进行加压的泵站（图 9－3）。在一个给水区域内，某一个地区（地段）或某些个别建筑物（例如大型工厂、高层建筑等）要求水压特别高时采用，有时当输水管线较长时、中途需进行增压以及从管网抽水向边远或高区供水时采用。

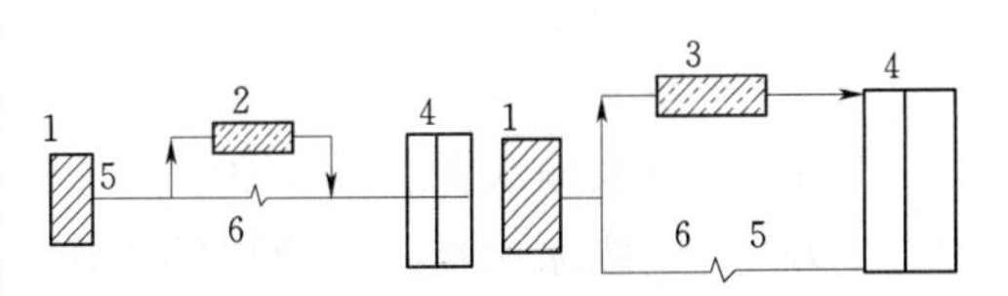

图 9－3　加压泵站供水方式

1—二级泵房；2—增压泵房；3—水库泵站；4—配水管网；5—输水管；6—逆止阀

5. 调节泵站

调节泵站又称水库泵站，是指建有调节水池的泵站，可增加管网高峰用水时的供水量。调节泵站内可设一套调节水泵或两套调节水泵，一套从给水管抽水增压的加压水泵，另一套从调节水池抽水的调节水泵。调节水泵通常根据外管压力，或中心调度室指令运行。

6. 循环泵站

在某些工业企业中，生产用水（如冷却水）可以循环使用或经过简单处理后回用时采用循环泵站。其工艺流程如图 9－4 所示，在循环泵站中，一般设置输送冷、热水的两种水泵机组，热水泵将生产车间排出的废热水，压送到冷却构筑物进行降温，冷却后的水再由冷水泵抽送到生产车间使用。当条件允许时，应尽量利用废热水本身的余压直接送到冷却构筑物上冷却，这样便可省去一组热水泵机组，只需设置冷水泵机组，从而使泵站布置大为简化。

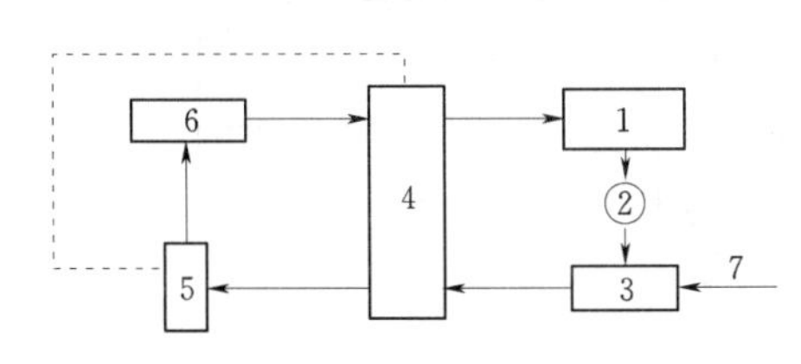

图 9－4　循环泵站工艺流程图

1—生产车间；2—净水构筑物；3—热水井；4—循环泵站；5—冷却构筑物；6—集水池；7—补充新鲜水

一个大型工业企业中往往设有多个循环给水系统。循环水泵站的供水特点是供水压力比较稳定，水量随季节的气温改变而有所变化，一般可选用同型号的水泵机组并联工作。循环水泵站对供水的安全性要求较高，特别是一些大型的冶金厂和电厂，即使极短时间的中断供水也是不允许的，因此，在选泵和布置机组时，必须考虑有必要的备用泵和安全供水措施。为改善 SH 型双吸清水离心泵的吸水条件，常采用自灌式工作，故泵站埋设较深。循环水泵站通常位于冷却构筑物或净水构筑物附近。

9.3　给水泵站的工艺特点

9.3.1　设计流量

一级泵站从水源取水，输送到净水构筑物（图9－5）。为了减小取水构筑物、输水管道和净水构筑物的尺寸，节约基建投资，在这种情况下，通常要求一级泵站中的水泵昼夜均匀工作，因此，泵站的设计流量应为

$$Q_r=\frac{\alpha Q_d}{T}$$

式中　Q_r——一级泵站中水泵所供给的流量，m^3/h；

Q_d——供水对象最高日用水量，m^3/d；

α——计及输水管漏损和净水构筑物自身用水而加的系数，一般取$\alpha=1.05\sim1.1$；

T——一级泵站在一昼夜内的工作小时数。

送水（二级）泵站的设计流量应按最大日用水量变化曲线和拟定的送水（一级）泵站工作曲线确定（图9－6）。

送水（二级）泵站的设计流量与管网中是否设置水塔或高地水池有关。当管网内不需设置水塔进行用水量调节时，送水（二级）泵站的设计供水流量按最大日最高时用水量计算。即

$$Q_h=K_hQ_d/24$$

式中　Q_h——二级泵站的设计流量，m^3/h；

K_h——时变化系数；

Q_d——最高日设计用水量，m^3/d。

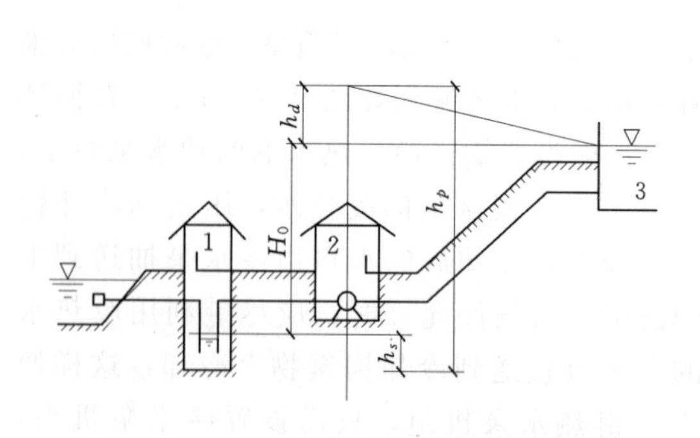

图9－5　一级泵站供水到净水构筑物的流程
1—吸水井；2—泵站；3—净水构筑物

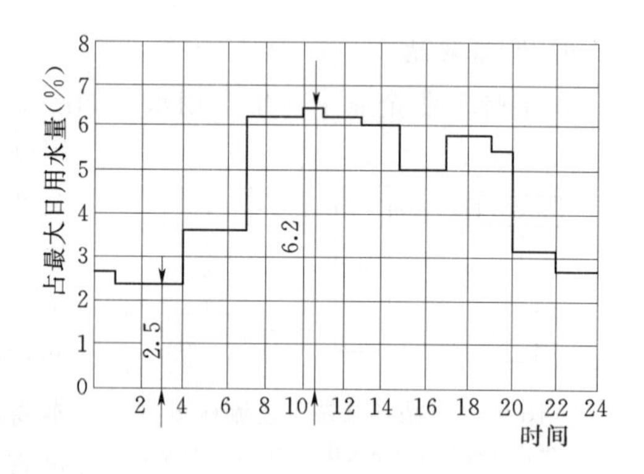

图9－6　最大日用水量变化曲线

当管网中设有水塔或高地水池，供水泵站供水为分级供水。一般分为高峰、低峰二级供水，最多不超过三级供水。泵站各级供水线尽量接近用水线，这样可减小水塔或高地水池的调节容积，一般各级供水量可取该供水时段用水量的平均值。

9.3.2　设计扬程

一级泵站中水泵的扬程是根据所采用的给水系统的工作条件来决定的。

泵站所需的扬程的计算公式为

$$H=H_{ST}+\sum h_s+\sum h_d$$

式中 H——泵站的扬程，m；

H_{ST}——静扬程，采用吸水井的最枯水位（或最低动水位）与净化构筑物进口水面标高差，m；

$\sum h_s$——吸水管路的水头损失，m；

$\sum h_d$——输水管路的水头损失，m。

此外，计算时还应考虑增加一定的安全水头，一般为 1 ～2m。

送水（二级）泵站的水泵扬程和水塔高度按最大日最高时流量计算。计算水泵扬程时，一般需要考虑一定的富余水头，一般为 1～2m。

无水塔或高地水池管网在最高用水时，送水（二级）泵站的水泵扬程应保证管网控制点的最小服务水头，其计算公式为：

$$H_p=Z_c+H_c+\sum h_c+\sum h_s+\sum h_n$$

式中 H_p——二级泵站的设计扬程，m；

Z_c——管网控制点的地面标高与清水池最低水位的高差，m；

H_c——给水管网中控制点要求的最小服务水头（也称最小自由水头），m；

$\sum h_c$——水泵吸水管路的水头损失，m；

$\sum h_s$——输水管路的水头损失，m；

$\sum h_n$——管网中水头损失，m。

网前水塔管网二级泵站供水到水塔，再经管网到用户。水塔的设置高度应保证最高用水时管网控制点的压力要求，水塔的水柜底面高出地面高度为

$$H_t=H_c+\sum h_n-(Z_t-Z_c)$$

式中 H_t——水塔高度，即水塔水柜底高于地面的高度，m；

H_c——控制点要求的最小服务水头，m；

$\sum h_n$——按最高时用水量计算从水塔到控制点的管网水头损失，m；

Z_t——水塔处的地面标高，m；

Z_c——控制点的地面标高，m。

泵站的设计扬程应保证将水送到水塔。

$$H'_p=Z_t+H_t+H_0+\sum h_s+\sum h_c$$

式中 H'_p——二级泵站的设计扬程，m；

Z_t——水塔处地面和清水池最低水位的高差，m；

H_0——水塔水柜的有效水深，m；

H_t——水塔高度，m；

$\sum h_s$——水泵吸水管路水头损失，m；

$\sum h_c$——二级泵站到水塔的输水管中的水头损失，m。

对置水塔管网（又称网后水塔）在最高用水时，泵站和水塔同时向管网供水，两者有各自的供水区，形成供水分界线。在供水分界线上，水压最低，送水（二级）泵站的扬程可按无水塔管网的公式计算。水塔高度计算与网前水塔时相同，只是式中 $\sum h_n$ 为最高供

水量时，由水塔供水量引起的从水塔到分界线控制点的水头损失。

当送水（二级）泵站供水量大于用水量时，多余水量流入水塔，这种流量称转输流量。在最大转输时水泵扬程为

$$H'_p = Z_t + H_t + H_0 + \sum h'_s + \sum h'_c + \sum h'_n$$

式中　　　H'_p——最大转输时水泵扬程，m；

$\sum h'_s$，$\sum h'_c$，$\sum h'_n$——最大转输时水泵吸水管路，输水管和管网的水头损失，m；

其他符号意义同前。

网中的水塔管网水泵扬程 H_p 和水塔高度 H_0 的计算，应根据具体情况，参考网前水塔管网和对置水塔管网计算。

9.3.3　水泵的选择

水泵应满足流量和扬程的要求；水泵机组在长期运行中，水泵工作点的效率最高；按所选的水泵型号和台数设计的水泵站，要求设备和土建的投资最小；便于操作维修，管理费用少。

选泵就是要确定水泵的型号和台数。对于各种不同功能的泵站，选泵时考虑问题的侧重点有所不同，一般可归纳如下几点。

1. 大小兼顾，调配灵活

给水系统中的用水量、所需的水压是逐年、逐日、逐时地变化的。选泵时不能仅仅只满足最大流量和最高水压时的要求，还必须全面顾及用水量的变化。如假期比平日高，夏季比冬季用水多。为了节省动力费用，应根据管网用水量和最高水压变化情况，合理地选择不同性能的水泵，做到大小泵兼顾，在运行中可灵活调度，以求得最经济的效果。

例如，某泵站向某用水区供水，用水量从最大 795m^3/h 到最小 396m^3/h，逐时变化。按最大工况时的要求选泵，则泵的流量为 795m^3/h，扬程为 19.8m。虽然选用一台 12sh－19 型泵（流量为 795m^3/h，扬程为 20m），即可满足要求。但是，就全年供水来说，最大用水量出现的几率最小，往往只占百分之几，绝大部分时间，用水量和所需扬程均小于最大工况。因此，按上述方法选泵，将使泵站在长期运行中造成很大的能量浪费。

如图 9－7（a）所示 12sh－19 泵的 Q—H 曲线和管路特性曲线。在最大用水量（795m^3/h）时，泵效率较高为 η=82%，流量满足要求，扬程也没有浪费。但是，在最少用水量（396m^3/h）时，管路中所需水压从 20m 减少到 12m，而这时泵的扬程却从 20m 增加至 26m，泵效率也下降到 η=63%，即泵实际消耗的能量大大超过管网所需的能量，造成很大的浪费。设用水量的变化是均匀的，图 9－7（a）所示中斜线部分可以表示浪费的能量。

选用几台不同型号的水泵供水，如图所示。图 9－7（b）中曲线 1、2、3、4 代表四台性能不同的泵的 Q—H 曲线。用水量为 396～504m^3/h，用泵 1 工作；用水量为 504～612m^3/h，用泵 2 工作；用水量为 612～720m^3/h，用泵 3 工作；用水量为 720～795m^3/h，用泵 4 工作。图 9－7（b）中的斜线部分面积表示用水量为均匀变化的能量浪费。显然，比只用一台泵工作的情况下浪费的能量少得多。

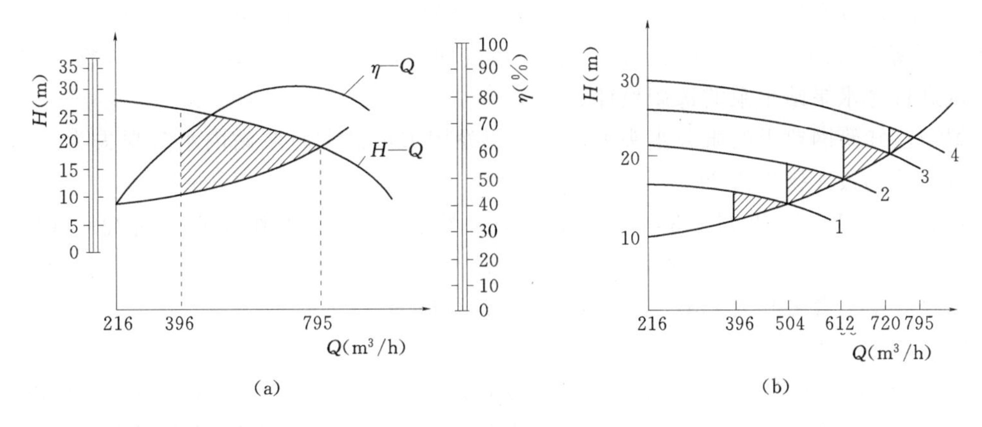

图 9-7　水泵的特性曲线

2. 型号整齐，互为备用

从泵站运行管理与维护检修的角度来看，如果水泵的型号太多则不便于管理。一般希望能选择同型号的水泵并联工作，这样无论是电机、电器设备的配套与储备，管道配件的安装与制作均会带来很大的方便。对于水源水位变化不大的取水泵站，管网中设有足够调节容量的网前水塔（或高地水池）的送水泵站以及流量与扬程比较稳定的循环水泵站，均可在选泵中采用本要点给予侧重考虑。当全日均匀供水时，泵站可以选 2～3 台同型号的水泵并联运行。

上述两个要点，形式上似乎有矛盾，在实际工程中往往可以统一在选泵过程中。

3. 合理地用尽各水泵的高效段

单级双吸式离心泵是给水工程中常用的一种离心泵（如 Sh 型、SA 型）。它们的经济工作范围（即高效段），一般在 0.85～ 1.15Q_p 之间（Q_p 为水泵铭牌上的额定流量值）。选泵时应充分利用各水泵的高效段。

4. 近远期相结合

特别是在经济发展活跃的地区和年代，以及扩建比较困难的取水泵站中，可考虑近期用小泵大基础的办法，近期发展采用换大泵轮以增大水量，远期采用换大泵的措施。

5. 大中型泵站需作选泵方案比较

应选用效率较高的水泵，如尽量选用大泵，一般大泵比小泵的效率高。水泵选择必须考虑节约能源，除了选用高效率泵外，还应考虑运行工况的调节，选泵时应尽量结合地区条件优先选择当地制造的成系列生产的、比较定型和性能良好的产品。

9.3.4　分级供水泵站的选泵方法

该方法是利用型谱图初步选定 2—3 台同型号或者不同型号的水泵并联，满足 Q_{max} 和 H_{max} 的要求，可选择 2～3 个方案。再以各泵单独工作或两台、三台并联来满足分级要求。经方案比较，确定出一个采用的最优方案，然后经管路布置，定出实际需要的管路损失 $\sum h$ 和 H_{max}，再验算初步选择的水泵是否都在高效段工作，个别不在的可修正管路和管配件来减小 $\sum h$，都不在高效段的则要重新选泵，这步验算工作称为精选水泵。

【例 9-1】　根据给水管网设计资料，已知最高日最高时用水量为 920L / s，时变化系

数 K_h=1.7，日变化 K_d=1.3，管网最大用水时水头损失为 11.5m，输水管水头损失为 1.5m，泵站吸水井最低水位到管网中最不利点地形高差为 2m，用水区建筑物层数为 3 层。试进行送水泵站水泵的选型设计。

解： 已知管网要求的服务水头为 16m，假设用水量最大时泵站内水头损失为 2m，则可求得泵站的最大扬程为 $H=2+1.5+11.5+2+16+2=35$（m）。

根据 Q=920L/s 和 H=35m，在水泵综合性能图 9-8 上作 a 点。当 Q=30L/s 时（即图 9-8 上的坐标原点），泵站内水头损失甚小，此时输水管和配水管网中水头损失也较小，今假定三者之和为 2m，则所需水泵的扬程应为

$$H=2+2+16+2=22\text{（m）}$$

在图 9-8 上作出 b 点，因为该用水区的时变化系数为 1.7，日变化系数为 1.3，所以平均时用水量应为 416L/s 时，在 ab 线上所需扬程为 31m 左右。显然在用水较少的季节，所需扬程将沿 ab 线下降。因此选泵时必须注意节约能量。

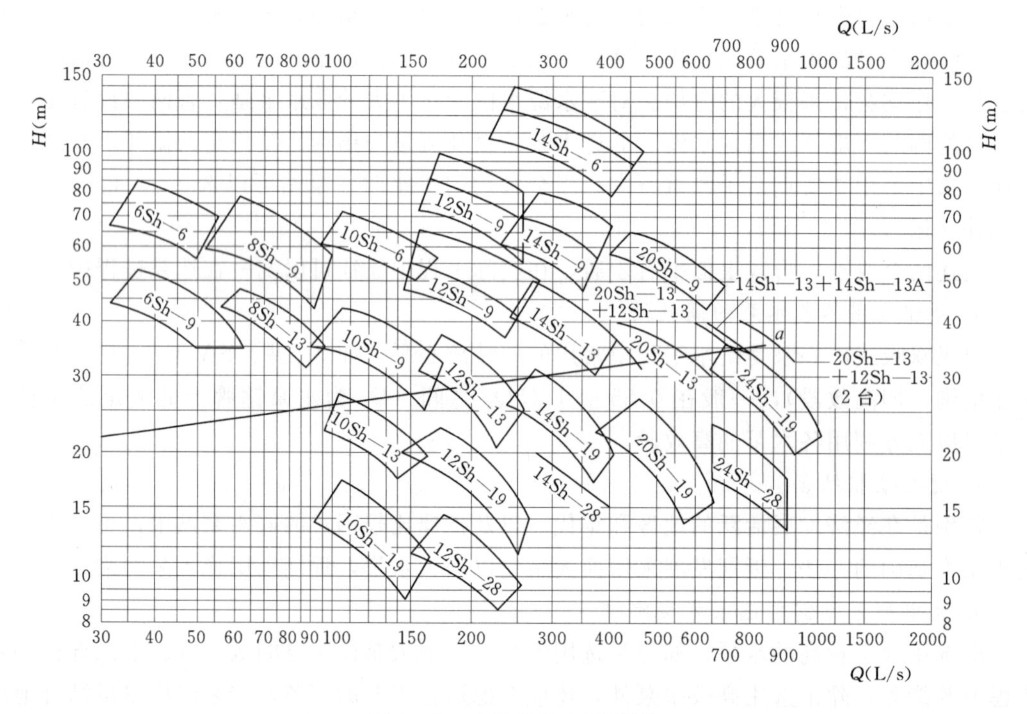

图 9-8　水泵的综合性能图

从图 9-8 找到用一台 20Sh－13 型泵及两台 12Sh－13 型泵并联时，可以满足 a 点用水要求，而且 20Sh－13 型及单泵运行时的高效段均与 ab 线相交，并且分别在 600L/s 及 240L/s 的流量下运行。当 20Sh－13 和 12Sh－13 并联运行时，可在 750L/s 流量下与 ab 线相交。因此选用一台 20Sh－13 和两台 12Sh－13，作为第一方案。从图 9-8 还可以找到用两台 12Sh－13（其中一台用经过切削后的叶轮，即 14Sh－13A）及一台 12Sh－13 并联运行，亦可满足 a 点用水要求。并可看出 14Sh－13A 及 12Sh－13 并联及单独运行时与 ab 线交于流量为 570L/s、370L/s 及 240L/s，以及一台 14Sh－13 和一台 14Sh－13A 并联

运行时与 ab 线交于 760L/s。表 9-1 列出了分级供水水泵运行情况。

表 9-1 分级供水水泵运行表

方 案	用水量变化范围 (L/s)	运行水泵	水泵扬程 (m)	所需扬程 (m)	扬程利用率 (%)	水泵效率 (%)
第一方案：一台 12Sh-13 和两台 12Sh-13	750～920	一台 20Sh-13 两台 12Sh-13	40～35	34～35	82～100	80～88 78～82
	600～750	一台 12Sh-13 一台 20Sh-13	39～34	33～34	81～100	82～88 79～86
	460～600	一台 20Sh-13	38～33	31～33	77～100	82～87
	240～460	两台 12Sh-13	42～33	28～31	50～100	69～84
	<240	一台 12Sh-13	>28	<28		<83
第二方案：一台 14Sh-13，一台 14Sh-13A 和一台 12Sh-13	760～920	一台 14Sh-13 一台 14Sh-13A 一台 12Sh-13	40～35	34～35	82～100	83～75 82～84 78～85
	570～760	一台 14Sh-13A 一台 12Sh-13	40～34	32～34	81～100	83～74 82～83
	370～570	一台 12Sh-13 一台 14Sh-13A	42～32	30～32	71～100	76～82 69～84
	240～370	一台 14Sh-13A	42～30	28～30	80～100	76～78
	<240	一台 12Sh-13	≤28	≤28		≤83

从表 9-1 可以看出，第一方案能量利用略好于第二方案，特别在出现几率较大时，如 370～750L/s 范围内（第一范围用水量接近于平均用水量），能量浪费较少，因此采用第一方案。

送水（二级）泵站除按最高日最高时供水量和管网计算得出的总扬程选泵外，还应考虑流量变化时的水泵效率以及经济运行。

尽可能选用允许吸上真空度值大或必需空蚀余量值小的泵，以提高水泵安装高度，减少泵房埋深，降低造价。

一般城市送水（二级）泵站内设一台备用泵，其型号与泵站内最大一台水泵相同；对于多水源城市的供水，或建有足够调蓄水量高位水池时，亦可不设置备用泵。

送水（二级）泵站应进行消防事故校核，不设专用消防管道的高压消防制系统，为满足消防时的压力，一般另设消防专用泵。

9.4 泵 房 布 置

水泵机组的排列是泵站内布置的重要内容，它决定泵房建筑面积的大小。机组间距以不妨碍操作和维修的需要为原则。机组布置应保证运行安全，装卸、维修和管理方便，管道总长度最短、接头配件最小、水头损失最小并应考虑泵站有扩建的余地。

送水（二级）泵房一般由水泵间、配电间、操作控制室和辅助房间等四部分组成。大多数泵房这些部分可合并建造。

9.4.1　泵房形式

送水泵房的平面大都采用矩形布置，可使水泵进出水管顺直，水流顺畅，管配件少，便于就地维修。中小型水厂的送水泵房，通常选用具有较大允许吸上真空高度（H_0）的水泵，尽量使泵房布置成地面式，以节约投资和方便运行管理。如水泵吸水水位较低或允许吸上真空高度（H_0）较小，以及需采用自灌式启动的水泵时，泵房布置成半地下式泵房。

9.4.2　布置原则

泵房布置应符合下列规定。

（1）满足机电设备布置、安装、运行和检修的要求。

（2）满足泵房结构布置的要求。

（3）满足泵房内通风、采暖和采光要求，并符合防潮、防火、防噪声等技术规定。

（4）满足泵房内外交通运输的要求。

（5）注意建筑造型，做到布置合理，适用美观。

（6）泵房布置应考虑预留发展与扩建的可能性。一般可考虑在远期工程中改换较大的水泵机组；预留远期增加水泵机组的位置。

9.4.3　泵房的尺寸确定

（1）泵房长度。根据主机组台数、布置形式、机组间距、边机组段长度和安装检修间距的布置等因素确定。并应满足机组吊运和泵房内部交通的要求。

（2）主泵房宽度。根据主机组及辅助设备、电气设备布置要求，进、出水流道（或管道）的尺寸，工作通道宽度，进、出水侧必需的设备吊运要求等因素，结合起吊设备的标准跨度确定。若采取标准预制构件屋面梁，泵房跨度为6m、9m、12m、15m、18m、21m等。

另外，是否设置管沟对确定泵房宽度影响较大。半地下式泵房的地下部分较浅时可考虑设管沟；较深时可不设。设有管沟的泵房，地面整洁，便于巡行、维修，但增加泵房跨度和造价，尤其是大型泵房的管道直径较大，增加投资较多，故需慎重考虑。

（3）主泵房各层高度。根据主机组及辅助设备、电气设备的布置，机组的安装、运行、检修、设备吊运以及泵房内通风、采暖和采光要求等因素确定。

（4）主泵房水泵层底板高程。根据水泵安装高程和进水流道（含吸水室）布置或管道安装要求等因素确定。水泵安装高程应根据不同类型水泵的空蚀余量或允许吸上真空高度，通过对水泵装置的水力计算，结合泵房处的地形、地质条件综合确定。

9.4.4　其他布置要点

泵房除满足上述布置要求外，还应满足下列要求。

（1）安装在主泵房机组周围的辅助设备、电气设备及管道、电缆道，其布置应避免交叉干扰。

（2）当主泵房分为多层时，各层楼板均应设置吊物孔，其位置应在同一垂线上，并在起吊设备的工作范围之内。吊物孔的尺寸应按吊运的最大部件或设备外形尺寸各边加

0.2m 的安全距离确定。

(3) 主泵房对外至少应有两个出口，其中一个应能满足运输最大部件或设备的要求。并在进门口设有足够面积的起吊平台，使机组设备能置于起重机械的起吊范围内。如属大型泵房，还应考虑汽车能进入，使起重机械能直接从汽车上起吊设备。

(4) 立式机组主泵房电动机层的进水侧或出水侧应设主通道，其他各层应设置不少于一条的主通道。主通道宽度不宜小于 1.5m，一般通道宽度不宜小于 1.0m。吊运设备时，被吊设备与固定物的距离不宜小于 0.3m。卧式机组主泵房内宜在管道顶部设工作通道。

(5) 当主泵房分为多层时，各层应设 1～2 道楼梯。主楼梯宽度不宜小于 1.0m，坡度不宜大于 40°，楼梯的垂直净空不宜小于 2.0m。

(6) 卧式机组主泵房内，四周均应设将渗水汇入集水廊道或集水井的排水沟。

(7) 泵房内应有与水泵间隔声的操作控制室。超过允许噪声标准时，应采取必要的降声、消声或隔声措施，并应符合《工业企业噪声控制设计规范》(GBJ 87—85) 的规定。

(8) 主泵房的耐火等级不应低于二级。泵房内应设消防设施，并应符合《建筑设计防火规范》(GB 50016—2006) 和《水利水电工程设计防火规范》(SDJ 278—90) 的规定。

(9) 泵房附有加氯间时，必须与泵房间隔开，并有独立向外开的门；氯库须另行独立设置。

9.4.5 泵房的土建设计要求

(1) 泵房门窗应根据泵房内通风、采暖和采光的需要合理布置。严寒地区应采用双层玻璃窗。向阳面窗户宜有遮阳设施。

(2) 泵房的永久变形缝（包括沉降缝、伸缩缝）的设置，应根据泵房结构型式、地基条件等确定。土基上的缝距不宜大于 30m，岩基上的缝距不宜大于 20m。缝的宽度不宜小于 0.02m。

(3) 泵房屋面可根据当地气候条件和泵房内通风、采暖要求设置隔热层。

(4) 泵房高度是指泵房进口处地坪（或平台）到屋顶梁底部的高度，除考虑采光通风条件外，还取决于水泵的安装高度、泵房内有无起重设备以及起重设备的型号。辅助性房屋高度一般采用 3m。

9.5 水泵机组的布置

水泵机组布置可分为平行单排（纵向排列）、直线单排（横向单列）和横向双排（横向双行排列）三种形式。

1. 纵向排列（机组轴线平行单排并列）

如图 9-9 所示，纵向排列泵房大门口要求通畅，既能容纳最大的设备（水泵或电机），又有操作余地。其场地宽度一般用水管外壁和墙壁的净距 A 表示。A 等于最大设备的宽度加 1m，但不得小于 2m；水管与水管之间的净距 B 应大于 0.7m，保证工作人员能较为方便地通过；水管外壁与配电设备应保持一定的安全操作距离 C，当为低压配电设备时 C 不小于 1.5m，高压配电设备 C 不小于 2m；水泵外形凸出部分与墙壁的净距 D，须

满足管道配件安装的要求，但是为了便于就地检修水泵，D 值不宜小于 1.0m，如水泵外形不凸出基础，D 值则表示基础与墙壁的距离；电机外形凸出部分与墙壁的净距 E，应保证电机转子在检修时能拆卸，并适当留有余地，E 值一般为电机轴长加 0.5m，但不宜小于 3m，如电机外形不凸出基础，则 E 值表示基础与墙壁的净距；水管外壁与相邻机组的突出部分的净距 F 应不小于 0.7m，如电机容量大于 55kW 时，F 应不小于 1.0m。

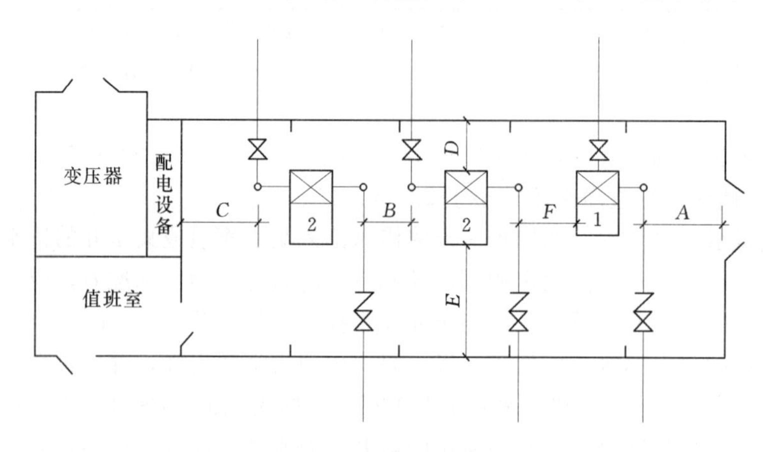

图 9－9　纵向排列

2. 横向排列（水泵轴线呈直线布置）

如图 9－10 所示，侧向进、出水的水泵，如单级双吸卧式离心泵 Sh 型、SA 型采用横向排列方式较好。横向排列虽然稍增加泵房的长度，但可减小跨度、进出水管顺直、水利条件好、节省电耗故被广泛采用。横向排列的各部尺寸应符合下列要求。

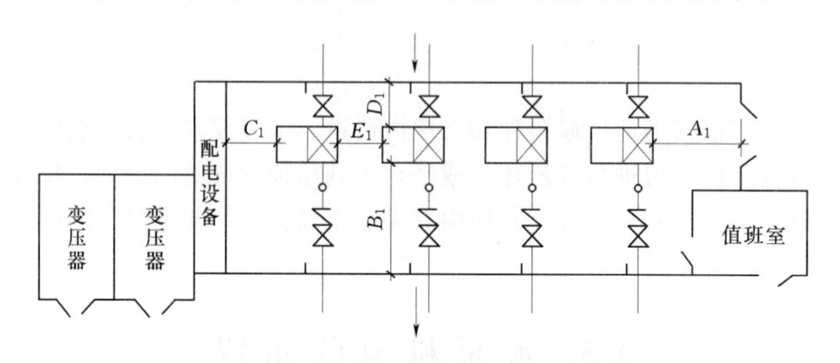

图 9－10　横向排列

水泵凸出部分基础与墙壁的净距 A_1 与上述纵向排列的泵房大门口要求相同，如水泵外形不凸出基础，则 A_1 表示基础与墙壁的净距。出水侧水泵基础与墙壁的净距 B_1 应按水管配件安装的需要确定。但是，考虑到水泵出水侧是管理操作的主要通道，故 B_1 不宜小于 3m。进水侧水泵基础与墙壁的净距 D_1，也应根据管道配件的安装要求决定，但不小于 1m。电机凸出部分与配电设备的净距，应保证电机转子在检修时能拆卸，并保持一定的安全距离，其值要求为 C_1＝电机轴长＋0.5m。但是，低压配电设备应 $C_1 \geqslant 1.5$m；高压配电设备应 $C_1 \geqslant 2.0$m。水泵基础之间的净距 E_1 值与 C_1。如果电机和水泵凸出基础，E_1 值表示为凸出部分的净距。为了减小泵房的跨度，也可考虑将吸水阀门设置在泵房外面。

3. 横向双行排列

如图 9-11 所示，横向双行排列更为紧凑，但泵房跨度大，起重设备需考虑采用桥式行车。在泵房中机组较多的圆形取水泵站，采用这种布置可节省较多的基建造价。应该指出，这种布置形式两行水泵的转向从电机方向看去是彼此相反的，因此，在水泵定货时应向水泵厂特别指出，以便水泵厂配置不同转向的轴套止锁装置。

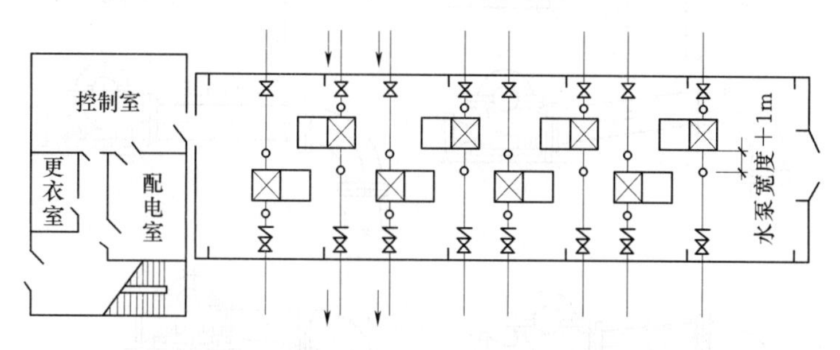

图 9-11 横向双行排列（倒，顺转）

一般机组布置可按水泵规模、水泵类型等实际情况对照选择。

9.6 吸水管和出水管的布置与敷设

9.6.1 吸水管的要求

（1）每台水泵宜设置单独的吸水管直接从吸水井或清水池中吸水，其位置如图 9-12 所示。如几台水泵采用合并吸水管时，应使合并部分处于自灌状态，同时吸水管数目不得少于两条，在连通管上应装阀门，当一条吸水管发生事故时，其余吸水管应仍能满足泵房设计水量的要求。

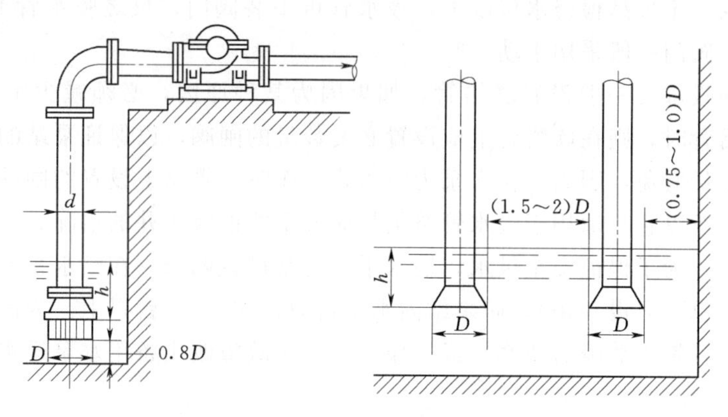

图 9-12 吸水管在吸水井中的位置

（2）吸水管路应尽可能短，减少配件，一般采用钢管或铸铁管，并应注意避免接口漏气。

（3）如图 9-13 所示，吸水管应有沿水流方向连续上升的坡度 I，一般不小于 0.005，并应防止由于工程允许误差和泵房管道的不均匀沉降而引起吸水管的倒坡，必要时采用较大的上升坡度。为了避免产生气囊，应使沿吸水管线的最高点在水泵吸入口的顶端。吸水管的断面一般应大于水泵吸入口的断面，吸水管路上的变径管可采用偏心渐缩管（即偏心大小头），保持渐缩管的上边水平。

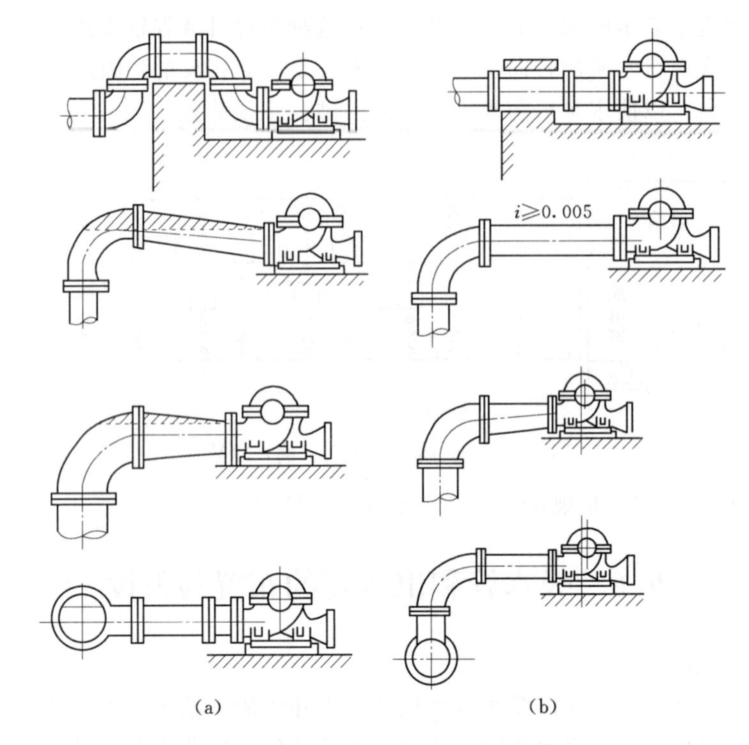

图 9-13　吸水管安装图

（a）正确；（b）不正确

（4）如水泵位于最高检修水位以上，吸水管可不装阀门；反之吸水管上应安装阀门，以便水泵检修。阀门一般采用手动。

（5）泵站内吸水管一般没有联络管，如果因为某种原因，必须减少水泵吸水管的条数，而设置联络管时，则在联络管上应设置必要数量的闸阀，以保证泵站的正常工作。但是这种情况应尽量避免，因为，在水泵为吸入式工作时，管路上设置的闸阀越多，出事的可能性也越大。所以它只适用于吸水管路很长而又不能设吸水井的情况。

一般情况下，为了保证安全供水，输水干管通常设置两条（在给水系统中有较大容积的高地水池时，也可只设一条），而泵站内水泵台数常在 2～3 台以上。为此，就必须考虑到当一条输水干管发生故障需要修复或工作水泵发生故障改用备用水泵送水时均能将水送往用户。

（6）吸水管的设计流速建议采用以下数值：

1）管径小于 250mm 时，为 1.0～1.2m/s。

2）管径在 250～1000mm 时，为 1.2～1.6m/s。

3）管径大于 1000mm 时，为 1.5～2.0m/s。

在吸水管路不长且地形吸水高度不很大时，可采用比上述数值大些的流速，如 1.6～2.0m/s；例如水泵为自灌式工作时，则吸水管中流速可适当放大。

(7) 为了避免水泵吸入空气，吸水管进口在最低水位下的淹没深度应不小于0.5～1.0m。若淹没深度不能满足要求时，则应在管子末端装置水平隔板，如图9-14所示。

(8) 吸水管的直径为d，其喇叭口处的水流状态如图9-15所示，为了避免水泵吸入井底沉渣，并使水泵工作时有良好的水力条件，应遵循以下规定。

1) 吸水管上喇叭口的直径一般可采用$D=(1.3\sim1.5)d$。

2) 吸水喇叭口边缘与井壁的净距不小于$(0.75\sim1.0)D$。

3) 在同一井中安装有几根吸水管时，吸水喇叭口之间的距离不小于$(1.5\sim2.0)D$。

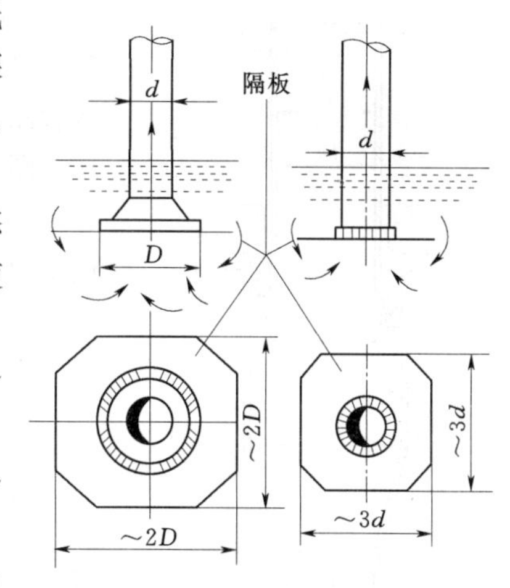

图9-14 吸水管末端的隔板装置

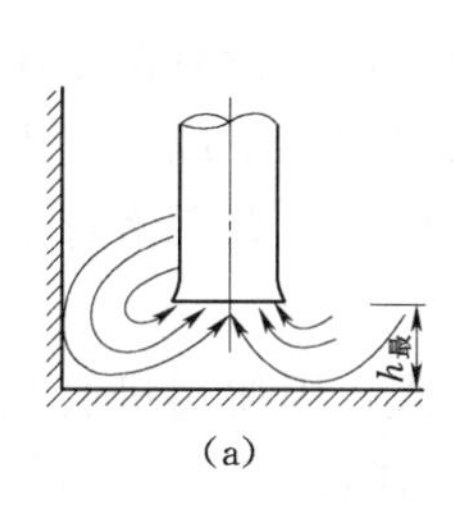

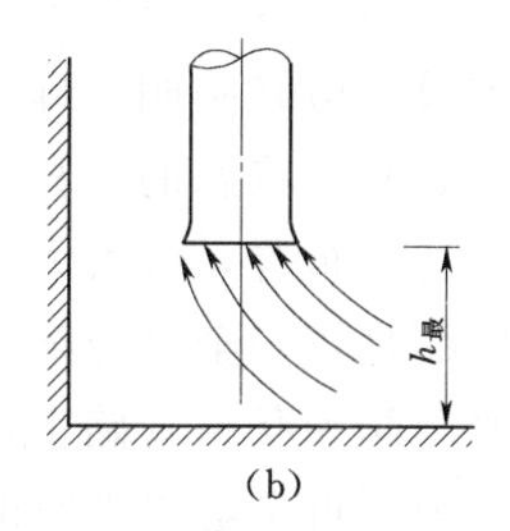

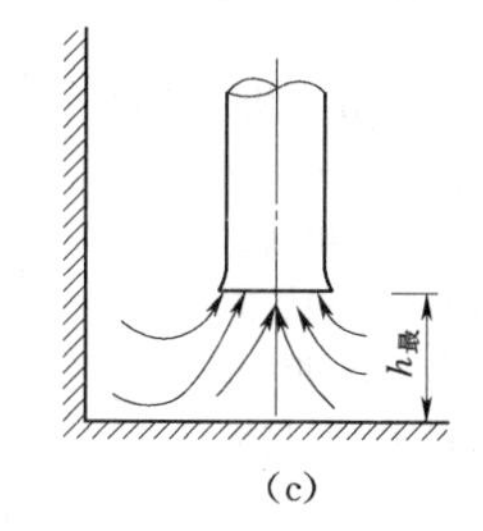

图9-15 吸水喇叭口水的流动状态

9.6.2 压水管的要求

1. 送水泵站的安全要求

(1) 能使任何一台水泵及闸阀停用检修而不影响其他水泵的工作。

(2) 每台水泵能输水至任何一条输水管。

2. 压水管的布置

(1) 出水管上应设闸阀、止回阀和压力表，并宜设置防水锤装置，为了安装上方便和避免管路上的应力传至水泵，一般应在吸水管路和压水管路上需设置伸缩节或可曲饶的橡胶接头。当直径$D\geqslant300$mm时，大都采用电动或液压传动阀门。止回阀通常装于水泵与压水闸阀之间。如果水锤现象不严重，且为地面式泵站时，可将止回阀放在压水闸阀的后面，或者将止回阀装设于泵站外特设的切换井中。

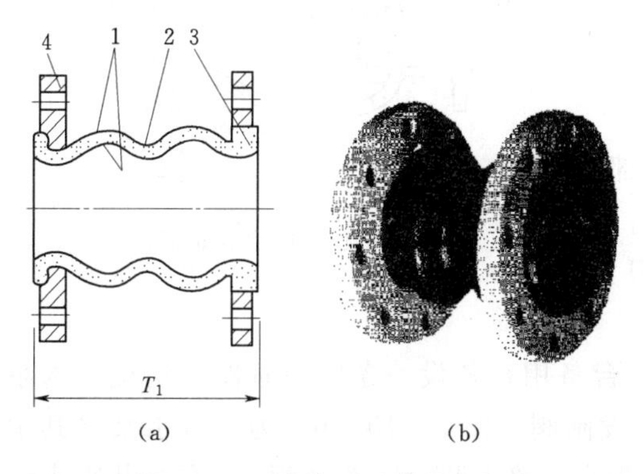

图9-16 可曲挠双球体橡胶接头

1—主体；2—内衬；3—骨架；4—法兰

(2) 出水管一般采用钢管、焊接接口，但为便于安装和检修，在适当地点可设法兰接口。

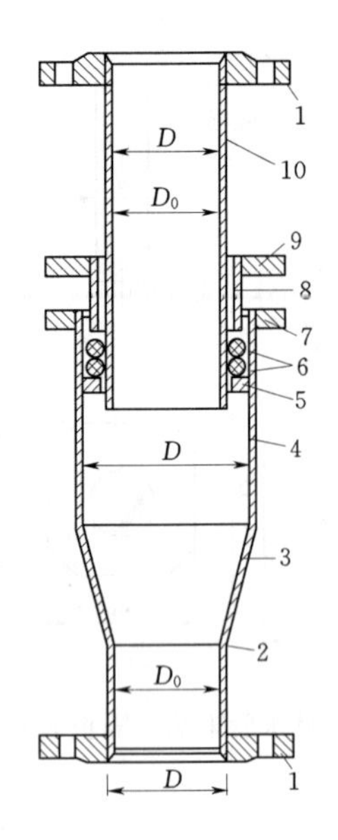

图 9－17　伸缩节结构示意图
1—法兰盘；2—焊接钢管；
3—异径管；4—钢制套管；
5—挡圈；6—橡胶圈；
7—异盘；8—短管；
9—异盘；10—焊接钢管

（3）为了安装上方便和避免管路上的应力（如由于自重、受温度变化或水锤作用所产生的应力）传至水泵，一般应在吸水管路和压水管路上设置伸缩节或可曲挠的橡胶接头。图 9－16、图 9－17 所示分别为可曲挠双球体橡胶接头和伸缩节。

（4）为了承受管路中内压力所造成的推力，在一定的部位上（各弯头处）应设置专门的支墩或拉杆。

（5）压水管的设计流速建议采用以下数值：

1）管径小于 250mm 时，为 1.5～2.0m/s。

2）管径在 250～1000mm 时，为 2.0～2.5m/s。

3）管径大于 1000mm 时，为 2.0～3.0m/s。

水泵出水联络管和出水总管一般宜在泵房内布置，联络管上闸阀布置应满足任何一台水泵和闸阀检修。仍保证泵房能正常出水。

送水泵站通常在站外输水管路上设一检修闸阀，或每台水泵均加设一检修闸阀，即每台泵出口设有两个闸阀。这种闸阀经常是开启状态的，只有当修理水泵或水管上的闸阀时才关闭。这样布置，可大大地减少压水总联络管上的大闸阀个数，因而是较安全又经济的办法。

检修闸阀和联络管路上的闸阀，因使用机会很少，不易损坏，一般不再考虑修理时的备用问题。

压水管路及管路上闸阀布置方式的不同，对泵站的节能效果与供水安全性均有紧密联系。

较大直径的转换阀门、止回阀及横跨管等宜设在泵房外的阀门室（井）内。对于较深的地下式泵房，为避免止回阀等裂管事故和减小泵房布置面积，将联络管置于墙外的管廊中或将联络管设在站外，而把联络管上的闸阀置于闸阀井中。如图 9－18 所示为法兰连接的旋启式止回阀，通常用于 200～600mm 的管路中。

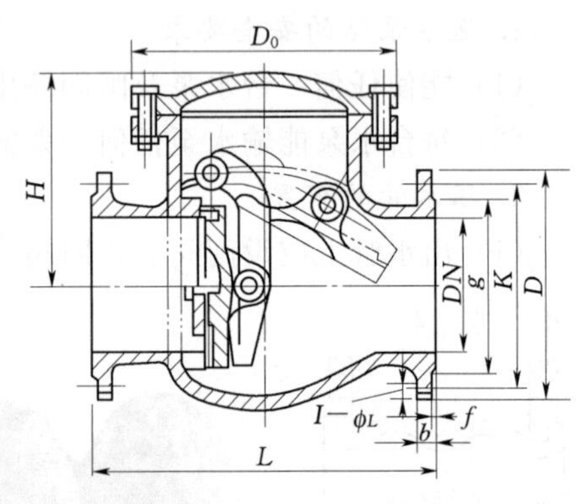

图 9－18　旋启式止回阀

9.6.3　吸水管路和压水管路的布置

吸水管路和压水管路是泵站的重要组成部分，正确设计，合理布置与安装吸、压水管路，对于保证泵站的安全运行，节省投资，减少电耗有很大的关系。

如图 9－19（a）所示为三台水泵（其中一台备用）各设一条吸水管路的情况。水泵轴线高于吸水井中最高水位，所以吸水管路不设闸阀。图 9－19（b）为三台水泵（其中一台备用）采用两条吸水管路的布置。在每条吸水管路上装设一个闸阀 1，在公共吸水管上装设两个闸阀 2，在每台水泵附近装设一个闸阀 3。

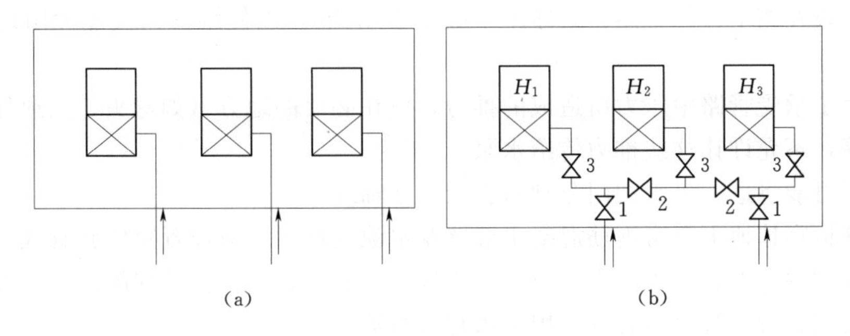

图 9-19 吸水管路的布置

压水管路及管路上闸阀布置方式的不同，对泵站的节能效果与供水安全性均有紧密的联系。如图 9-20（a）的布置可节省两个 90°弯头的配件，并且泵Ⅰ、泵Ⅱ作为经常工作泵，水头损失甚小与图 9-20 中（b）布置相比较具有明显的节能效果。

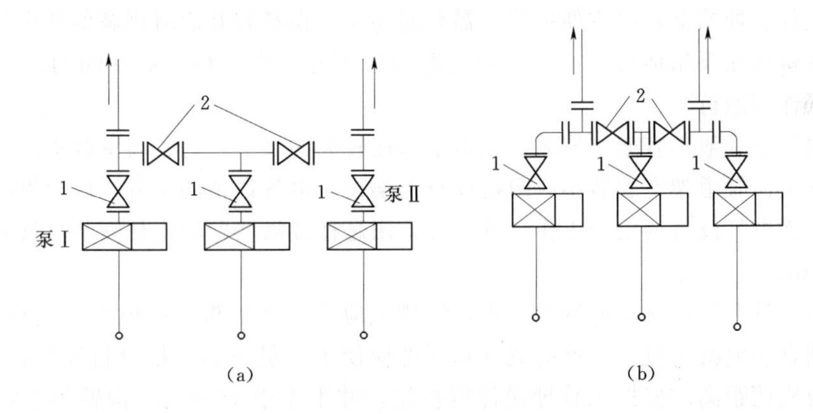

图 9-20 输水管不同方式布置比较

如果必须保证有两台泵向一条输水管送水时，则应在管 a—b 上要增设两个双闸阀，如图 9-21（b）所示。有时为了缩小泵房的跨度，可将闸阀 1 装在联络母管 a—b 延长线上，如图 9-21（c）所示。所以，压水管路上闸阀的设置，主要取决于供水对象对于供水安全性的要求，不同要求应有不同的布置方式。

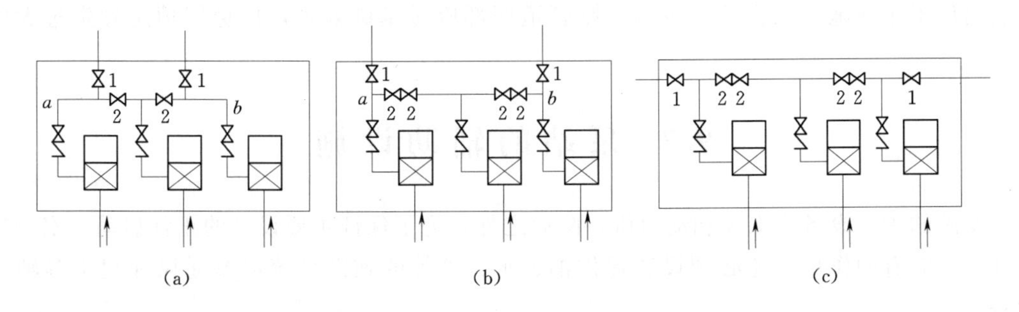

图 9-21 三台水泵时压力管路的布置

9.6.4 吸水管路和压水管路的敷设

管路及其附件的布置和敷设应当保证使用和修理上的便利。一般要求如下。

（1）敷设互相平行的管路，其净距不应小于0.8m，以便维修人员能无阻地拆装接头和配件。

（2）为了承受管路中压力所造成的推力，应在必要的地方（如弯头、三通处）装置支墩、拉杆等，不允许让这些推力传给水泵。

（3）尽可能将进、出水阀门分别布置在一条轴线上。

（4）管道穿越地下泵房钢筋混凝土墙壁及水池池壁时，应设置穿墙套管或墙管。墙管为铸铁特殊配件，安装时管道直接与墙管连接。穿墙套管为铸铁特殊配件，亦可采用钢管制作。管道安装后，管道与套管间用止水材料封填。

（5）埋深较大的地下式泵房，进、出水管道一般沿地面敷设，地面式泵房或埋深较浅的泵房，宜采用管槽内敷设管道。管槽必须具有坡度、自流排出积水；或排入泵房内集水坑，由排水泵排出。

当泵房的进、出水管为直线布置时，拆装水泵和阀门较为困难，常设置具有伸缩或柔性的特殊配件、伸缩器，以方便拆装，需要时还可补偿蝶阀开启时阀瓣的伸出长度。

当水管敷设在泵站地板上时，应修建跨过管道并能走近机组和闸阀的跨桥或通行平台，以便操作与通行。

泵站内管道一般不宜架空安装。但地下深度较大的泵房，为了与室外管路连接，有时需要架空管道。管道架空安装不应阻碍通行及架设在电气设备的上方，以免管道漏水或凝露时影响下面电气设备的安全工作。管道可采用悬挂或沿墙壁的支柱安装，管底距地面不应小于2.0m。

当管道敷设在管槽（又称管沟）中，管槽上应有活动盖板，一般采用钢板或铸铁板，也可用预制钢筋混凝土板。管槽的宽度和深度应便于人员下到管槽进行安装检修。一般，管顶至盖板底的距离应根据水管埋设深度决定，并不小于150mm。沟壁与水管外壁的距离应不小于300mm。管槽的宽度和深度还需按照管道上阀门的设置情况而适当放大。沟底应有向集水坑或排水口倾斜的坡度。

地下式水泵站所在地地下水位较高时，不宜采用能通行的管沟或地下室，否则会大大增加泵站的造价。

吸、压水管在引出泵房之后，必须埋设在冰冻线以下，并应有必要的防腐防震措施。如管道位于泵站施工工作坑范围内，则管道底部应做基础处理，以免回填土发生过大的沉陷。

9.7　泵站的辅助设施

泵站的主要设备为水泵和动力机，除此之外，为了保证主要设备的正常启动、安全运行并发挥应有的作用，还必须设置提供油、水、气等的辅助系统以及通风和起重等辅助设备。

9.7.1　泵房的倾斜与纠偏处理

在洪涝灾害中，由于堤防溃口，水泵超高扬程，电动机超负荷以及外江水位超驼峰原因使得泵站不能正常排水，泵房较长时间浸泡在涝水或渍水中，地基产生湿陷；或由于泵

房地基流土管涌遭受渗透变形等因素，都可能导致泵房的倾斜。因此，需要采用纠偏的方法，或采用纠偏与结构补强结合的办法，对倾斜泵站进行处理。

9.7.2 泵站建筑物地基的渗透破坏与修复

对于堤身式泵站，由于泵房直接抵挡外江水位，在内外水位差的作用下，将在泵房地基及两端大堤土体内产生渗流。渗流对泵站建筑物产生两方面的影响，其一是对泵房底板产生向上的渗透压力，减轻了泵房的有效重量，影响其抗滑稳定；另一方面，当渗透坡降或渗透流速超过某一限度时，会引起土体的渗透变形。因此，在洪涝灾害中部分泵站水工建筑物，如进水池和前池的坍陷破坏就是由于这种渗透变形不能终止而继续发展的结果。

在对遭受渗透破坏的泵站建筑物进行修复前，首先应检查防洪抢险过程中造成坍陷的管涌和流土的进水口，结合大堤的地质情况进行堤防加固，然后根据特大洪水过程中的水位资料，重新拟定泵房的抗渗长度及地下轮廓线，必要时，采用合适的防渗措施。

1. 铺盖

铺盖一般布置在出水池后排水渠首段，主要用来延长渗径，减小渗透坡降和渗透流速。铺盖要求在长期使用下不透水，并能适应泵房地形的变形，其长度可取为泵站最大水头的1～2倍，混凝土铺盖长度不宜超过20m。

2. 板桩

板桩通常设在出水侧，主要用来延长渗径，其材料有木材、钢筋混凝土及钢材等，现多用贯入式预制钢筋混凝土板桩，厚约10～15cm，宽50～60cm，该桩最适于河漫滩沉积地基。

3. 定喷板墙

用高压定向喷射灌浆法构筑防渗板墙，是将特制水、气、浆三管喷射装置插入预先钻好的孔中，固定好喷射方向，然后边喷灌边提升，依靠高速水气射流切割土层形成沟槽，利用压缩空气的掺搅升扬作用把大部分上层颗粒带出地面，并通过浆液的充填、渗透、挤压和固结作用而形成具有一定宽度和厚度的防渗板。

4. 齿墙及截水槽

进出水池及泵房的上下游端均设有齿墙，以延长渗径，同时增加泵房的抗滑稳定。其深度一般为1.0～2.0m，当透水层较薄时，可用黏土或混凝土截水槽将透水层截断，截水槽嵌入不透水层的深度应不小于1.0m。

5. 排水及反滤层

排水设施一般是用直径1～2cm的卵石，砾石或碎石等铺在渗流溢出处，层厚20～30cm。为防止地基发生渗透变形，在排水与地基接触处应设反滤层。反滤层和排水结合在一起，常由三层不同粒径的砂、砾石及碎石组成，粒径自下而上逐渐加大，每层厚度约20～30cm，反滤层长度一般为5～10m，反滤层上部设置铺盖，铺盖上设Φ5cm的排水孔，呈梅花形布置。

泵房排水方式有自然排水和提升排水两种。根据排水泵房的排水量大小，可采用不同的排水方式。排水量小时，采用排水泵与水射器并用。排水量大时，采用两种水泵并用。

排水泵一般均根据水位自动控制启停，为避免启停过于频繁，除选用流量合适的水泵外，还应设置一定容量的排水集水坑。渗漏排水自成系统时，排水泵水量可按15～20min

排除集水井积水确定，并设一台备用泵。渗漏排水应按水位实现自动操作，检修排水可采用手动操作。采用集水井时，井的有效容积按 6～8h 的漏水量确定。

9.7.3 起重设备

1. 起重设备的选择

为满足机泵安装与维修需要，泵房中必须设置起重设备，图 9-22 所示为单梁式起重机结构，它的服务对象主要为水泵、电机、阀门及管道，选择何种起重设备取决于这些对象的重量。表 9-2 为参照规范给出的起重量与可采用的起重设备类型，可供设计时参考，有条件时可适当提高标准。

表 9-2 泵房起重设备选择

起重量(t)	起重设备形式	起重量(t)	起重设备形式
<0.5	移动吊架或固定吊钩	>2.0	手动或电动桥式行吊电动式行吊
0.5～2.0	手动或电动单轨吊车	>5.0	宜选用电动单梁或双梁起重机

泵房中的设备一般都应整体吊装，起重量应以最重设备并包括起重葫芦吊钩重量为标准。选择起重设备时，应考虑远期机泵的起重量。但是，如果大型泵站，当设备重量大到一定程度时，就应考虑解体吊装，一般以 10t 为限。凡是采取解体吊装的设备，应取得生产厂方的同意，并在操作规程中说明，同时在吊装时注明起重量，防止发生超载吊装事故。

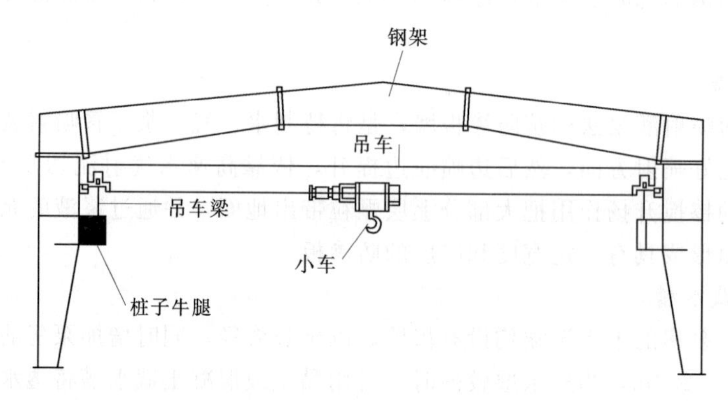

图 9-22 单梁式起重机结构

2. 起重设备的布置

起重设备的布置主要是考虑起重机的设置高度和作业面两个问题。设置高度从泵房天花板至吊车最上部分应不小于 0.1m，从泵房的墙壁至吊车的突出部分应不小于 0.1m。

如图 9-24 所示，桥式吊车轨道一般安设在壁柱上或钢筋混凝土牛腿上。如果采用手动单轨悬挂式吊车，则无需在机器间内另设壁柱或牛腿，可利用厂房的屋架，在其下面装上两条工字钢，作为轨道即可。

作业面是指起重吊钩服务的范围，它取决于所用的起重设备。固定吊钩配置葫芦，能垂直起举而无法水平运移，只能为一台机组服务，即作业面为一点。单轨吊车的运动轨迹是一条线，它取决于吊车梁的布置。横向排列的水泵机组，对应于机组轴线的上空设置单轨吊车梁；纵向排列机组，则设置于水泵和电机之间。进出设备的大门，一般都按单轨梁

居中设置。若有大门平台，应按吊钩的工作点和最大设备的尺寸来计算平台的大小，并且要考虑承受最重设备的荷载。在条件允许的情况下，为了扩大单轨吊车梁的服务范围，可以采用U形布置方式。

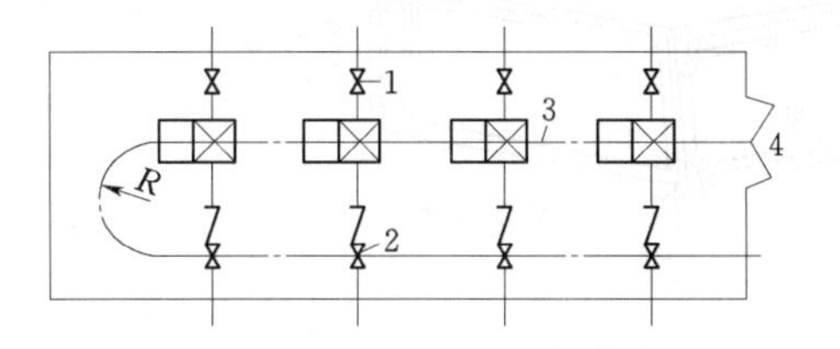

图9-23 U形单轨吊车梁布置图
1—进水阀门；2—出水阀门；
3—单轨吊车梁；4—大门

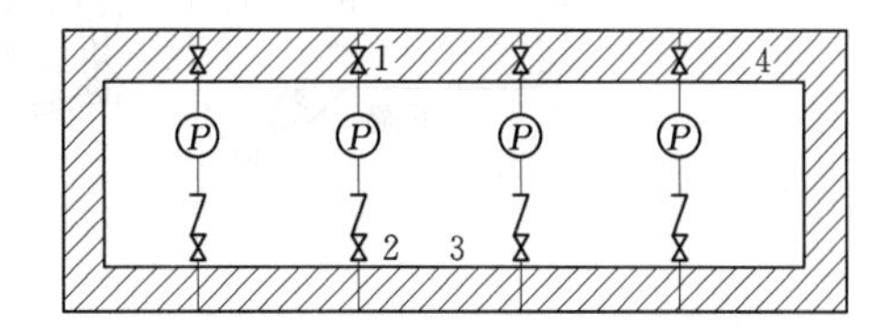

图9-24 桥式行车工作范围内
1—进水阀门；2—出水阀门；3—吊车边缘工作点轨迹；4—死角区

如图9-23所示，U形轨布置具有选择性。一般选择出水阀门为吊运对象，使单轨弯向出水闸阀，出水闸阀应布置在一条直线上。同时，在吊轨转弯处与墙壁或电气设备之间要注意保持一定的距离，以利安全。桥式行车具有纵向和横向移动的功能，它服务的范围为一个面。

9.7.4 计量

为了有效地调度泵站的工作，并进行经济核算，泵站内必须设置计量设施。泵站中常用的计量设施有电磁流量计、超声波流量计、插入式涡轮流量计、插入式涡街流量计等(图9-25)。电磁流量计是利用电磁感应定律的流量计。其特点是：①其变送器结构简单，工作可靠；②水头损失小，且不易堵塞，电耗少；③无机械惯性，反应灵敏，可以测量脉动流量，流量测量范围大，低负荷亦可测量；而且输出讯号与流量呈线性关系，计量方便（这是最主要的优点）；测量精度约为±1.5%；④安装方便；⑤重量轻，体积小，占地少；⑥价格较高，怕潮、怕水浸。

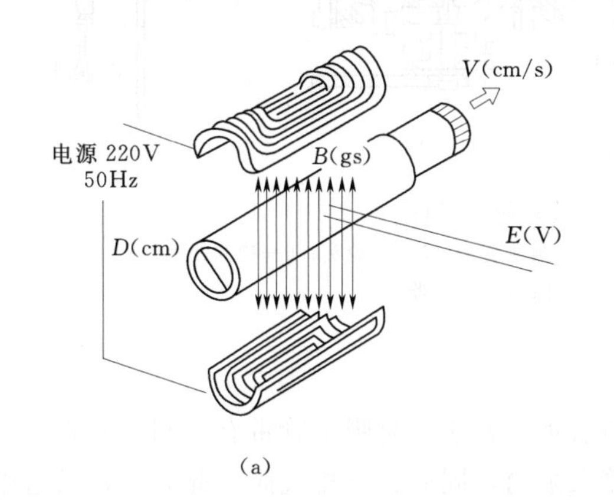

(a)

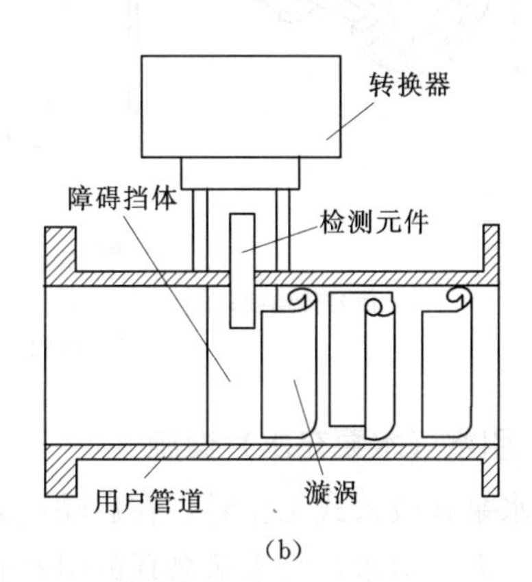

(b)

图9-25 流量计
(a) 电磁流量计；(b) 插入式涡街流量计

超声波流量计是利用超声波在流体中的传播速度随着流体的流速变化这一原理设计的(图9-26)。其优点是水头损失极小，电耗很少，量测精度一般在±2%范围内，使用中

可以计瞬时流量，也可计累积流量。

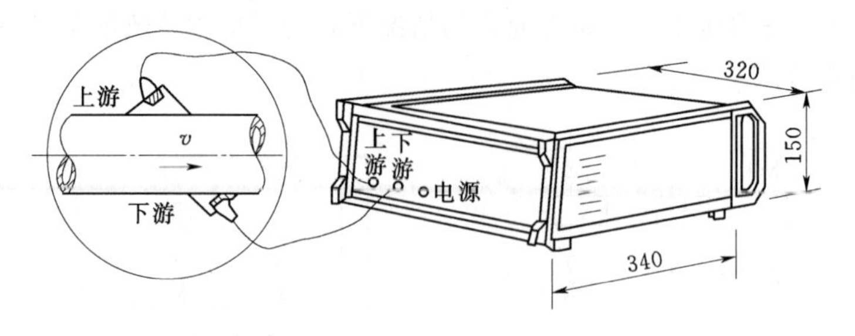

图 9-26　超声波流量计安装示意图

插入式涡轮流量计主要有变送器和显示仪表两个部分组成，如图 9-27 所示，利用变送器的插入杆将一个小尺寸的涡轮头插到被测管道的某一深处，当流体流过管道时，推动涡轮头的叶轮旋转，在较宽的流量范围内，叶轮的旋转速度与流量成正比，在检测线圈的两端发生电脉冲信号，从而测出涡轮叶片的转数而测得流量。一般保证仪表常数精度的流速范围为 0.5～2.5m/s。目前，用于管径 200～1000mm 的管道，仪表常数的精度为±2.5%。

插入式涡街流量计又称卡门涡街流量计［图 9-25（b）］，它是根据德国学者卡门发现的旋涡现象而研制的测流装置。无可动件、结构简单、安装方便、量程范围较宽、量测精度一般为±1.5%～±2.5%。目前测量的管径为 50～1400mm。

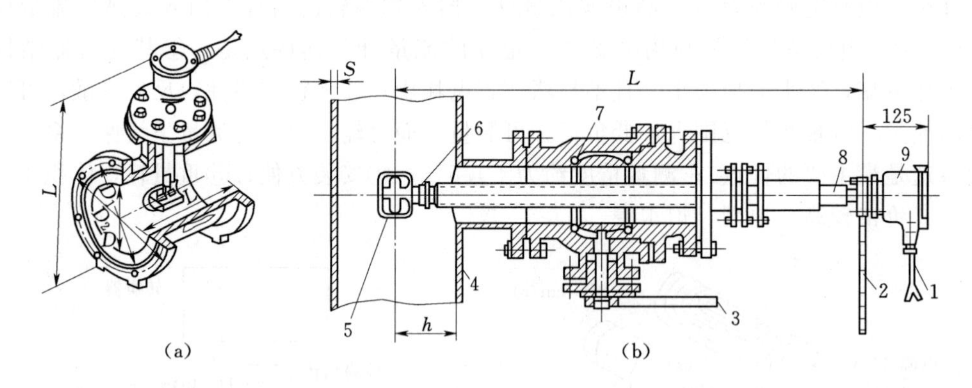

图 9-27　插入式涡轮流量计

1—信号传输线；2—定位杆；3—阀门，4—被测管道；5—涡轮头；6—检测线圈；7—球阀；8—插入杆；9—放大器

9.7.5　引水（水泵充水）设施

当水泵在吸入式工作时，在启动前必须引水。方法一是吸水管带有底阀，分为：

（1）人工引水，将水从泵顶的引水孔灌入泵内，同时打开排气阀。此方法，只适用于临时性供水且为小泵的场所。

（2）用压水管中的水倒灌引水，如图 9-28 所示，旁通管上设有闸阀，引水时开启闸阀，水充满泵后，关闭闸阀。一般中、小型水泵（吸水管直径在 300mm 以内时）多采用这种形式。

方法二是吸水管不带有底阀可分为：

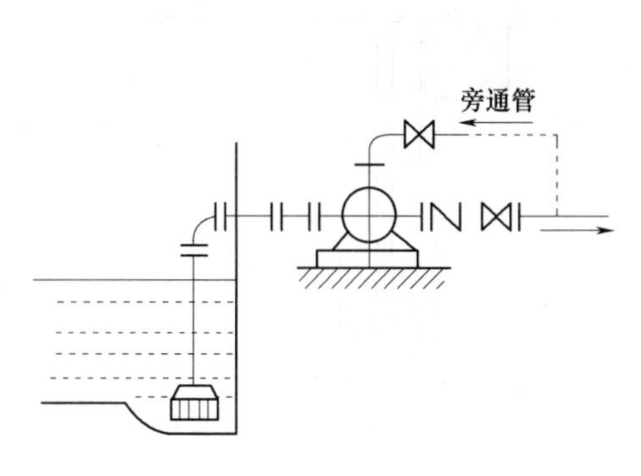

图 9-28 水泵从压水管引水

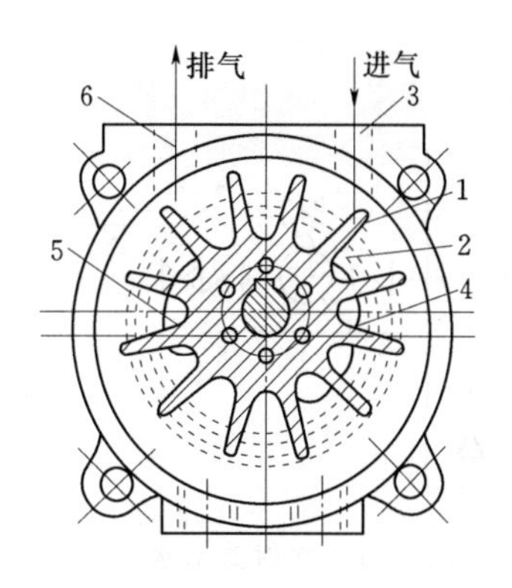

图 9-29 水环式真空泵的工作原理

1—叶轮；2—旋转水环；3—进水管；4—进气口；5—排气口；6—排气管

(1) 真空泵引水，如图 9-29 所示，启动前往泵壳内灌满水，叶轮旋转时由于离心力作用，将水甩至四周而形成一旋转水环 2，水环上部的内表面与轮壳（图 9-29 右半部）的过程中，水环的内表面渐渐与轮壳离开，各叶片间形成的空间渐渐增大，压力随之降低，空气就从进气管 3 和进气口 4 吸入。在后半转（图 9-29 左半部）的过程中，水环的内表面渐渐与泵壳接近，各叶片间的空间渐渐缩小，压力随之升高，空气便从排气口 5 和排气管 6 排出。叶轮不断地旋转，水环式真空泵就不断地抽走气体。

泵站内真空泵的管路布置，如图 9-30 所示。真空管路直径，根据水泵大小，采用直径 $d=25\sim50\text{mm}$。泵站内真空泵通常设置两台，一台工作一台备用。两台真空泵可共用一个气水分离器。

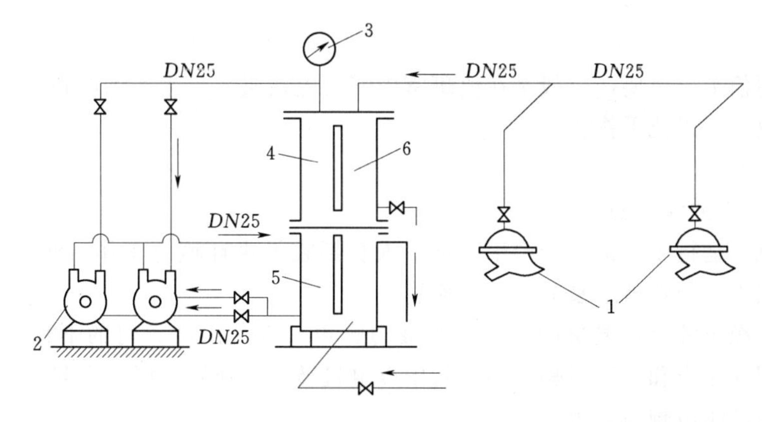

图 9-30 泵站内真空泵管路布置

1—水泵；2—水环式真空泵；3—真空表；4—气水分离器；5—循环水箱；6—玻璃水位计

(2) 水射器引水，利用压力水通过水射器喷嘴处产生高速水流，是喉管进口处形成真空的原理，将水泵的气体抽走（图 9-31）。

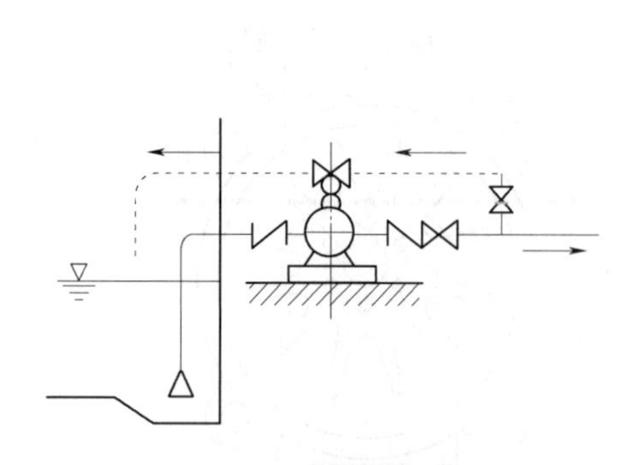

图 9-31 水射器引水

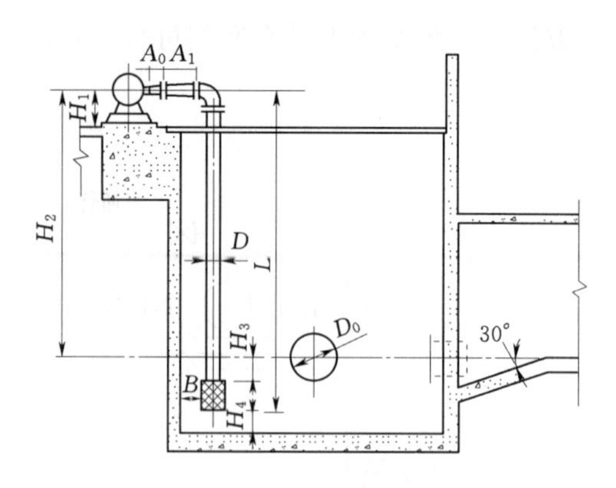

图 9-32 吸水井

9.7.6 吸水井布置

一般吸水井靠近二级泵房吸水管一侧，每台水泵有单独吸水管从吸水井吸水（图 9-32）。水泵台数少时，也可不设吸水井而直接自清水池吸水。吸水井的形式有分离式吸水井和池内式吸水井两种。分离式吸水是在邻近泵房吸水管一侧设置的独立构筑物。池内式吸水井是在清水池的一端用隔墙分出一部分容积作为吸水井。当多台水泵吸水管共用一井时，常将吸水井分成两格，中间设置连通管和闸阀，或不设阀门用虹吸管连通，以便分隔清洗使用。

吸水井的尺寸应满足吸水管的布置、安装、检修和正常工作的要求，通常由吸水喇叭间距决定。多台水泵的吸水井应有一定的进水流程，以调整水流使其顺直均布地流向各吸水管。一般要求吸水井格网出水至吸水喇叭 A_1 中心的流程长度 L 不小于 $3D$，即 $L \geqslant 3D$。吸水井水位随清水池水位变化而变化，两者的水位差等于连接管道中的水头损失。

9.8 泵房的其他设施

9.8.1 通信

泵站内通信十分重要，一般是在值班室内安装电话机，供生产调度和通信之用。电话间应有隔音效果，以免干扰。

9.8.2 防噪音

9.8.2.1 泵站中的噪声源

在水泵机组运行中，常常会产生噪声。人长期在噪声环境下工作，使人烦躁、不安，会造成听力损失，导致神经衰弱，诱发疾病。

泵站中的噪声源有：电机噪声、泵和液力噪声（由流出叶轮时的不稳定流动产生）、风机噪声、阀件噪声和变压器噪声等。其中以电机转子高速转动时，引起与定子间的空气振动而发出的高频声响为最大。

9.8.2.2 泵站内噪声的防治

1. 吸音

在泵房内表面装饰吸音材料或在高噪声房间悬挂空间吸音体，将室内的声音吸掉一部分，以降低噪声。玻璃棉、矿渣棉、泡沫塑料、毛毡、石棉绒、棉絮、卡普隆纤维、加气混凝土、吸声砖、木丝板、甘蔗板等都是较好的吸音材料。在实际应用中多孔吸音材料由

于疏松多孔的特点，在室内很容易损坏、污染、松散、积灰，而且不美观，因此经常用透气的织物（如玻璃丝布、亚麻布）把吸音材料包好，缝成袋状，装入木框架内，然后在表层加一层窗纱或铅丝网，钢板网罩面，如果有条件，还可以用胶合板、塑料贴面板、纤维板、石棉水泥板等制成的穿孔板罩面，穿孔板的孔眼面积占整个板面积的20%以上。

2. 消音

泵房中的消音一般用于单体机组方面，目前国内已生产的水冷式消音电机，对于消除电机内空气动力性噪声方面效果较好，可使泵房的工作噪声得到较大幅度下降。

3. 隔音

泵房中的水泵机组放置在隔音机罩内，与值班人员隔开，或者也可以把值班人员置于隔音性能良好的控制室内，与发音的机组隔开，从而使值班人员免受噪声的危害。隔音结构可选择砖墙、钢筋混凝土或钢板、木板等密实、沉重的材料。

4. 隔振

在水泵机组和它的基础之间安装橡胶隔振垫，可使振动得到减弱，目前水泵隔振主要采用橡胶隔振垫，详见全国通用建筑标准设计图给水排水标准图集中关于“水泵隔振基础及其安装”的要求。

9.8.3 离心泵站常用的电动机

根据地形条件确定水泵的安装高度。计算出吸水管路和泵站范围内压水管路中的水头损失，然后求出泵站的扬程。如果发现初选的水泵不合适，则可以切削叶轮或另行选泵，根据新选的水泵的轴功率，再选用电动机。

电动机从电网获得电能，带动水泵运转，同时在一定的外界环境和条件下工作。因此，正确地选择电动机，必须解决好电动机与水泵、电动机与电网、电动机与工作环境间的各种矛盾，并且尽量节省投资、设备简单、运行安全、管理方便。

1. 根据所要求的最大功率、转矩和转数选用电动机

电动机的额定功率要稍大于水泵的设计轴功率。电动机的启动转矩要大于水泵的启动转矩。电动机的转数应和水泵的设计转数基本一致。

2. 根据电动机的功率大小，参考外电网的电压决定电动机的电压

通常可以参照以下原则，按电动机的功率选择电压：

(1) 功率在100kW以下的，选用380V/220V或220V/127V的三相交流电。

(2) 功率在200kW以上的，选用l0kV（或6kV）的三相交流电。

(3) 功率在100～200kW之间的，则视泵站内电机配置情况而定，多数电动机为高压，则用高压，多数电动机为低压，则用低压。

如果外电网是10kV的高压，而电动机功率又较大时，则应尽量选用高压电动机。

3. 根据工作环境和条件决定电动机的外形和构造形式

不潮湿、无灰尘、无有害气体的场合，如地面式送水泵站，可选用一般防护式电动机；多灰尘或水土飞溅的场合，或有潮气、滴水之处，如较深的地下式地面水取水泵站中，宜选用封闭自扇冷式电动机；防潮式电动机一般用于暂时或永久的露天泵站中。

4. 根据投资少、效率高、运行简便等条件，确定所选电动机的类型

在给水排水泵站中，广泛采用三相交流异步电动机（包括鼠笼型和绕线型）。有时也

采用同步电动机。

鼠笼型电动机结构简单，价格便宜，工作可靠，维护比较方便，且易于实现自动控制或遥控，因此使用最多。缺点是启动电流大，并且不能调节转速。对于轴流泵，只要是负载启动，启动转矩也能满足要求。在供电的电力网容量足够大时，采用鼠笼型电动机是合适的。

绕线型电动机，适用于启动转矩较大和功率较大或者需要调速的条件下，但它的控制系统比较复杂。绕线型电动机能用变阻器减小启动电流。过去常用的有 JR 或 JRQ 系列，目前，基本以 YR 系列取而代之。

同步电动机价格昂贵，设备维护及启动复杂，但它具有很高的功率因数，对于节约电耗，改善整个电网的工作条件作用很大。

9.8.4　泵站变配电系统中负荷等级及电压的选择

泵站的变配电系统，随供电电压等级的不同而异。电压大小的选定，与泵站的规模（即负荷容量）和供电距离有关。目前，电压等级有下列几种：380V、（220V）、6kV、10kV、35kV 等。其中 6kV 等级不是国家标准等级，将趋于逐步淘汰。对于规模很小的水厂（总功率小于 100kW），供电电压一般为 380V。对于大多数中小型净水厂，供电电压以 6kV 和 10kV 居多，今后将以 10kV 替代 6kV。对于大型水厂，大多供给 35kV 电压。

9.8.5　泵站水锤及其防护

在泵站工程中，管道破裂、机组振动是比较普遍的现象。这种现象将使泵站无法运行，严重影响取水输水工程的正常运作。有些泵站的机组和管道振动虽然可以勉强运行，但长时期的振动和噪音，不仅会缩短设备寿命，增加维护管理难度，而且会给运行环境造成恶劣影响。一旦泵站建成后出现上述问题需要改造时，将会造成很大的经济损失。因此，在泵站规划设计时就应对上述可能出现的问题加以注意，并采取防止措施。

引起管道破裂和机组振动的原因可能很多，除设备制造和施工安装质量、运行管理水平、甚至人为的破坏等可能导致管道及机组的损坏外，工程的设计方法也是重要影响因素。

9.8.6　离心泵站的防雷措施

在江河边的取水泵房，常常设置在雷击较多的地区，泵房上如果没有可靠的防雷保护设施，便有可能发生雷击起火。雷击起火是泵站的主要火灾之一。泵站中防雷保护设施常用的是避雷针、避雷线及避雷器 3 种（图 9－33～图 9－35）。

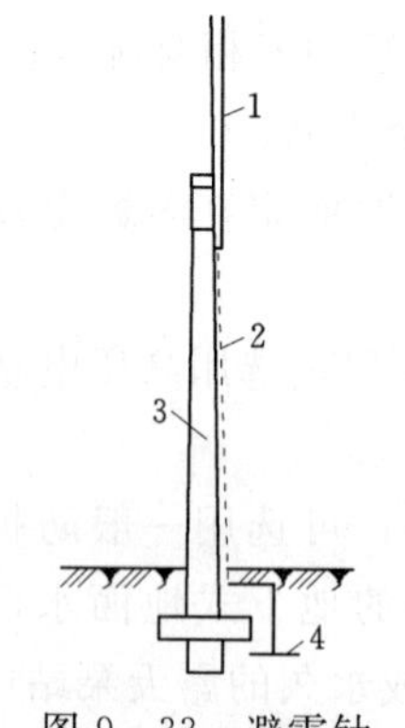

图 9－33　避雷针

1—镀锌铁针；2—连接线；3—电杆；4—接地装置

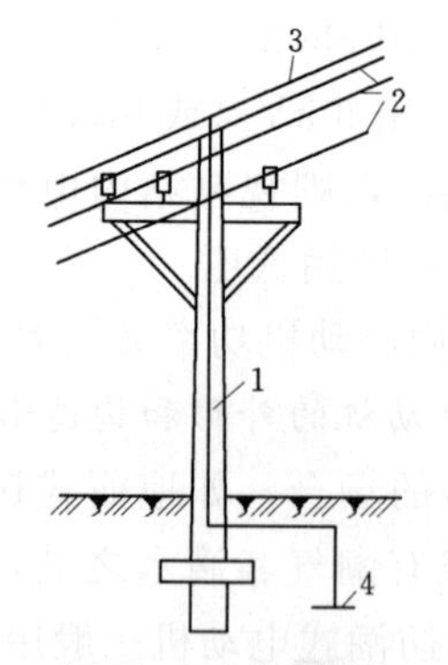

图 9－34　避雷线

1—避雷线；2—高压线；3—连接线；4—接地装置

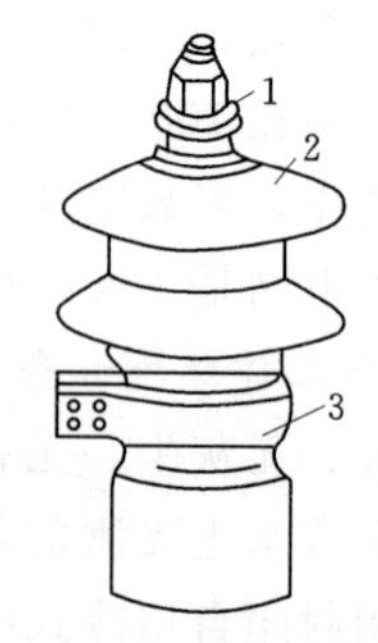

图 9－35　阀型避雷器

1—接线端头；2—瓷质外壳；3—支持夹

避雷针是由镀锌铁针、电杆、连接线和接地装置所组成。落雷时，由于避雷针高于被保护的各种设备，它把雷电流引向自身，承受雷电流的袭击，于是雷电先落在避雷针上，然后通过针上的连接线流入大地使设备免受雷电流的侵袭，起到保护作用。避雷线的作用类同于避雷针，避雷针用以保护各种电气设备，而避雷线则用在35kV以上的高压输电架空线路上。避雷器的作用不同于避雷针（线），它是防止设备受到雷电的电磁作用而产生感应过电压的保护装置。阀型避雷器的主要组成有两部分：一种是由若干放电间隙串联而成的放电间隙部分，通常叫火花间隙；另一种是用特种碳化硅做成的阀电阻元件，外部用瓷质外壳加以保护，外壳上部有引出的接线端头，用来连接线路。避雷器一般是专为保护变压器和变电所的电气设备而设置的。

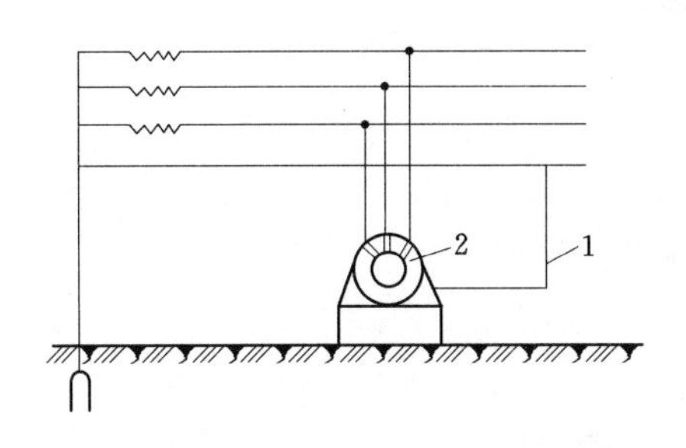

图9-36　保护接零

1—零线；2—设备外壳

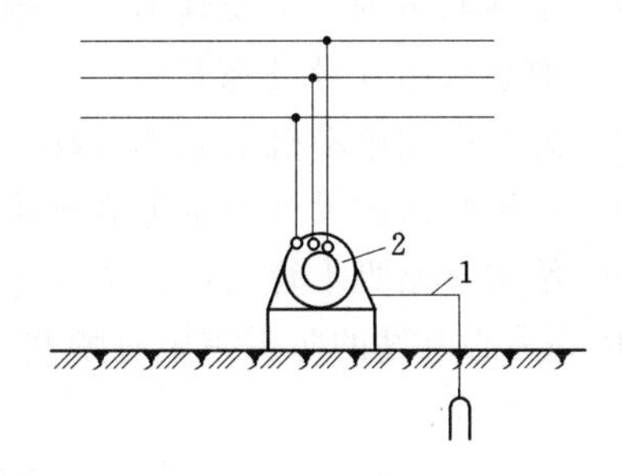

图9-37　保护接地

1—接地线；2—电动机外壳

泵站除了防雷保护外，还有接地保护。如图9-36、图9-37所示，接地保护是接地线和接地体的总称。当电线设备绝缘破损，外壳接触漏了电，接地线便把电流导入大地，从而消除危险，保证安全。三相三线制系统中的电气设备外壳也均应采用保护接地设施。

项 目 小 结

1. 泵站分类及特点

按操作方式及泵房作用对泵房分类及各类泵站的基本特征和用途。

2. 水泵选择

选泵的主要依据、设计流量和扬程的计算、选泵要点。

3. 水泵机组的布置及基础

机组的布置原则、目的、机组排列形式。

4. 吸水管路与压水管路

布置水泵吸压水管路的基本要求。

5. 泵站中的辅助设施

计量设备、引水装置、起重设备、泵站排水和通信设计；水锤产生原因及避免方法。

6. 电动机的选择

根据水泵的轴功率，选用电动机。

7. 给水泵站中的土建要求

泵站墙体、门窗、排水沟的要求。

复习思考题

9-1　按给水泵站的作用进行分类泵站有哪几种？

9-2　取水泵站选择水泵应注意哪几个问题？

9-3　水泵机组布置形式有哪几种？

9-4　取水泵房布置原则是什么？

9-5　泵站噪声的危害及其消除措施有哪些？

9-6　取水泵站计量设施有哪些？

9-7　怎样根据电动机的功率选择电压？

9-8　一级泵站的设计流量怎么确定？

9-9　给水泵站吸水管的设计流速怎么确定？

9-10　离心泵站的防雷措施有哪些？

习　　题

9-1　某泵站设计时选用10Sh—9A型水泵，其铭牌流量为130L/s，允许吸上真空高度为6.0m，配备直径为300mm的铸铁管作为吸水管路，长度10m。选用无底阀滤网$\zeta=0.2$、$R/d=1.5$的90°弯头$\zeta=0.6$和偏心渐缩管$\zeta=0.17$等附件各1个。已知该站进水池最低水位为500m，夏季最高水温为30℃，试计算该泵的安装高度。

9-2　某泵站设计时选用20Sh—19型水泵，允许吸上真空高度4m，运行时的流量为$0.54m^3/h$，吸水管路拟用22in铸铁管，长度12m，选用进口喇叭$\zeta=0.2$、$R/d=1.5$的90°弯头$\zeta=0.6$和偏心渐缩管$\zeta=0.17$等附件各1个。已知该站进水池最低水位为21.5m，夏季最高水温为32℃，试确定该泵的安装高度。

项目十　排　水　泵　站

项目提要： 污水泵站的工艺特点；雨水泵站的工艺特点。

10.1　排水泵站的基本介绍

10.1.1　排水泵站的组成与分类

排水泵站的工作特点是它所抽升的水是不干净的，一般含有大量的杂质，而且来水的流量逐日逐时都在变化。

排水泵站的基本组成包括机器间、集水池、格栅、辅助间，有时还附设有变电所。机器间内设置泵机组和有关的附属设备。格栅和吸水管安装在集水池内，集水池还可以在一定程度上调节来水的不均匀性，以便泵能较均匀工作。格栅作用是阻拦水中粗大的固体杂质，以防止杂物阻塞和损坏泵，因此，格栅又叫拦污栅。辅助间一般包括贮藏室、修理间、休息室和厕所等。

排水泵站按其排水的性质，一般可分为污水（生活污水、生产污水）泵站、雨水泵站、合流泵站和污泥泵站。按其在排水系统中的作用，可分为中途泵站（或叫区域泵站）和终点泵站（又叫总泵站）。中途泵站通常是为了避免排水干管埋设太深而设置的，终点泵站就是将整个城镇的污水或工业企业的污水抽送到污水处理厂或将处理后的污水进行农田灌溉或直接排入水体。按泵启动前能否自流充水分为自灌式泵站和非自灌式泵站。按泵房的平面形状，可以分为圆形泵站和矩形泵站。按集水池与机器间的组合情况，可分为合建式泵站和分建式泵站。按采用的泵特殊性又有潜水泵站和螺旋泵站。

按照控制的方式又可分为人工控制，自动控制和遥控三类。

10.1.2　排水泵站的基本类型及特点

排水泵站的类型取决于进水管渠的埋设深度、来水流量、泵机组的型号与台数、水文地质条件以及施工方法等因素。选择排水泵站的类型应从造价、布置、施工、运行条件等方面综合考虑。下面就几种典型的排水泵站说明其优缺点及适用条件。

图 10－1 为合建式圆形排水泵站，装设卧式泵，自灌式工作，适合于中、小型排水量，且不超过四台。圆形结构受力条件好，便于采用沉井法施工，可降低工程造价，泵启动方便，易于根据吸水井中水位实现自动操作。缺点是机器内机组与附属设备布置较困难，当泵房很深时，工人上下不便，且电动机容易受潮。由于电动机深入地下，需考虑通风设施，以降低机器间的温度。

若将此种类型泵站中的卧式泵改为立式离心泵（也可用轴流泵），就可避免上述缺点。但是，立式离心泵安装技术要求较高，特别是泵房较深，传动轴甚长时，须设中

间轴承及固定支架，以免泵运行时传动轴发生振荡。由于这种类型能减少泵房面积，降低工程造价，并使电气设备运行条件和工人操作条件得到改善，故在我国仍广泛采用。

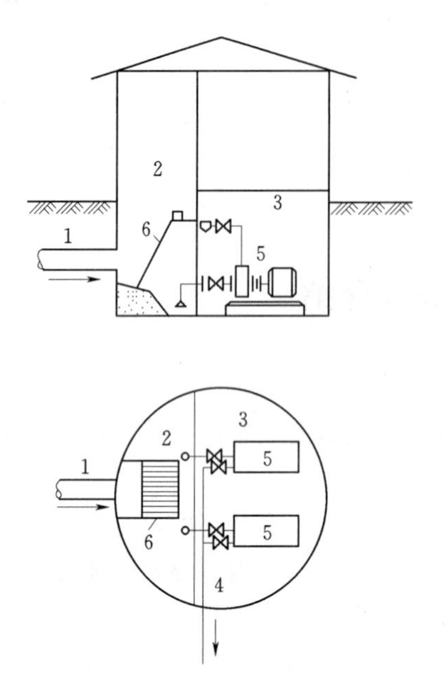

图 10-1　合建式圆形排水泵站

1—排水管渠；2—集水池；3—机器间；4—压水管；5—卧式污水泵；6—格栅

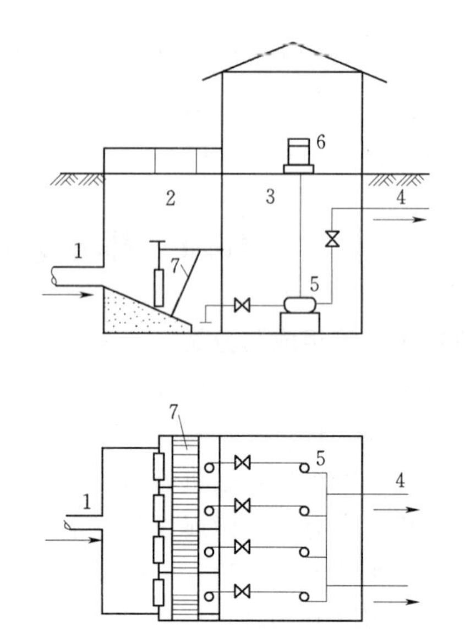

图 10-2　合建式矩形排水泵站

1—排水管渠；2—集水池；3—机器间；4—压水管；5—立式污水管；6—立式电动机；7—格栅

图 10-2 为合建式矩形排水泵站，装设立式泵，自灌式工作。大型泵站用此种类型较合适。泵台敷为四台或更多时，采用矩形机器间，机组，管道和附属设备的布置方面较为方便，启动操作简单，易于实现自动化。电气设备置于上层，不易受潮，工人操作管理条件良好。缺点是建造费用高。当土质差，地下水位高时，因不利施工，不宜采用。

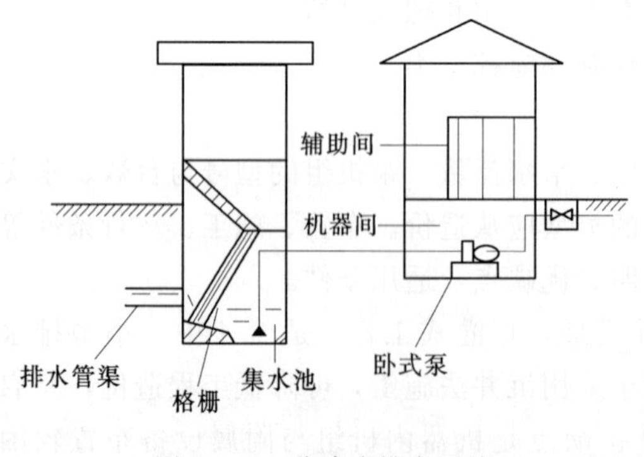

图 10-3　分建式排水泵站

图 10-3 为分建式排水泵站。当土质差、地下水位高时，为了减少施工困难和降低工程造价，将集水池与机器间分开修建是合理的。将一定深度的集水池单独修建，施工上相对容易些。为了减小机器间的地下部分深度，应尽量利用泵的吸水能力，以提高机器间标高。但是，应注意泵的允许吸上真空高度不要利用到极限，以免泵站投入运行后吸水发生困难。因为在设计当中对施工时可能发生的种种与设计不符情况和运动后管道积垢、泵磨损、电源频率降低等情况都无法事先准确估计，所以适当留有余地是必要的。

分建式泵站的主要优点是，结构上处理比合建式简单，施工较方便，机器间没有被污水渗透的危险。

10.2 污水泵站的工艺特点

10.2.1 水泵的选择

1. 泵站设计流量的确定

城市的用水量是不均匀的，因而排入管道的污水流量也是不均匀的。排水泵站的设计流量一般均按最高日最高时污水流量决定。一般小型排水泵站（最高日污水量在 $5000m^3$ 以下），设 1～2 套机组；大型排水泵站（最高日污水量超过 $15000m^3$）设 3～4 套机组。

2. 泵站扬程的确定

泵站扬程可按下式计算

$$H=H_{ss}+H_{sd}+\sum h_s+\sum h_d \tag{10-1}$$

式中 H_{ss}——吸水地形高度，m，为集水池内最低水位与水泵轴线之高差；

H_{sd}——压水地形高度，m，为水泵轴线与输水最高点（即压水管出口处）之高差；

$\sum h_s$，$\sum h_d$——污水通过吸水管路和压水管路中的水头损失（包括沿程损失和局部损失）。

由于污水泵站一般扬程较低，局部损失占总损失比重较大，所以不可忽略不计。考虑到污水泵在使用过程中因效率下降和管道中因阻力增加而增加的能量损失，在确定水泵扬程时，可增大 1～2m 安全扬程。

3. 选泵应注意的问题

（1）因为水泵在运行过程中，集水池中水位是变化的，因此所选水泵在这个变化范围内应处于高效段，当泵站内的水泵超过两台时，在选择水泵时应注意不但在并联运行时，而且在单泵运行时都应处于高效段内。

（2）为提高水泵的使用范围，每台水泵的流量最好相当于 1/3～1/2 的设计流量，并且以采用同型号的水泵为最好。

（3）从适应流量的变化和节约电能角度考虑，采用大小搭配较为合适的型号可适应更广泛的来水量。若选用两台不同型号的水泵，则小泵的出水量不应小于大泵出水量的一半；若选用一大两小 3 台水泵，则小泵的出水量不小于大泵出水量的 1/3。

（4）大流量的排水泵站可选择轴流泵，一般泵站选择离心污水泵，泵房不太深的情况可选择 PWF 耐腐蚀污水泵、ZW 高效无堵塞自吸排污泵。

（5）工业排水泵站的来水中往往含有酸性、碱性或其他腐蚀性物质，因此，应选择耐腐蚀性能好的污水泵。

（6）泵站经常工作水泵不多于四台，且为同一型号时，只需在管路中设置一套备用机组；若超过四台，除安装在管路上的一套备用机组外，还应在仓库中备用一套。

10.2.2 集水池设计

1. 集水池形式

污水泵站集水池的形式有圆形、半圆形和矩形等多种形式，上口宜采用敞开式，周围加栏杆或短墙，上加顶棚，设梁勾或滑车，以满足吊泥或栅渣的要求。

2. 集水池布置原则

集水池的布置，应考虑改善水泵吸水的水力条件，减少滞流和涡流，以保证水泵正常运行。布置时应注意以下几点。

（1）泵的吸水管或叶轮应有足够的淹水深度，防止空气吸入或形成涡流时吸入空气。

（2）水泵的吸入喇叭口应与池底保持所要求的距离。

（3）水流应均匀顺畅无漩涡地流近水泵吸水管口。每台水泵进水水流条件基本相同，水流不要突然扩大或改变方向。

（4）集水池进口流速和水泵吸入口处的流速尽可能缓慢。

污水泵房的集水池前应设置闸门或闸槽，以在集水池清洗或水泵检修时使用。

3. 集水池容积

集水池的容积与进入泵站的流量变化情况、水泵的型号、工作台数及其工作制度、泵站操作性质、启动时间等有关。在满足安装格栅和吸水管的要求，保证水泵工作时的水力条件及能够及时将流入的污水抽走的前提下，集水池应尽量小些。集水池容积的确定方法见表 10-1。

表 10-1 集水池容积的确定

泵站的形式	集 水 池 容 积
全昼夜运行的大型污水泵站	不小于泵站中最大一台水泵 5min 的出水量
小型污水泵站	能够满足储存夜间流入量的要求
工厂的污水泵站	应根据短时间内淋浴排水量来复核
污泥泵站	根据从沉淀池、消化池一次排出的污泥量或回流污泥和剩余污泥量来确定
自动控制污水泵站	泵站为一级工作：$w=Q_0/4n$；泵站分两级工作：$w=(Q_2-Q_1)/4n$。 式中，w 为集水池容积，m^3；Q_0 为泵站一级工作时的出水量，m^3/h；Q_1，Q_2 为泵站二级工作时，一级与二级工作水泵的出水量，m^3/h；n 为水泵每小时的启动次数，一般取 $n=6$

4. 集水池的内部标高的确定

泵站内部标高主要根据进水管渠底标高或管中水位确定。自灌式泵站集水池底板与机组间底板标高基本一致，水泵轴线标高可由喇叭口标高及吸水管上配件尺寸推算来确定。而非自灌式（吸入式）泵站，由于利用了水泵的真空吸上高度，机组间底板标高较集水池底板高，水泵轴线标高可根据水泵允许吸上真空高度和当地条件确定；水泵基础标高则由水泵轴线标高推算，进而可以确定机器间地板标高。机器间上层平台标高通常应比室外地坪高出 0.5m。如图 10-4 所示。

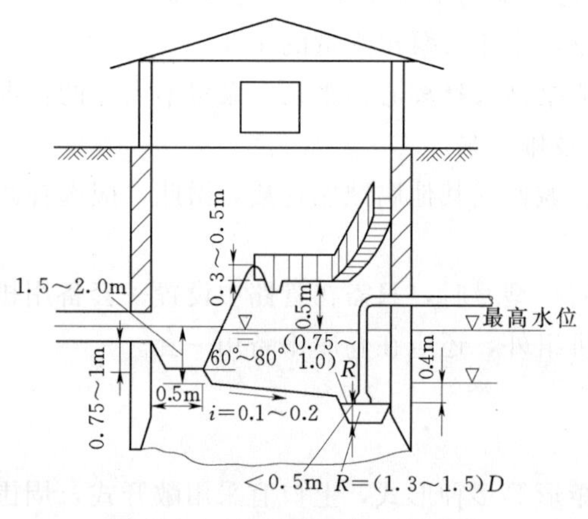

图 10-4 泵站内部标高的确定

（1）对于小型泵站，集水池中最高水位取进水管渠渠底标高。

（2）对于大、中型泵站，集水池中最高水位取进水管渠计算水位标高。

（3）集水池的有效水深，从最高水位到最低水位，一般取 1.5～2.0m，池底坡度为 $i=0.1\sim0.2$ 倾向集水坑。

（4）集水坑的大小应保证水泵有良好的吸水条件，吸水管的喇叭口放在集水坑内，一般朝下安设，其下缘在集水池中最低水位以下 0.4m，离坑底的距离不小于喇叭口进口直径的 0.8 倍，吸水管喇叭口边缘距离池壁不小于喇叭口进口直径的 0.75～1.0 倍，在同一吸水坑中安装几根喇叭口时，吸水喇叭口之间的距离不小于喇叭口进口直径的 1.5～2.0 倍。

10.2.3　泵房（机器间）的布置

1. 机组布置

污水泵站中机组台数一般不超过 3～4 台；为了满足安全防护和便于机组检修，泵站内主要机组的布置和通道宽度，应符合下列要求。

（1）相邻两机组间的净距。当电动机容量小于等于 55kW 时，不得小于 0.8m；电动机容量大于 55kW 时，不得小于 1.2m。

（2）无吊车起重设备的泵房，一般在每个机组的一侧应有比机组宽度大 0.5m 的通道，但不得小于第 1 条规定。

（3）相邻两机组突出基础部分的间距和机组突出部分与墙壁的间距，以及泵房主要通道的宽度与给水泵房要求相同。

（4）在有桥式起重设备的泵房内，应有吊运设备的通道。

（5）当需要在泵房内就地检修时，应留有检修设备的位置，其面积应根据最大设备（部件）的外形尺寸确定，并在周围设置宽度不小于 0.7m 的通道。

常见的布置形式如图 10－5 所示，图 10－5（a）适用于污水泵，图 10－5（b）、（c）适用于立式污水泵。

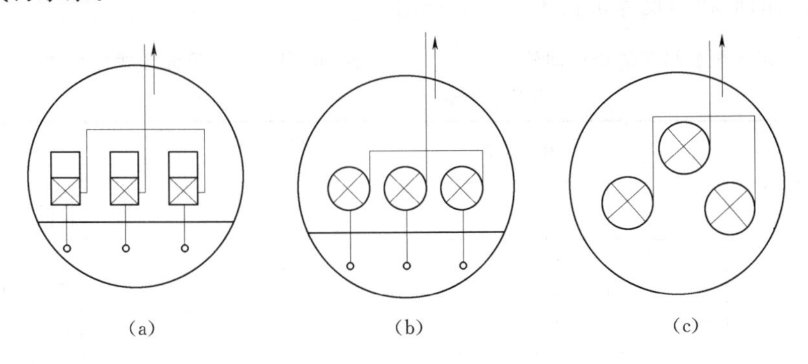

图 10－5　污水泵的布置形式

2. 管道布置

（1）吸水管路布置。每台水泵应设置一条单独的吸水管。这样不但可以改善水泵的吸水条件，而且还可以减少管道堵塞的可能性。

吸水管的流速一般采用 1.0～1.5m/s，不得低于 0.7m/s。当吸水管较短时，流速面适当提高。

吸水管进口端应装设喇叭口，其直径为吸水管直径的1.3～1.5倍。吸水管路在集水池中的位置和各部分之间的距离要求，可参照给水泵站中有关规定。

当排水泵房设计成自灌式时，在吸水管上应设有闸阀（轴流泵除外），以方便检修。非自灌式工作的水泵，采用真空泵引水，不允许在吸水管口上装设底阀。因底阀极易被堵塞，影响水泵启动，而且增加吸水管阻力。

（2）压水管路布置。压水管流速一般为1.0～2.5m/s。当两台或两台以上水泵合用一条压水管时，如果仅一台水泵工作，其流速也不得小于0.7m/s，以免管内产生沉积。单台水泵的出水管接入压水管时，不得自干管底部接入，以免停泵时，杂质在此处沉积。

当两台及两台以上水泵合用一条出水管时，每台水泵的出水管上应设置闸阀，并且在闸阀与水泵之间设止回阀；如采用单独出水管口，并且为自由出流时，一般可不设止回阀和闸阀。

3. 管道敷设

泵站内管道一般采用明装。吸水管一般置于地面上。压水管多采用架空安装，沿墙设在托架上。管道不允许在电气设备的上面通过，不得妨碍站内交通、设备吊装和检修，通行处的地面距管底不宜小于2.0m，管道应稳固。泵房内地面敷设管道时，应根据需要设置跨越设施。

10.2.4 污水泵站中的辅助设备

1. 格栅

格栅是污水泵站中最主要的辅助设备，能自动清除截留在格栅上的垃圾，将垃圾倾倒在翻斗车或其他集污设备内。格栅一般由一组平行的栅条组成，斜置于泵站集水池的进口处。其倾斜角度为60°～80°。

栅条间隙根据水泵性能见表10－2。

栅条的断面形状与尺寸可按表10－3选用。

表10－2　污水泵前格栅的栅条间隙

单位：mm

水泵型号		栅条间隙
离心泵	$2\frac{1}{2}$PWA	≤20
	4PWA	≤40
	6PWA	≤70
	8PWA	≤90
轴流泵	202LB－70	≤60
	282LB－70	≤90

表10－3　栅条面形状与尺寸

单位：mm

栅条断面形状	一般采用尺寸
正方形	20　20　20；20
圆形	10　10　10
矩形	10　10　10；50
带半圆的矩形	10　10　10；50

2. 水位控制器

为适应污水泵站水泵开停频繁的特点，往往采用自动控制机组运行。其启动停车的信

号，通常是由水位继电器发出的（图 10-6）。

3. 计量设备

由于污水中含有杂质，其计量设备应考虑被阻塞问题，设在污水处理厂的泵站，可不考虑计量问题。

4. 饮水装置

污水泵站一般设计成自灌式，无需饮水装置。当水泵为非自灌工作时，可采用真空泵或水射器引水。大、中型泵站可采用真空泵、真空罐引水，中、小型泵站可采用水射器、密闭水箱等引水。当采用真空泵引水时，在真空泵与自吸排污泵之间应设置气水分离箱，以免污水和杂质进入真空泵内。

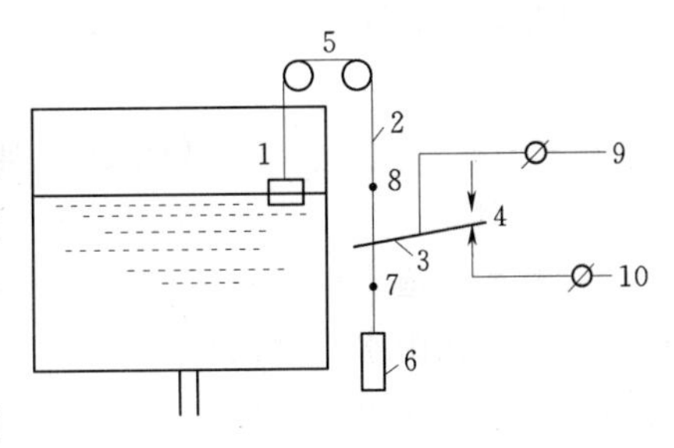

图 10-6 浮子水位继电器

1—浮子；2—绳子；3—杠杆；4—触点；5—滑轮；6—重锤；7—下夹头；8—上夹头；9－10—线路

5. 反冲洗设备

长时间工作后，污水中所含杂质往往部分沉积在集水坑内，容易腐化发臭，甚至堵塞集水坑，影响水泵的正常吸水。为了松动集水坑内的沉渣，应在坑内设置压力冲洗管。一般从水泵压水管上接出一根直径为 50～100mm 的支管伸入集水坑中，定期将沉渣冲起，由水泵抽走。也可在集水池设一自来水龙头，作为冲洗水源及时冲走坑内沉渣。

6. 排水设备

干式泵房内由于水泵填料盒滴水、闸阀和管道接口的漏水、拆修设备时放出的存水等原因，常需排水设备，保证泵房环境整洁和设备的安全运行。干式水泵间室内地面做成 0.01～0.015 的坡度，坡向泵房一侧的排水沟或集水坑，集水坑直径 500～600mm，深 600～800mm，排水沟断面 100mm×100mm，坡度为 0.01。当水泵为非自灌式时，机器间高于集水池。机器间的污水能自流泄入集水池，若机器间的污水不能自行流入集水池，则应设置排水泵或手摇泵将坑中的污水抽到集水池中。

7. 采暖、通风及防潮

集水池一般不设采暖设备，因为集水池较深，热量不容易散失，且污水温度通常不低于 10～20℃。若必须采暖时，工作间可安装暖气、火炉等，机器间可采用电加热器。排水泵站的集水池通常利用通风管自然通风，在屋顶设置风帽。机器间一般只在屋顶设置风帽，进行自然通风。夏季室内温度应不超过 35℃，当自然通风不能满足时需要采用机械通风。由于降水所产生的潮气或室内外温差引起的室内结露，使周围环境相对湿度高于 75%时，电机因受潮而不能正常运转，一般可以采用电加热器或吸湿剂，使空气干燥，保证电机的正常工作。

8. 起重设备

为满足机泵安装与维修的需要，排水泵站必须安装起重设备。起重设备的选择与泵房内的水泵、电机、管道与阀门等设备的重量直接相关。门、过道及孔洞可能用于设备出入的地方，要有必要的宽度和净空，为使吊车正常运转，必须避开与出水管、闸阀、支架、走廊等的矛盾。起重量小于 0.5t，可采用移动吊架或固定吊钩；起重量 2.0～5.0t 可采用手动或电动桥式行吊；起重量 0.5～2.0t 可采用手动或电动单轨吊车；起重量大于 5.0t

可采用电动式行吊。

10.3 雨水泵站的工艺特点

当雨水管道出口处水体水位较高，雨水不能自流排泄，或者水体最高水位高出排水地面时，都应在雨水管道出口前设置雨水泵站。雨水泵站的特点是流量大、扬程小，大都采用轴流泵，有时也用混流泵。

10.3.1 基本类型

雨水泵站的基本形式有干室式与湿室式。

1. 干室式

在干室式泵站中，共分三层，上层是电动机间，安装立式电动机和其他电气设备；中层为机器间，安装水泵的轴和压水管；下层是集水池。

城市雨水泵站一般应布置为干式泵站，使用轴流泵的封闭式底座，以利于管理维护。机器间与集水池用不透水的隔墙分开，集水池的雨水不允许进入机器间，故水泵间应设地面集水、排水设施，包括排水泵、排水沟、集水坑等，以及时排除地面积水。

2. 湿室式

湿室式泵站中，电动机层下面是集水池，水泵浸于集水池内。结构虽比干室式泵站简单，造价较低，但离心泵的检修不如干室式方便，泵站内比较潮湿，且有臭味，不利于电气设备的维护和管理人员的健康。

10.3.2 泵站的一般规定

（1）集水池和机器间一般为合建。对于立式轴流泵站或卧式水泵的非自灌泵站，集水池可以设在机器间地板下面。其中卧式水泵吸水管穿过地板时，要做防水密封处理；对于自灌启动的地下式泵站，集水池和机器间可以前后并列，用隔墙分开。

（2）集水池和机器间的布置形状可以采用矩形、圆形和下圆上方的结构形式。一般情况下，机器问宜布置为矩形，以便于水泵安装及维护管理。采用下沉法施工时，地下部分也可以采用圆形结构。

（3）雨水泵站的设计流量，应按管道受压条件下的最大排水量计算，压力系数通过管渠计算决定。

（4）泵站的工艺布置应尽量满足进水水流平顺的要求，一般要注意控制进站前的直线长度、进水段流速及水流扩散角度等因素。泵站前的进水管渠要尽量减少急转弯，以保持水流平稳，管渠的直线段长度一般不小于进水管直径的5倍。进入集水池的水流要均匀地流向各台水泵，以防止出现几台泵同时开动的干扰现象。进水构筑物的边墙扩散角度不宜过大，尽量防止出现旋流，一般不宜超过45°。

（5）轴流水泵的进、出水管上不设置闸阀，仅在出水管上安装活门。

（6）泵站进出水闸门的设置要根据工艺要求决定，一般应设闸门解决断水检修和防止倒灌问题，有时高位出水管可不设出水闸门。同平时洁净程度较高河道连通的泵站闸门，要求一定的闭水效果，一般要用双重闸门或比较严密的金属闸门。泵站内的闸阀断面大于400mm时，宜采用电动闸阀。大泵的进水多为肘形流道，出水常用活门，也可用虹吸断

流。大泵的活门要设平衡装置，以减小水头损失和撞击力。虹吸断流需设真空破坏阀，以免发生倒灌。

(7) 出水池（井）包括敞开式及封闭式两种，水泵在出水管口淹没条件下启动时，出水池的水位高可以按照调压塔原理分析计算，也可用排入水体的最高水位加超高值估算。出水池底部要安装泄空管。封闭出水池池顶要设防止负压的空气管和压力入孔，出水管道承受内水压力时，检查井要做成压力井，同时设置通气孔。

(8) 大型雨水泵站有时还兼有排涝、排碱或引灌的要求。根据工艺流程，布置时要使几个部分既成为有机的整体，又保持其独立性。一般是将地上部分建成为通跨的大型厂房，地下部分根据各个流程的要求，制定出平面和高程互相交错的布置方案，以达到合理、紧凑、充分利用空间的目的。有时还需要通过模型试验选择最合适的水工条件。

(9) 大型雨水泵站在经营管理和环境保护方面的标准较高。一般对电气设备要做到集中控制，在站内要设置必要的计算仪表、格栅清污机、电动起重机、电动启闭闸门、开窗机等。并且要做好庭院绿化，建立同周围建筑的隔离带等工作。

10.3.3 水泵的选择

1. 流量的确定

泵站的装机流量不得小于设计流量。雨水泵的台数，一般不宜小于2～3台，以便适应来水流量的变化。大型雨水泵站按流入泵站的雨水道设计流量来选择水泵；小型雨水泵站（流量在2.5ms/s以下），水泵的总抽水能力一般可略大于雨水道设计流量。

2. 扬程的确定

泵站的扬程应该在对进、出水位、排入水体的历年水位经分析组合后确定。用经常出现的扬程作为选泵的依据。对于出口水位变动大的雨水泵站，要同时满足从集水池平均到出水池最高水位所需扬程的要求。

3. 选泵的注意要点

为适应雨水径流量的大小变化，水泵的选型应首先满足最大设计流量的要求，但也要顾及小流量时的要求，一般不少于两台，以适应来水流量的变化。水泵的型号不宜太多，应尽量使用相同类型、相同口径的立式辅流泵或混流泵，不设备用泵。如必须大小搭配时，水泵型号也不宜超过两种。

10.3.4 集水池（或吸水井）

1. 容积的确定

雨水泵站的集水池一般不考虑调节作用。因为雨水管道的设计流量一般都比较大，若完全用集水池调节水量往往需要非常大的容积，另外，由于接入雨水泵站的雨水管渠断面较大，敷设的坡度一般比较小，也能够在一定程度上起到调节水量的作用，所以集水池的容积只要求保证水泵正常工作的吸水条件和合理布置吸水口等所必需的容积。集水池的容积以最大一台水泵流量为计算标准，一般采用30s～1min的流量。对于进水管渠容积大、IS、IR卧式单级单吸清水离心泵组合流量范围宽，能适应来水量的变化的泵站，集水池容积可以小一些。变速拖动水泵比定速水泵的集水池容积可以小一些，自动控制比人工操作泵站的集水池容积可以小一些，但均不得低于最小值（30s）的流量。

2. 深度的确定

集水池容积的计算深度，是指集水池中最高水位和最低水位之间的有效水深，雨水泵站的最高水位可以采用进水管渠的管顶高程，最低水位可以采用相当于最小一台水泵流量的进水管水位高程。集水池容积的计算范围，除集水池本身外，可以向上游推算到格栅的部位。

3. 污泥清除

集水池的布置要考虑清池挖泥的工作条件。雨水泵站是在非雨季挖泥，除采用污泥泵排泥外，还要为人工挖泥提供方便。

4. 设计注意事项

(1) 使进入池中的水流均匀地流向各台水泵。

(2) 水泵布置、吸入口位置和集水池形状的设计，不致引起涡流。

(3) 集水池进口流速应尽可能地缓慢，一般不超过0.7m/s，水泵吸入口的行进流速以小于0.3m/s为宜。

(4) 流线不要突然扩大和改变方向，防止形成涡流。

(5) 在ISWD低转速卧式管道离心泵与集水池壁之间，不应留过多的空隙，以防形成涡流。

(6) 在一台水泵的上游应避免设置其他的水泵。

(7) 应取足够的淹没水深，防止空气吸入形成涡流。

(8) 进水管管口要做成淹没出流，使水流平稳地没入集水池中。

(9) 在封闭的集水池中应设透气装置，及时排除集存的空气，避免集气。

(10) 进水明渠的设计应注意防止水跃的发生。

(11) 因集水池的形状受场地、施工条件、机组配置等因素的限制，往往无法设计成理想的形状和尺寸，为了防止形成涡流，在必要时应设置适当的涡流防止壁与隔壁。

10.3.5 出流设施

雨水泵站的出流设施一般包括出流井、出流管、超越管（溢流管）、排水口四部分。出流井中设有各泵出口的拍门，出流井可以多台泵共用一个，也可以每台泵各设一个。以合建的结构比较简单，采用较多。溢流管的作用是当水体水位不高，同时排水量不大时，或在水泵发生故障或突然停电时，用以排泄雨水。因此，在连接溢流管的检查井中应装设闸板，平时该闸板关闭。

排水口的设置应考虑对河道的冲刷和航运的影响，所以应控制出口水流的速度和方向，一般出口流速应控制在0.6～1.0m/s，流速较大时，可以在出口前采用八字墙放大水流断面。出流管的方向最好向河道下游倾斜，避免与河道垂直。

10.3.6 内部布置、构造特点

雨水泵站中水泵一般都是单行排列，每台水泵各自从集水池中抽水，并独立地排入出流井中。出流井一般放在室外，当可能产生溢流时，应予以密封，并在井盖上设置透气管或在出流井内设置溢流管，将倒流水引回集水池去。

吸水口和池壁之间的距离应不小于$D/2$，如果集水池能保证均匀分布水流，则各泵吸水喇叭口之间距离应等于$2D$。

吸水口和集水池之间的距离应保证吸水口和集水池底之间的过水断面面积等于吸水喇叭口的面积。这个距离一般在 $D/2$ 时最好（D 为吸水口直径），当距离继续增加到 D 时，水泵效率反而下降。如果这一距离必须大于 D，为了保证达到较好的水力条件，应在吸水口下面设一涡流防止壁，并采用吸水喇叭口。

因为轴流泵的扬程一般很低，应尽可能减少水头损失，所以压水管要尽量短。压水管直径的选择应保证水在其中的流速水头小于水泵扬程的 4%～5%，压水管出口不设闸阀，只设拍门。

集水池中最高水位标高，一般为来水干管的管顶标高，最低水位一般略低于来水干管的管底。对于流量较大的泵站，为了避免泵房太深，增加施工困难，也可以略高于来水干管的管底，使最低水位与来水干管中的水面标高齐平。水泵的淹没深度按水泵样本的规定采用。

水泵传动轴长度大于 1.8m 时，必须设置中间轴承。

水泵间内应设集水坑及小型水泵以排除水泵的渗水，该泵应设在不被水淹之处。

在设立式轴流泵的泵站中，电动机间一般设在水泵间之上。电动机间应设置起重设备，在房屋跨度不大时，可采用单梁吊车；在跨度较大或起重量较大时，应采用桥式吊车。电动机间的地板上应有吊装孔，该孔在平时用盖板盖好。采用单梁吊车时，为方便起吊工作，工字梁应放在机组的上方。如果梁正好在大门中心时，则可使工字梁伸出大 1m 以上，设备起吊后可直接装上汽车，但应注意考虑大门上面过梁的负荷问题。另外，也有的将大门加宽，使汽车进到泵站内，以便吊起的设备直接装车。

电动机间的净空高度，当电动机功率在 55kW 以下时，应不小于 3.5m；在 100kW 以上时，应不小于 5.0m。为了便于检修，集水池最好分隔成进水格间，每台泵有各自单独的进水格间，在各进水格间的隔墙上设砖墩，墩上有槽或槽钢滑道，以便插入闸板。闸板设两道，平时闸板开高，检修时将闸板放下，中间用蒙古土填实，以防渗水。在集水池前应设格栅，格栅可单独设置或附设在泵站内，单独设置的格栅井通常建成露天式，四周围以栏杆，也可以在井上设置盖板。附设在泵站内时，必须与机器间、变压器间和其他房间完全隔开。为便于清理格栅要设格栅平台，平台应高于集水池设计最高水位 0.5m，平台宽度应不小于 1.2m，平台上应做渗水孔，并装上自来水龙头以便冲洗。格栅宽度不得小于进水管渠宽度的两倍。格栅栅条间隙可采用 50～100mm。格栅前进水管渠内的流速不应小于 1m/s，过栅流速不超过 0.5m/s。

项　目　小　结

1. 污水泵站的工艺特点

污水泵站设计流量的确定；污水泵站设计扬程的确定；确定集水池容积；污水泵站机组布置的特点，污水泵站管道的布置特点；对于水泵是非自灌式工作的，应利用真空泵或水射器引水启动和注意事项。

2. 雨水泵站的工艺特点

雨水泵站的基本类型及其特点；雨水泵站设计流量的确定；雨水泵站设计扬程的确

定；确定集水池容积；雨水泵站机组布置的特点；雨水泵站管道的布置与设计特点。

复习思考题

10-1　排水泵站的功能是什么？如何分类？

10-2　排水泵站的辅助设备有哪些？

10-3　根据基础结构形式，雨水泵房有哪几种结构形式

10-4　怎样确定集水池的内部标高？

10-5　雨水泵的选择应考虑哪些因素？

习　　题

10-1　某灌溉泵站拟安装12Sh-19型水泵，汽蚀余量为5.2m，出水口直径为250mm，计划选用350mm直径的铸铁管作为进、出水管路，预计进水管长度10m，出水管长度50m。进水管路附件进水喇叭口$\zeta=0.2$，$R/d=1.5$的90°弯头$\zeta=0.6$和偏心渐缩管$\zeta=0.17$一件，出水管路附件设正心渐扩接管$\zeta=0.05$、闸阀$\zeta=0.07$、拍门一件$\zeta=0.42$二件。该站进水池特征水位为：设计水位202m，最低水位200m，最高水位203.5m。出水池控制水位220m。夏季最高水温为30℃。试计算该泵的安装高度。

10-2　某灌溉泵站经规划得如下数据：进水池设计水位309.1m，最低水位308.8m，最高水位310.2m，出水池控制水位327m，泵站流量2.2m^3/s。根据上述规划数据，试选择该泵的合适泵型与台数。

附　　录

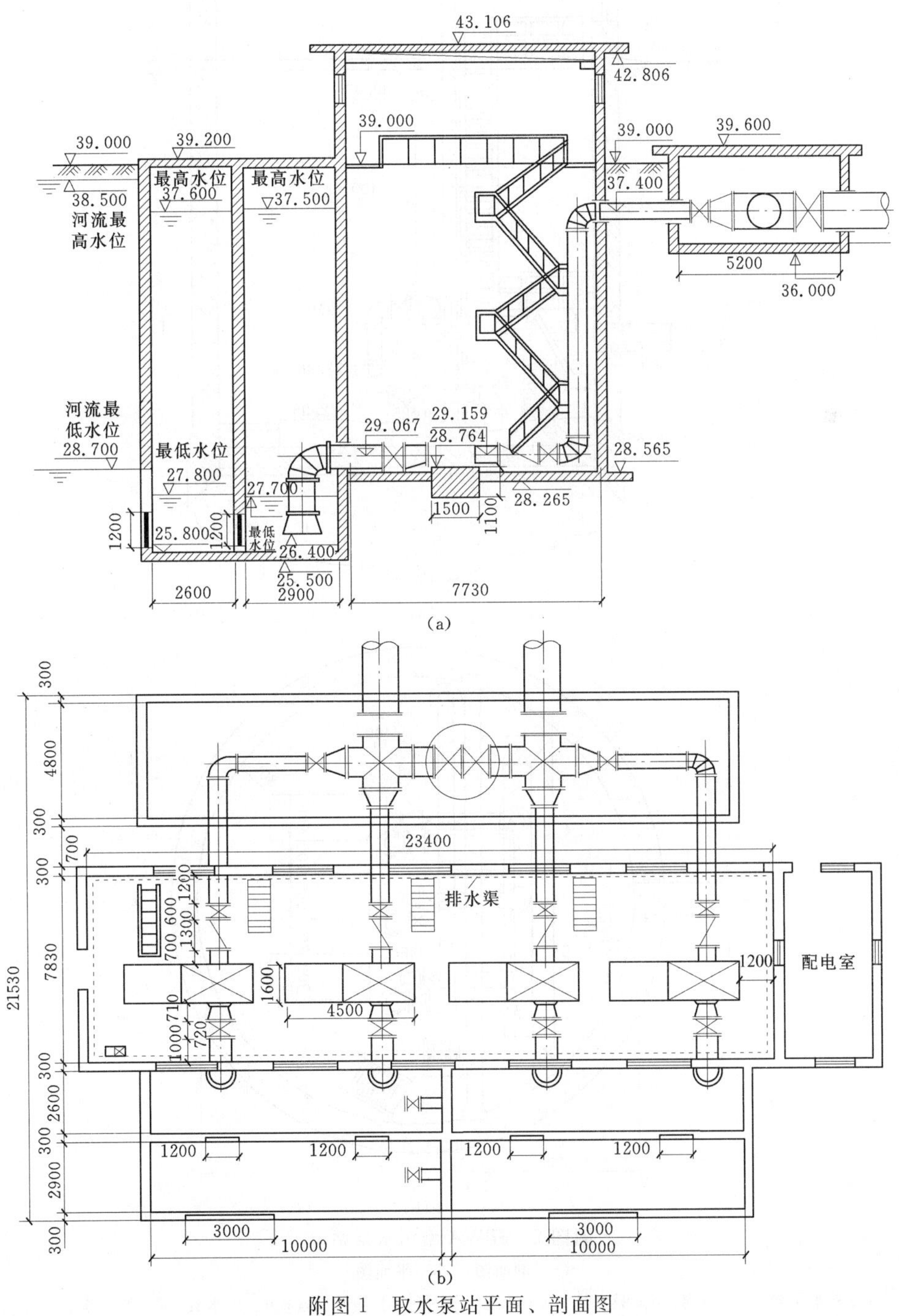

附图 1　取水泵站平面、剖面图

(a) 剖面图；(b) 平面图

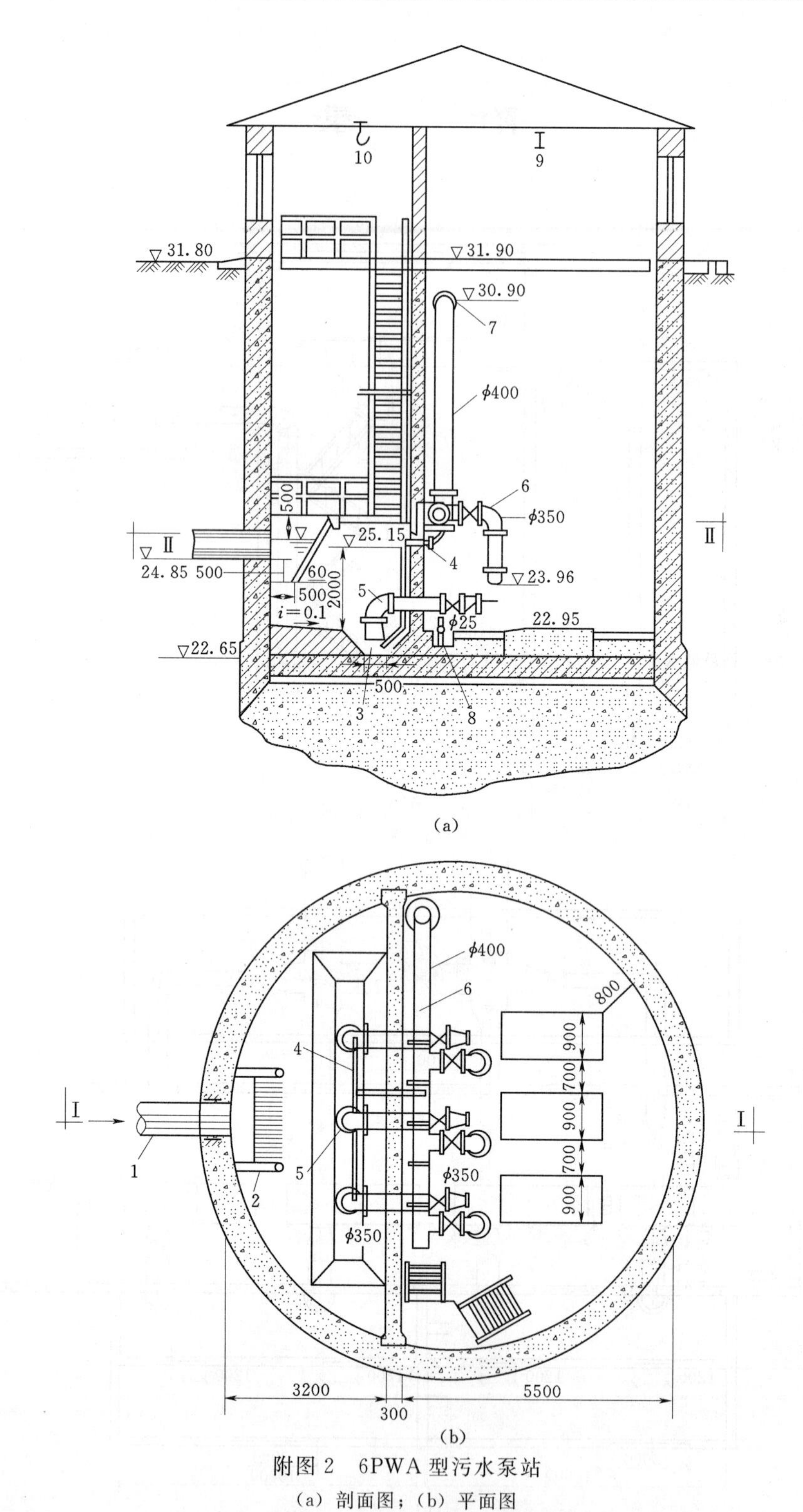

附图 2　6PWA 型污水泵站

(a) 剖面图；(b) 平面图

1—来水干管；2—格栅；3—吸水坑；4—冲洗水管；5—水泵吸水管；6—压水管；7—弯头水表；8—ϕ25 吸水管；9—单梁吊车；10—吊钩

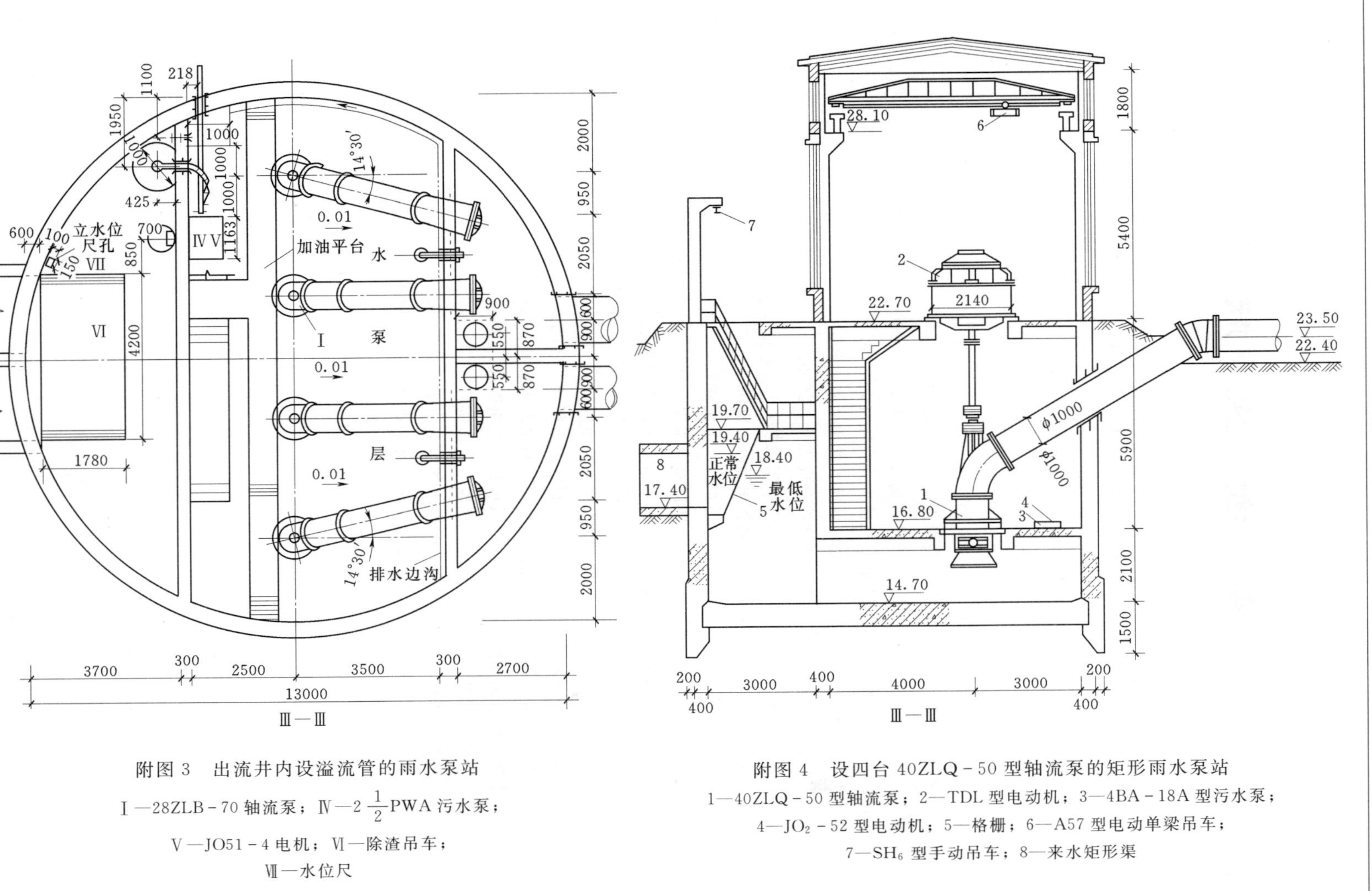

附图 3　出流井内设溢流管的雨水泵站

Ⅰ—28ZLB-70 轴流泵；Ⅳ—2 $\frac{1}{2}$PWA 污水泵；

Ⅴ—JO51-4 电机；Ⅵ—除渣吊车；

Ⅶ—水位尺

附图 4　设四台 40ZLQ-50 型轴流泵的矩形雨水泵站

1—40ZLQ-50 型轴流泵；2—TDL 型电动机；3—4BA-18A 型污水泵；

4—JO_2-52 型电动机；5—格栅；6—A57 型电动单梁吊车；

7—SH_6 型手动吊车；8—来水矩形渠

参 考 文 献

［1］ 于布，尹小玲．水力学［M］．广州：华南理工大学出版社，2007.
［2］ 李序量．水力学［M］．北京：中国水利水电出版社，1991.
［3］ 张维佳．水力学［M］．北京：中国建筑工业出版社，2008.
［4］ 肖明葵．水力学［M］．重庆：重庆大学出版社，2007.
［5］ 张耀先．水力学［M］．北京：科学出版社，2005.
［6］ 刘纯义．水力学［M］．北京：中国水利水电出版社，2005.
［7］ 柯葵．水力学［M］．上海：同济大学出版社，2000.
［8］ 张耀先，丁新求．水力学［M］．郑州：黄河水利出版社，2004.
［9］ 张志昌．水力学实验［M］．北京：机械工业出版社，2006.
［10］ 立明，柯葵．流体力学［M］．上海：同济大学出版社，2009.
［11］ 张也影．流体力学［M］．北京：高等教育出版社，2009.
［12］ 吴望一．流体力学［M］．北京：北京大学出版社，1983.
［13］ 孔珑．流体力学［M］．北京：高等教育出版社，2003.
［14］ 刘超．水泵及水泵站［M］．北京：中国水利水电出版社，2009.
［15］ 郝和平．水泵及水泵站［M］．北京：中国水利水电出版社，2008.
［16］ 刘竹溪，刘景植．水泵及水泵站［M］．北京：中国水利水电出版社，2006.
［17］ 王涛．水泵及水泵站习题实验课程设计指导书［M］．北京：水利电力出版社，1995.
［18］ 李亚峰．水泵及水泵站［M］．北京：机械工业出版社，2009.
［19］ 栾鸿儒．水泵及水泵站［M］．北京：水利电力出版社，1993.
［20］ 郝和平．水泵及水泵站［M］．北京：中国水利水电出版社，2008.
［21］ 刘超．水泵及水泵站［M］．北京：中国水利水电出版社，2009.
［22］ 颜锦文．水泵及水泵站［M］．北京：机械工业出版社，2008.
［23］ 龙孝谦．水力学实验［M］．北京：中国水利水电出版社，1999.
［24］ 姜乃昌．水泵及水泵站［M］．北京：中国建筑工业出版社，1998.